ChatGPT × Excel VBA 資料整理自動化聖經：
AI 幫你寫程式，百倍速完成報表

吳承穎（樂咖老師）

獻給 俞文

全書案例模板、AI 指令、Excel VBA 下載

透過下面連結，獲得全書案例檔案，跟著書中教學一起練習，或是直接複製變成你的工作檔案！

短網址：https://chatgptaiwan.pse.is/vbabook

目錄

前言：有 AI，人人都是程式高手 ………………………………………… 8

如何使用這本書？ ………………………………………………………… 15

Chapter 1 AI 自動化全攻略：從 Excel VBA 開始

1-1　什麼樣的任務要自動化？ …………………………………………… 16

1-2　生成式 AI 到底能做到什麼？ ……………………………………… 17

1-3　自動化決策架構：三大原則 × 評估公式 ………………………… 19

1-4　自動化工具矩陣：找到最適合你的工具 ………………………… 25

Chapter 2　讓 AI 寫出有效程式碼：掌握指令流程與關鍵問題

2-1　● AI 程式生成流程 ……………………………………………… **30**

2-2　● 解答 AI 程式生成的五大問題 ………………………………… **37**

Chapter 3　AI×VBA 指令模板與技巧

3-1　● 用 VBA 指令模板讓 AI 生成程式碼 ………………………… **44**

3-2　● 最佳化 AI 指令生成結果的五大技巧 ………………………… **57**

Chapter 4　AI×VBA 除錯技巧大全

4-1　● AI×VBA 三大錯誤類型 ……………………………………… **68**

4-2　● 當出現「語法錯誤」時的 AI 除錯技巧 ……………………… **71**

4-3　● 當出現「指令錯誤」時的 AI 除錯技巧 ……………………… **78**

4-4　● 當出現「編輯器錯誤」時的除錯技巧 ………………………… **80**

Chapter 5　VBA 新手快速上手功能大全

5-1　● VBA 開發環境簡介 …………………………………………… **88**

5-2　● 三種巨集執行方式 ……………………………………………… **97**

5-3　● 儲存＆分享巨集檔案 ………………………………………… **103**

Chapter 6　VBA 讓重複工作自動化：批次複製、修改格式與函數

- 6-1　批次處理工作表｜快速複製、刪除大量資料不出錯 ……… 111
- 6-2　AI 批次修改格式｜快速大量合併、改色、改字 ……… 118
- 6-3　AI 條件式標記顏色｜根據規則標出重要資料 ……… 124
- 6-4　AI 自訂 Excel 函數｜自動根據條件計算獎金 ……… 126
- 6-5　AI 自動插入時間戳記｜快速記錄每次更新時間 ……… 129

Chapter 7　VBA 高速數據視覺化：自動生成樞紐分析與圖表

- 7-1　AI 快速建立樞紐分析表｜自動調整圖表格式確保不出錯 …… 135
- 7-2　AI 快速建立圖表｜用程式製作精準分析圖表 ……… 140
- 7-3　AI 建立可自動更新圖表｜讓數據欄位更新時也更新圖表 …… 142
- 7-4　建立自動產出圖表按鈕｜讓數據視覺化分析自動執行 ……… 146

Chapter 8　VBA 打造專屬互動視窗：快速查找、篩選、複製資料

- 8-1　AI 製作資料查找互動視窗｜一鍵回傳符合條件資料 ……… 155
- 8-2　AI 指定日期回傳資料｜改過濾條件不用重寫 VBA ……… 158

8-3　　AI 製作可複製表單｜快速剪貼過濾後資料 ………………… 160

8-4　　AI 設定按鈕調整日期｜讓互動輸入操作更便利 ……………… 167

8-5　　AI 自動彈出提醒視窗｜省下自己手動篩選資料時間 ………… 174

Chapter 9　VBA 自動匯入銷售報表資料：不同格式也能快速整合標準化

9-1　　AI 自動整合多檔案｜不用再手動一個一個操作 ……………… 181

9-2　　AI 整理資料格式｜統一、新增、排序欄位一次搞定 ………… 186

9-3　　AI 一鍵帶入完整報表資料｜幫你自動統計每週銷售數據 …… 190

9-4　　AI 一鍵製作銷售圖｜根據條件格式自動畫出圖表 …………… 198

9-5　　AI 整合程式方便執行｜讓主函數呼叫多個函數 ……………… 204

Chapter 10　VBA 自動匯出大量報表檔案：取代手動命名轉檔瑣碎操作

10-1　　AI Excel 匯出 PDF｜自動把數據整理成週報表 ……………… 211

10-2　　AI Excel 匯出 Word｜讓自動輸出的報表更易修改 ………… 218

10-3　　AI 匯入 Word 模板轉 PDF｜一次自動轉出多種格式報表 … 231

Chapter 11 VBA 建立客戶自動發信系統：減少人工作業時間與錯誤

- 11-1 ◉ AI 製作 Outlook 基本草稿｜讓郵件未來可客製化的模板 …… 239
- 11-2 ◉ AI 匯入指定資料至草稿｜自動修改日期、訂單資料 …… 245
- 11-3 ◉ AI 草稿插入多元物件｜讓郵件自動增加表格、PDF、圖片 …… 249
- 11-4 ◉ AI 大量製作信件草稿｜一步完成多位客戶的草稿信 …… 252
- 11-5 ◉ AI 建立多語系郵件｜依條件批次中翻英 …… 255
- 11-6 ◉ AI 大量自動寄信｜一鍵完成所有客戶郵件寄送 …… 259

Chapter 12 VBA 自動產生流程圖：一鍵完成工廠生產步驟圖表

- 12-1 ◉ AI 依表格資料生成流程圖｜從表格到流程圖的繪製實戰 …… 275
- 12-2 ◉ AI 優化流程圖格式｜自動調整流程圖位置、大小、顏色 …… 283
- 12-3 ◉ AI 依條件製作多路徑｜自動設計不同節點與線條 …… 290
- 12-4 ◉ AI 新增流程標籤｜自動在流程圖上加入解說文字 …… 296

Chapter 13 VBA 查帳系統：自動匯入匯率與跨行交易資料

13-1 Power Query 匯入網站歷史匯率｜大量匯入網路資料 ……… **305**

13-2 AI 整理歷史匯率資料｜清理不方便閱讀的資料格式 ………… **311**

13-3 Power Query 匯入網站即時匯率｜自動更新入即時數據 …… **314**

15-4 AI 整合跨銀行交易明細 ………………………………………… **325**

Chapter 14 VBA 排序演算法：工廠生產計畫自動排程

14-1 AI 多元排程演算法｜用正確計算確保訂單流程正確 ………… **337**

14-2 AI 製作排程甘特圖｜視覺化繪製生產流程進度 ……………… **346**

前言：有 AI，人人都是程式高手

作者 吳承穎（樂咖老師）

6 小時到 6 秒鐘：一次小程式的效率革命

2023 年初的一天，我和團隊夥伴正在討論如何快速完成每月薪資結算。他向我詳細說明了整個流程，耐心展示他如何一步步核對資料、計算數字。這樣的工作，他每個月都要花上 6 個小時。

當時，我剛接觸 ChatGPT 不久，還不太了解它的極限，只用它寫過一些簡單的 Excel 公式。可是聽完夥伴的描述後，我心想，既然有這麼重複又耗時的工作，或許可以試著用 ChatGPT 來寫個程式，看看能否加快進度。

我們的薪資資料都存在 Google 試算表，而 Google Apps Script（類似 Office 的 VBA）可以自動化處理 Google 試算表的任務。可惜，我完全沒學過這個程式語言，只能硬著頭皮跟 ChatGPT 不斷聊天，輸入指令、測試程式、追問──在這個循環中來回嘗試。

就這樣過了整整 6 小時後，ChatGPT 又再次生成一段程式碼。我把它複製到 Google Apps Script 編輯器，按下執行鍵……6 秒的時間內，這段程式把好幾個工作表的資料匯總、統一格式，在試算表中跑出一筆一筆資料，自動完成了所有的薪資結算；而且每一筆數據都正確無誤，絲毫不差。

我馬上把這個成果分享給夥伴，他聽了目瞪口呆。原本耗時 6 小時的工作，到現在只需要按下一個按鈕，6 秒鐘就能完成，不只節省時間，還提高工作滿意度！一年下來，光這項流程就能幫我們省下 72 小時，效率提升不只百倍。

重點是，這只是其中一個程式，後來我又幫團隊和客戶做了無數程式。

將試算表的客戶訂購資料，自動根據報價單模板轉為 PDF 明細。

依據不同客戶的交期，在 Outlook 草稿中插入專屬表格後寄出。

每次打開 Excel 檔案，自動彈出視窗提醒出貨資訊。

太多太多了……這邊省下 3 小時，那邊省下 5 小時，大大小小加起來，一週就能省下 1-2 天工時。

這還只是一個人。你能想像全公司有 10%、30%、50% 的人，都會用 AI 寫程式，自動完成各種任務嗎？這時候，能夠省下的工作時間，難以估計。

不會寫程式，也能用 AI 生成程式

大三時，我修了一門「管理數學」。這堂課的設定很妙，不是必修、不是選修，而是「必選」，也就是你一定要選，但不一定要過。

教授要求這堂課所有人都要寫 VBA 來完成作業。幾乎沒去上課的我，看到第一份作業後整個人呆住，完全不會寫。於是我開始計算，不是計算作業的題目，而是計算這門課如果被當我還能不能畢業。

計算完後，我發現被當還是可以畢業，於是關掉電腦裡的 Excel 表，再也沒有進過管理數學的教室。

時間快轉到七年後。

我走進竹科某大廠的大廳，穿過一段長廊後，走進培訓教室。接近九點時，臺下坐滿了 36 個人，我的簡報上寫著今天的課程標題：ChatGPT×VBA 自動化。

我拿起麥克風，問了第一個問題：在座有誰會寫 VBA？中間座位有個人默默舉起手。全場 37 個人 —— 包括我 —— 就只有他一個人會寫 VBA。

六小時後課程結束，我收到了回饋問卷統計：全班滿意度 97%，超越其他講師過去平均的 93-95%。這次上課，是我第一次教 ChatGPT×VBA

自動化；但這一刻，我意識到，只要有心，還有 AI，人人都是程式高手。

有些人會覺得，用 AI 寫程式是科技人的專利。但我也教過在非營利組織工作的 65 歲學員，頭髮全白，還是能用 AI 生成程式、完成任務。

有些工程師則會說，不懂程式，出錯的話也不知道錯在哪。這句話說得沒錯，但只說了一半。我們不知道錯在哪，但多數情況下 ChatGPT 能夠知道，並自動除錯。我們要做的，就是下指令、複製程式、測試程式、檢查結果。

懂程式的話，下指令會更精準，除錯也會更快；不懂程式的話，透過掌握指令技巧和釐清任務邏輯，還是能得到完整可用的程式。

大三那天蓋上電腦的我，到現在還是不會寫 VBA；但過去一年，不管是客戶要求、學員提問，只要是 VBA 能做到的，我都能用 AI 生成滿足需求的程式。如果不能，就多追問幾次。

因此，我很有信心跟你說：就算不會寫程式，你還是能用 AI 生成程式，以十倍、百倍的速度完成工作。

你，準備好成為 VBA 高手了嗎？

如何使用這本書？

作者 吳承穎（樂咖老師）

感謝大家開啟這本書，準備進入 AI 結合 Excel 與 VBA 全新工作型態的旅程。

要先告訴大家的是，本書有別於傳統的 Excel VBA 教學書籍，是從可以具體操作完成的工作案例出發，也不會教你大量程式碼，而是以 AI 優先作為原則，教你「如何使用 AI 來完成 Excel 的程式碼」。

所以，在本書一開始，要先提醒你如何使用這本書。不用擔心，你依然可以有辦法在這本書中獲得需要的所有 VBA 程式碼、Excel 檔案範例，但你也可以改變自己的學習方式，讓自己從 AI 出發，讓 AI 輔助你完成許多 Excel 上原本要花很多時間完成的任務。

本章重點　　**在這裡掌握每個章節範例可以做哪些延伸應用**

適用對象	銷售業務、專案主管、財會秘書常需分析大量數據資料製作銷售業務、專案主管、財會秘書常需分析大量數據資料，並製作樞紐分析表和統計圖表。
實戰教學	7-1 AI 快速建立樞紐分析表　　7-2 AI 快速建立圖表 7-3 AI 建立可自動更新圖表　　7-4 AI 建立自動產出圖表按鈕
效益	• 加速分析製作：自動生成樞紐分析表，依據訂單數據快速整理、計算總和及平均值。 • 彈性客製欄位：自訂樞紐表的欄位名稱和格式，並翻譯英文欄位為中文。 • 數據視覺化：自動生成區域銷售圖表，實現銷售數據的視覺呈現。

在這裡下載每個章節的範例檔案做練習　　在這裡複製所有公式指令的內容

特別說明：本書內圖文教學針對如何對 ChatGPT 下指令，若想獲得完整正確的 VBA 程式碼可透過上方檔案。

我們會教你每個案例中 Excel 數據分析的基本邏輯，也會告訴你如何一步一步做出完整的工作檔案。有清楚的圖解，有時候你需要對照圖片中的欄位，或者，建議你可以開啟每個章節的範例檔案，直接對照學習。

從圖案執行多個巨集

情境說明

在前面的操作中，我們總共生成三個函數，分別用於匯入資料、製作週報表、製作圖表。因為常常需要執行這三個函數，我們希望將它們分別做成三個按鈕，方便執行（詳細操作步驟可參考〈第五章、VBA 新手功能大全〉）。

Step1 插入三個圖案，分別設為不同顏色和文字。

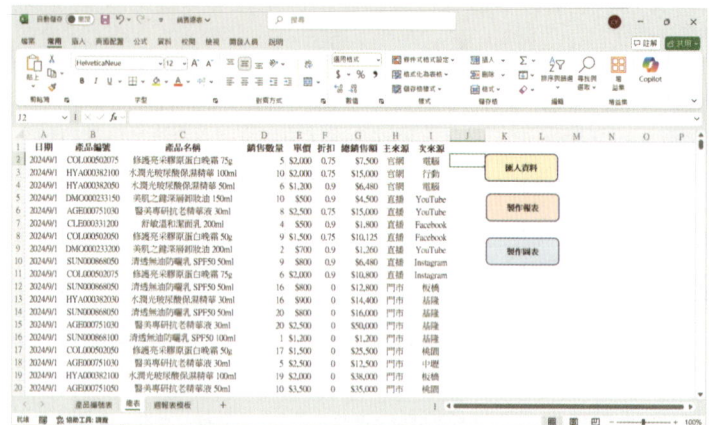

本書的重點是如何對 ChatGPT 下 AI 指令，幫助我們寫出 Excel 需要的 VBA 程式碼、完成需要的模板。當要教你如何寫指令，會出現下圖這樣

12

的框框。你也可以在本章節提供的數位表單中複製這些指令,直接操作。

指令上的編號,會告訴你在公式表中要複製的是哪一條指令。

↙ 指令編號,會告訴你要去複製哪一條指令

🤖 AI 指令 P9-1

扮演 VBA 大師
1. 將桌面上的三個檔案的「工作表1」所有資料,都彙總到「總表」工作表中,檔案名稱:官網銷售表、直播銷售表、門市銷售表[1]
2. 三個表中都有以下欄位,但不是都是這個順序:日期、產品編號、銷售數量、單價、折扣、總銷售額[2]。依照這些欄位填入資料
3. 新增一欄「主來源」,分別寫上官網、直播、門市
4. 新增一欄「次來源」[3]:
   a. 若是從官網來,則抓該檔案「訂單來源」欄位
   b. 若是從直播來,則抓該檔案「直播平台」欄位
   c. 若是從門市來,則抓該檔案「門市名稱」欄位

有些 AI 指令特別複雜,我們要教你撰寫指令背後的邏輯,這時候上面會出現一些螢光筆與註解編號,這些是用來對照下方的指令秘訣,幫助你理解指令的設計奧秘。

希望你能善用這本書,利用 AI 掌握 Excel 提升效率的秘密,讓我們開始這個旅程吧!

💡 情境說明

我們希望能在開啟檔案後,自動彈出視窗列出大於等於今天的訂單,也就是執行本章第一個函數:Module1 的「ShowOrdersWithDate」。

🤖 AI 指令 P8-7(追問)

以下是我的程式[1],幫我增加[2] 一個觸發點「開啟檔案時」
(貼上函數名稱即可,例如:ShowOrdersWithDate)

💡 指令秘訣
[1] 雖然本章的指令都在同一聊天室,但因為已有多次對話,為避免 ChatGPT 搞錯程式,直接貼上完整函數是最好的做法。
[2] 這邊強調是「增加」一個觸發點,而非設定開啟檔案為「唯一觸發點」,這樣還是能透過執行原本的函數來觸發。

Chapter 1

AI 自動化全攻略：

從 Excel VBA 開始

什麼樣的任務要自動化？

◉ 為什麼馬斯克決定「人工」組裝零件？

自動化就像工作中的聖杯，似乎只要達到自動化後，就能高枕無憂，一切水到渠成。

然而，很多人容易對自動化有太過美好的幻想──事實上，不是所有任務都適合自動化。

2017 年，特斯拉推出 Model 3，儘管市場需求旺盛、一年賣出超過 10 萬台，但生產線卻因種種瓶頸無法跟上，每週只能生產 700 多台，遠低於預期。為了突破困境，馬斯克乾脆住進工廠，親自調查問題根源。

一次巡視電池工廠時，馬斯克注意到機器手臂在處理圓柱型材料時，操作穩定性極差，導致效率低下。經過多次嘗試仍無法解決後，現場的主管們乾脆採用人工操作，結果發現人工不僅更快，還更可靠。

這些經歷讓馬斯克意識到，全自動化並非解決所有問題的最佳方式。他開始調整策略，將部分不適合自動化的工站改為人工操作，最終成功將產能提升至每週 2000 台以上。

我看完這個故事後深有同感。有時上課學員會興高采烈來問我如何用 AI 做到自動化，我聽完他們描述自己的任務，可能會說：「這個任務手動比較快。」

不是所有任務都適合自動化，我們也不需要一廂情願追求自動化，因為自動化不是我們的目標。

降低成本、提高效能，才是真正的目標。

1-2 生成式 AI 到底能做到什麼？

🔸 AI 自動化光譜

自動化的應用範圍非常廣，我們接下來只聚焦討論生成式 AI 應用。

隨著生成式 AI 的應用越來越廣，大眾面對 AI 時常常在想：AI 能做什麼？該如何實際應用在我的工作中？

為了更清楚展現 AI 技術的應用範圍，我整理了 AI 自動化光譜，從簡單的日常應用到專業的軟體開發，幫助你快速了解不同層級的 AI 能力及其適用情境。以下按照初階到高階逐一說明：

初階：AI 日常應用

- 定義：==AI 用於簡化日常事務，例如回覆郵件、生成報告、撰寫簡單企劃書或問卷等重複性任務==。
- 特點：操作門檻低，上手快，主要用於提升效率，適合各類使用者入門 AI 應用。
- 例子：用 ChatGPT 生成郵件草稿，或使用 Grammarly 優化文案內容。

進階：AI 程式生成

- 定義：==透過 AI 生成程式碼，如 Excel 公式、VBA、Python 小工具等，解決更複雜的任務==。
- 特點：適合想提高生產力但缺乏程式背景的人；學習曲線稍高，但回報更明顯，適合進階使用者。

17

- 例子：用 ChatGPT 生成 VBA 程式整理資料，或用 Python 撰寫自動化數據處理工具。

高階：**AI 軟體開發**
- 定義：==開發專屬 AI 應用或系統，如大型自動化平台或生成式 AI 產品，通常需要專業開發資源與團隊合作。==
- 特點：門檻較高，資源與時間投入大，適合企業或專業開發者處理高需求專案。
- 例子：企業設計專屬客服系統、打造 Gamma.app 簡報生成軟體。

應用類型	AI 日常應用	AI 程式生成	AI 軟體開發
上手程度	★★★	★★	★
效率提升	★	★★	★★★
適合對象	各種職場工作者	工程師 無程式經驗 但有興趣者	專業軟體開發者 企業

➔ AI 程式生成：提升職場效率的核心能力

生成式 AI 的普及讓大家能快速掌握「AI 日常應用」，而工程師與企業則利用 AI 進行「程式生成」與「系統開發」。

但我認為，對多數不會寫程式的工作者而言，最能提升生產力的方法，是「AI 程式生成」。

透過 AI 生成 VBA、Python 小工具或自動化腳本，職場工作者能快速解決原本要花好幾個小時完成的任務。相比只掌握「AI 日常應用」，AI 程式生成帶來的效率提升可達 10 至 100 倍。

現在開始，人人都能用 AI 寫程式──這不再是工程師的專利，而是所有人大幅提高生產力的關鍵技能。

1-3 自動化決策架構：
三大原則 × 評估公式

▶ FIRE 自動化決策架構

那麼，該如何評估一項任務，是否要用 AI 寫程式來實現自動化呢？接下來要介紹「FIRE 自動化決策架構」，分為兩個核心步驟：三大原則、評估公式。

運用「三大原則」初步篩選某項任務是否適合自動化，確認適合後再用「評估公式」進一步預估自動化效益。

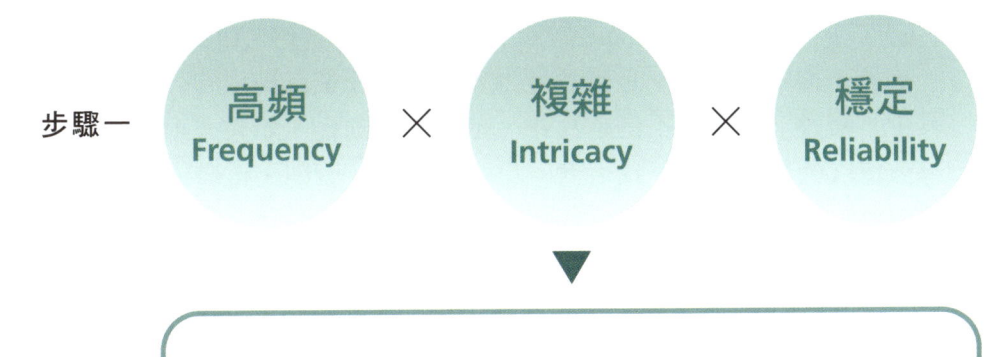

步驟一： 高頻 Frequency × 複雜 Intricacy × 穩定 Reliability

步驟二：
自動化評估公式
總自動化時間 < 總手動時間

我們先來認識第一個步驟：三大原則，並以「某個 Excel 任務是否適合自動化」為例。

⊙ FIR：自動化三大原則

當決定是否要自動化一項 Excel 任務時，可以從三個原則進行評估：高頻（Frequency）、複雜（Intricacy）、和穩定（Reliability）。

原則	說明	符合原則案例	不符合原則案例
高頻 Frequency	任務執行頻率越高，自動化越能節省時間	每日自動更新客戶聯絡資料	製作新的客戶聯絡工作表
複雜 Intricacy	任務越複雜或涉及多條件，自動化越能減少錯誤	根據 5 個條件篩選 12,000 筆資料並輸出為 3 份不同的 PDF	複製 1-100 列到另一個檔案
穩定 Reliability	任務的資料與流程越穩定，自動化運行的可靠性越高	每週統整 ERP 系統匯出的資料欄位、格式幾乎都一樣	每週要整理的資料格式缺乏規律

「高頻、複雜、穩定」是思考是否要將一項任務自動化的三項關鍵原則。其中「複雜」原則並不是越複雜、越適合自動化。如果一項任務極度複雜導致每次的流程都不一樣，就不符合「穩定」原則，這時就要再評估是否適合自動化。

三大原則的判斷依據如下：

- 三大原則都符合：直接開始自動化。
- 只有兩項原則符合：進入下一步「AI 自動化評估公式」，更詳細評估是否適合自動化。
- 只有一項原則符合：基本上就不需要考慮自動化，手動完成即可。

⊙ E：自動化評估公式

「FIRE 自動化決策架構」的最後一個英文單字：E，代表 Evaluation，中文是「自動化評估公式」。當「總自動化時間 < 總手動時間」時，就要自動化。

自動化評估公式

Evaluation
=

總自動化時間
AI 對話時間
維護時間
檢查時間
學習時間

<

總手動時間
手動完成時間
錯誤修正時間
檢查時間

接著我們以 AI 生成 VBA 自動化為例，一個個拆解各項目。

「總自動化時間」可被分為以下 4 個子項目：

子項目	變化趨勢	說明	範例
AI 對話時間	逐漸減少	使用 AI 生成 VBA 所需的時間包括設計邏輯、調整和溝通	跟 ChatGPT 對話 2 小時 得到正確的 VBA
維護時間	不變	後續修改、修復或功能調整的時間，按週、月或按任務頻率計算	每月花 10 分鐘調整程式中的工作表欄位
檢查時間	不變	檢查結果是否正確的時間也可自動化檢查	生成 VBA 自動化檢查 每次 10 秒
學習時間	一次投入	我們學習使用 AI 生成 VBA 的時間	看完本書並練習總計 6 小時

「總手動時間」可被分為以下 3 個子項目：

子項目	變化趨勢	說明	範例
手動完成時間	不變	手動執行該任務的時間 按頻率或總次數計算	每次合併數據 需 1 小時 一個月總計 10 小時
錯誤修正時間	不變	手動執行任務中 因錯誤導致的重工或修正時間	錯誤率 5% 則要多花 0.5 小時
檢查時間	一次投入	檢查結果是否正確的時間 可自行檢查或委託他人檢查	跟同事溝通檢查項 目 + 實際檢查時間 30 分鐘

註 1. 在「AI 對話時間」就會測試程式，測試正確後若有出錯，即算入「維護時間」，這兩者相當於「總手動時間」的「錯誤修正時間」。

註 2. 手動通常是用熟悉的方法完成，因此不另計「學習時間」。

接著，我們來看一個實際案例，了解如何計算各個項目。

自動化評估案例

情境說明

某公司每週需處理 10 份相同的報表，更新格式和數據後保存；每月需將這些報表合併為一份總表。以下分別計算總手動時間和總自動化時間。

	子項目	說明	小計	總計
總手動時間	手動完成時間	每週更新 2 小時 × 每月 4 週	8 小時	14.33 小時
		每月合併總表	2 小時	
	錯誤修正時間	每月 10 小時 × 錯誤率 5%	0.5 小時	
	檢查時間	每次更新檢查 5 分鐘 × 每週 10 份 × 4 週	3.33 小時	
		檢查合併總表 30 分鐘	0.5 小時	
總自動化時間	AI 對話時間	生成並測試程式	2 小時	8.45 小時
	檢查時間	每次更新檢查 10 秒 × 每週 10 份 × 4 週	0.11 小時	
		合併總表自動化檢查 10 分鐘	0.17 小時	
	學習時間	初期學習看書與練習	6 小時	

接著，我們來看前兩個月和一整年能省下多少時間。

第一個月：

- 總手動時間：14.33 小時
- 總自動化時間：8.45 小時
- 總自動化時間 < 總手動時間
- 結果：第一個月，自動化幫公司省下 6.35 小時

第二個月：

- 總手動時間：14.8 小時
- 總自動化時間：0.45 小時（扣除 AI 對話時間和學習時間）
- 總自動化時間 < 總手動時間
- 結果：第二個月，自動化幫公司省下 14.35 小時

一整年：

- 總手動時間：14.8 小時 ×12 個月 =177.6 小時
- 總自動化時間：8.45 小時 +（0.45 小時 ×11 個月）=13.4 小時
- 總自動化時間 < 總手動時間
- 結果：一整年，自動化幫公司省下 164.2 小時

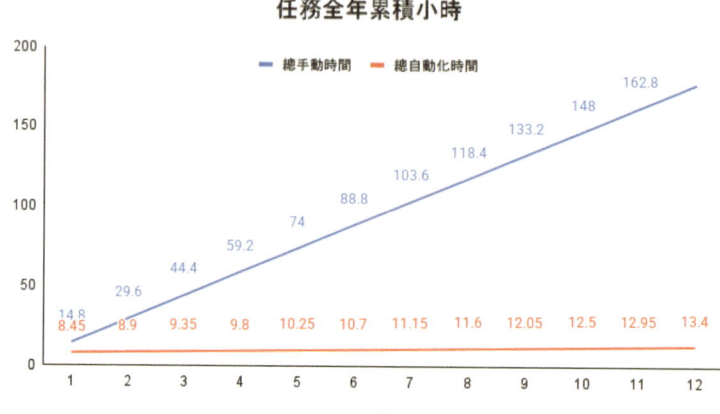

甚至你會發現，總自動化時間一整年加起來，還低於第一個月的總手動時間。

更重要的是，這只是第一個自動化任務。**後續所有自動化任務，「學習時間」幾乎可以忽略不計，「AI 對話時間」也會隨著你能力越強而不斷減少**。我第一次嘗試用 AI 生成 VBA 來匯總多個檔案時，花了 2 小時；第二次遇到類似情境時，只花了 5 分鐘就正確生成所有程式。

透過「自動化評估公式」，我們能評估哪些任務適合自動化。當然，如果發現總自動化時間 > 總手動時間，維持手動即可。

另外，針對一項任務的自動化，建議要做就一次做到最完整，儘量減少手動介入；否則一部分自動化、一部分手動，往往會忘記完成手動部分，後續也交接給同仁也不好交接，反而更容易導致出錯。

自動化工具矩陣：
找到最適合你的工具

🔄 自動化工具矩陣

既然 AI 生成程式這麼厲害,沒有程式基礎的人,該從哪個程式開始學習呢?

其實現在有非常多的無程式(No-code)工具,完全不用寫程式,就能自動完成工作;甚至不少 AI 代理人(AI Agent)能更快完成任務。

我們先來看看自動化工具矩陣,簡單比較不同的自動化工具。

工具	適用對象	易用性	功能與靈活性	穩定性
Python	數據分析師 程式開發者	最好上手的程式語言之一,但需要額外學習開發環境和程式知識	高度靈活 適合各種數據分析和自動化任務	寫好程式後 非常穩定
Power Automate	多軟體使用者 無興趣寫程式者	視覺化介面,使非技術使用者快速上手,主要學習如何操作功能	提供大量自動化範本 整合超多種軟體	整體穩定 但會受外部軟體影響
AI 代理人	多軟體使用者 完全不想寫程式者	簡單下指令即可完成複雜任務	自動化完成其他工具難以完成的任務	較不穩定 且每次結果會有隨機性
VBA	Excel 高頻使用者 會計人員 行政助理	專為 Excel 設計對常用 Excel 者很友善	Excel 內功能強大 Excel 外功能有限	寫好程式後 非常穩定

接著，我們來仔細看看各個工具的優劣勢。

▶ Python

首先來講 Python。

以各種程式語言中，Python 算是非常友善、好上手的，而且 VBA 能做到的事，Python 幾乎都能做到。另外，ChatGPT 預設的程式語言就是 Python，用 ChatGPT 生成 Python 非常方便。

不過對於 Excel 使用者來說，Python 最大的缺點就是「麻煩」。你需要另外熟悉程式開發環境，而且要知道更多程式知識，才能寫出準確的指令。

如果你有學過 Python，或是願意學習，建議直接學習，或嘗試用 AI 生成 Python；但如果你的工作都是處理 Excel 表，那麼用 AI 生成 VBA 即可。

▶ Power Automate

接著談談 Power Automate。

Power Automate 跟 VBA 一樣，是微軟推出的一款整合不同軟體的工具。最大的差別是，Power Automate 有很棒的視覺化介面，內建大量範本、整合多種軟體，幾乎不用寫程式，就能完成自動化。

不過，正因為不用寫程式，我們無法對 ChatGPT 下指令、生成程式來控制 Power Automate，而是需要想辦法熟悉它的操作流程，就像學習建立樞紐分析表、修改 Smart Art 圖形，要一步步用滑鼠點按來完成。

註：目前 Power Automate 已加入 Copilot AI 輔助功能，有興趣可以試試看是否好用。

▶ AI 代理人

近幾年 AI 代理人不斷推陳出新，其特色是「自主決策系統」，能夠根據指令設定和環境變數，完成比 ChatGPT 和 VBA 更複雜的任務。

如果說 ChatGPT 能自動化完成任務，那麼 AI 代理人就是能自動化完成「一系列」任務，例如使用 ChatGPT Deep Research 功能，能在 10 分鐘內去找數十個網站做出研究報告。不論是 OpenAI、Google、Nvidia 都相繼推出自己的 AI 代理人，絕對是未來一大趨勢。

不過目前 AI 代理人遇到的挑戰之一就是「不穩定」。例如，使用 AI 代理人進行網路爬蟲以抓取競爭對手資料時，它可能會回傳完全不相關的資料。

此外，目前尚未有完全針對 Excel 資料處理的 AI 代理人，對於比較精細的數據處理容易出錯。

VBA

最後來看 VBA。

VBA 是 Excel 自帶的程式語言；但與其說是程式語言，不如說是 Excel 的一部分。**VBA 的優勢在於「專為 Office 系列設計」，能直接操作檔案、工作表和儲存格**，對於日常處理 Excel 數據的使用者來說，非常高效又方便。

雖然要學習 VBA 非常麻煩，但使用 AI 生成 VBA 相當容易，不用花費大量時間查找語法或範例。

不過 VBA 的缺點也很明顯，支援範圍僅限於 Office 系列軟體，在其他環境下難以使用。此外，VBA 的語法相對老舊，對於一些複雜的邏輯或跨平台需求，可能顯得力不從心。

本書是講 AI 生成 VBA 的應用，不過還是建議你好好評估一下自己最需要的工具。你也可以都花 1-2 小時玩玩看，了解所有自動化工具的應用情境。

如果你很常用 Excel，VBA 是非常適合的起點。

最簡單的原因就是：穩定、好上手、專為 Excel 設計。

➡️ 找到適合自己的自動化起點

自動化成功的關鍵,在於通盤評估你的工作流,找出高頻、複雜、穩定,而且能大量節省時間的任務,再選擇合適的工具加以執行。

不必追求每次自動化都完美成功,哪怕 10 次只成功 2-3 次,這些成功所創造的效益,隨著時間累積,將會遠遠超過初期的投入成本。長期來看,絕對是一筆划算的投資。

Chapter 2

讓 AI 寫出有效程式碼：
掌握指令流程與關鍵問題

AI 程式生成流程

➲ AI 程式生成 4 步驟

透過 ChatGPT，就算你完全不懂 VBA，也能輕鬆生成程式。在這過程中，程式語法不再重要，關鍵是如何釐清需求、寫出 AI 指令、檢查錯誤。

使用 AI 生成無數 VBA 後，我重新解構「VBA 程式設計」這項能力，淬煉出一套全新的「AI 程式生成流程」——這一次，你將能在工作上真正應用 VBA。

你不再需要理解複雜麻煩的 VBA 語法，只要與 AI 完美共舞協作，就能生成有用的程式，大幅提升工作成效。

這套流程分為 4 個步驟：

步驟	工具	說明	搭配技巧 / 章節
釐清任務	-	先不用打開 ChatGPT，而是要釐清自動化任務的需求及關鍵步驟，用紙筆寫下、打在 Google Doc，或是在大腦中思考都可以。	每章節都會具體說明任務，幫助你掌握 VBA 的可能性
撰寫指令	ChatGPT	將以上任務加上更多解釋，融入指令技巧後輸入到 ChatGPT；若任務複雜，可分多次追問。	Ch.3 VBA 指令模板 AI 程式指令技巧
測試程式	Excel VBA	將生成的程式碼貼到 Excel，確認結果是否正確，並測試是否有錯誤。	所有章節都會測試程式
追問優化	ChatGPT	根據程式碼錯誤或結果進行追問，思考是否追加功能或優化程式。	Ch.4 AI 程式除錯技巧

是不是很簡單？我們馬上來看一個實際案例來熟悉這套流程。

1. 釐清任務

情境說明

我們想完成一個「自動化彙整訂單」的任務，包含兩個小任務：
1. 在「訂單表」中篩選出「訂單金額」大於 1000、「訂單狀態」為「已完成」的訂單。
2. 複製符合條件的訂單到「訂單彙整表」，並在複製後的最後一欄添加一個時間戳記，記錄當前日期和時間。

這個自動化程式能定期整理訂單，並保留處理時間的記錄。

以下是「訂單表」中的部分資料：

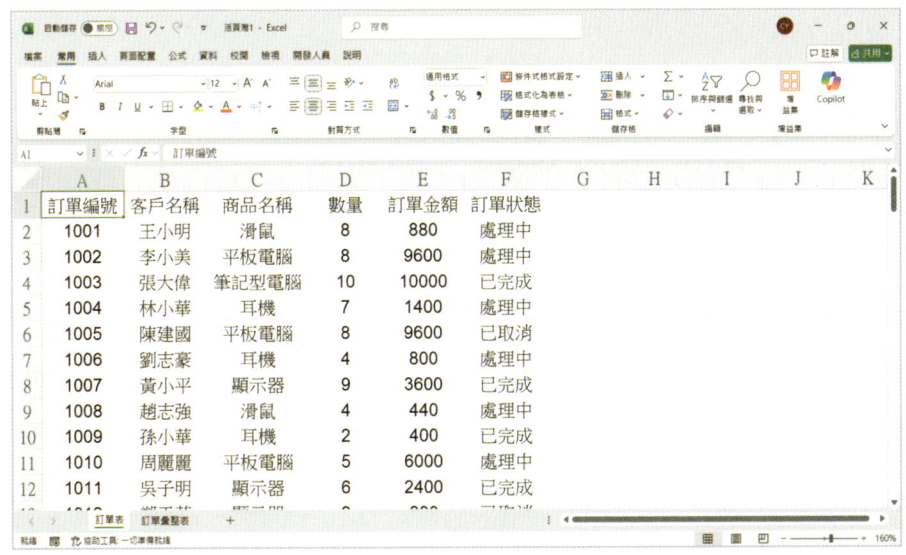

2. 撰寫指令

接著將釐清的任務轉換成清楚的 ChatGPT 指令，並添加一些具體細節來幫助生成更準確的程式碼。

AI 指令 P2-1

扮演 VBA 大師,幫我篩選 Excel 中「訂單表」的數據
若 E 欄大於 1000 且 F 欄為「已完成」,將符合條件的整行資料複製到「訂單彙整表」的下個空行
複製資料後,請在「訂單彙整表」G 欄添加時間戳記,記錄當前的日期和時間

ChatGPT 生成的程式碼如下:

```
Sub CopyFilteredOrders()
    Dim ws1 As Worksheet, ws2 As Worksheet
    Dim lastRow1 As Long, lastRow2 As Long
    Dim i As Long

    ' 設定工作表
    Set ws1 = ThisWorkbook.Sheets( "訂單表" )
    Set ws2 = ThisWorkbook.Sheets( "訂單彙整表" )

    ' 找出訂單表最後一行
    lastRow1 = ws1.Cells(ws1.Rows.Count, "A").End(xlUp).Row

    ' 從訂單表的第二行開始檢查
    For i = 2 To lastRow1
        ' 檢查 E 欄(訂單金額)是否大於 1000,且 F 欄(訂單狀態)是否為 '已完成'
        If ws1.Cells(i, 5).Value > 1000 And ws1.Cells(i, 6).Value = " 已完成 " Then
            ' 找到訂單彙整表的下一個空行
            lastRow2 = ws2.Cells(ws2.Rows.Count, "A").End(xlUp).Row + 1
```

```
        ' 複製訂單表的資料到訂單彙整表
        ws1.Rows(i).Copy Destination:=ws2.Rows(lastRow2)
        ' 在 G 欄添加時間戳記
        ws2.Cells(lastRow2, 7).Value = Now
    End If
  Next i
End Sub
```

3. 測試程式

ChatGPT 生成程式後，我們將這段程式碼複製貼到 VBA 編輯器，點擊執行。（〈第五章、VBA 新手功能大全〉會再詳細說明如何使用 VBA 編輯器。）

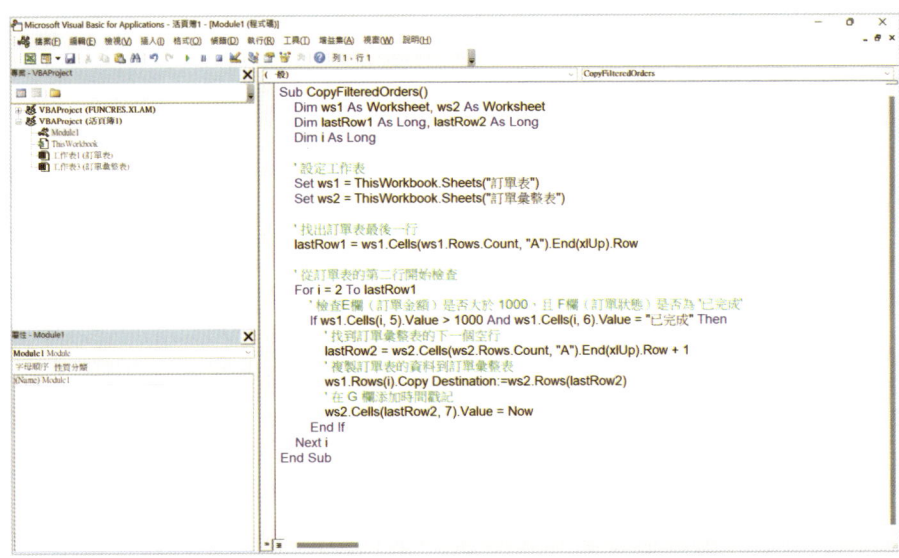

執行程式後，我們回到「訂單彙整表」檢查結果。

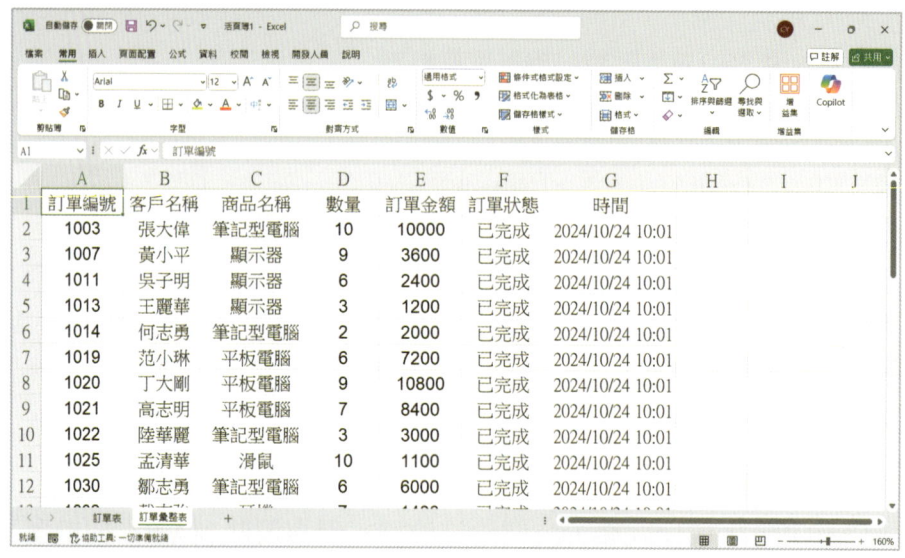

　　符合條件的訂單正確複製到「訂單彙整表」，G 欄正確顯示目前日期和時間，成功！

　　在測試程式前，建議先複製一個 Excel 檔案副本，避免 VBA 做錯時無法復原資料；也可以先使用假資料測試後，再套用到真實資料集上。

4. 追問優化

情境說明

　　確認程式結果無誤後，我們希望將金額大於 10,000 的訂單標記為淡紫色。因此，可以進一步追問 ChatGPT 追加條件和功能。

AI 指令 P2-1（追問）

> 很好！如果訂單彙整表 E 欄大於等於 10000，則標記該列資料為淡紫色

　　於是，ChatGPT 生成下面的新程式碼，增加了「標記顏色」的功能。

```
Sub CopyFilteredOrders()
    Dim ws1 As Worksheet, ws2 As Worksheet
    Dim lastRow1 As Long, lastRow2 As Long
    Dim i As Long

    ' 設定工作表
    Set ws1 = ThisWorkbook.Sheets(" 訂單表 ")
    Set ws2 = ThisWorkbook.Sheets(" 訂單彙整表 ")

    ' 找出訂單表最後一行
    lastRow1 = ws1.Cells(ws1.Rows.Count, "A").End(xlUp).Row

    ' 從訂單表的第二行開始檢查
    For i = 2 To lastRow1
        ' 檢查 E 欄（訂單金額）是否大於 1000，且 F 欄（訂單狀態）是否為 ' 已完成 '
        If ws1.Cells(i, 5).Value > 1000 And ws1.Cells(i, 6).Value = " 已完成 " Then
            ' 找到訂單彙整表的下一個空行
            lastRow2 = ws2.Cells(ws2.Rows.Count, "A").End(xlUp).Row + 1
            ' 複製訂單表的資料到訂單彙整表
            ws1.Rows(i).Copy Destination:=ws2.Rows(lastRow2)
            ' 在 G 欄添加時間戳記
            ws2.Cells(lastRow2, 7).Value = Now

            ' 如果訂單彙整表的 E 欄值大於等於 10000，則標記該列為淡紫色
            If ws2.Cells(lastRow2, 5).Value >= 10000 Then
                ws2.Rows(lastRow2).Interior.Color = RGB(230, 230, 250) ' 淡紫色
```

```
            淡紫色
                End If
            End If
        Next i
End Sub
```

複製貼上程式到 VBA 編輯器，並先刪除「訂單彙整表」中的資料，避免重複彙整資料。刪除資料後執行程式，成功標記出淡紫色，讓自動化任務更完整！

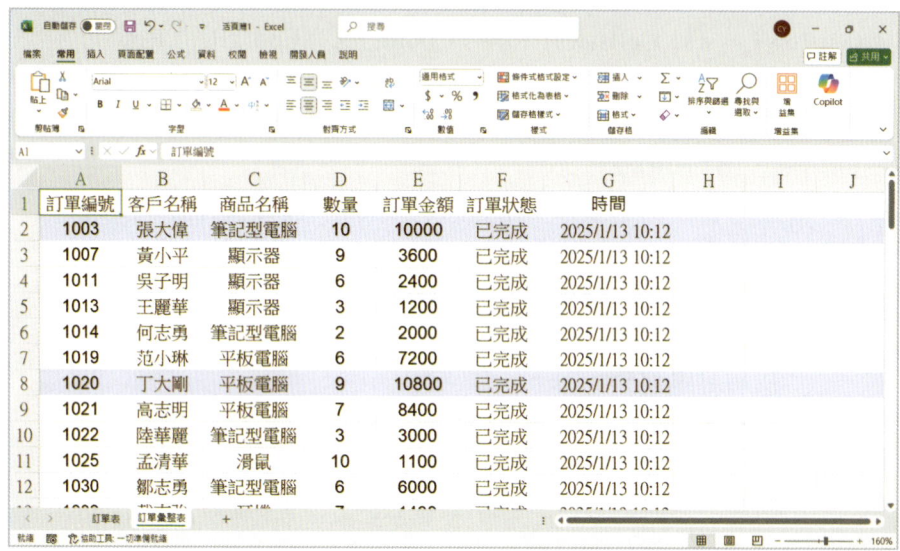

以上就是一次完整的「AI 程式生成流程」。當然，我們還會需要了解更多 VBA 應用案例和指令技巧；但萬變不離其宗，不管你的任務多簡單或多複雜，這套流程都能幫你生成需要的程式！

2-2
解答 AI 程式生成的五大問題

🔸 使用 AI 前，先解決你的疑慮！

到全台企業和機構開課培訓最大的好處之一，就是能聽到第一線工作者最真實的問題。我整理出 5 個教授「AI×VBA 課程」時，最常被學員問的問題，一次整理給你。

1. 如果程式出錯，但我看不懂怎麼辦？
2. 使用 ChatGPT 處理 Excel，資料會外洩嗎？
3. AI 每次生成的程式都不一樣，這樣穩定嗎？
4. 如何判斷什麼時候該用 VBA 或公式？
5. 需要付費訂閱 ChatGPT 嗎？

🔸 如果程式出錯，但我看不懂怎麼辦？

很多上課學員都沒有寫程式的經驗，甚至會有點怕看到程式；更麻煩的是，會擔心程式出錯時，因為看不懂程式而卡關。

這點你完全不需要擔心，因為……我也看不懂 VBA。

AI 生成程式，其實是天作之合。如果你用 AI 生成報告文字，文字到底是對是錯還要去進一步求證，花費不少時間；另外文字到底寫得好不好其實非常主觀，你的客戶或主管可能跟你想的不一樣。

反過來說，AI 生成程式後，只要一執行，我們馬上知道對或錯。

如果程式無法順利執行，VBA 會彈出錯誤訊息。

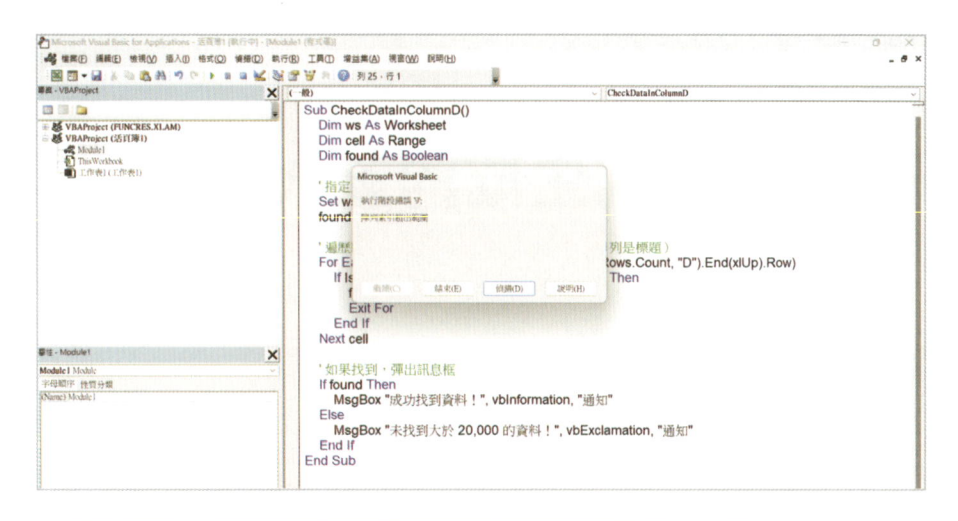

[螢幕截圖：Microsoft Visual Basic for Applications 視窗，顯示 VBA 程式碼 CheckDataInColumnD，並彈出執行階段錯誤訊息框]

這時你可以將錯誤訊息再丟進 ChatGPT，了解哪裡有問題。這就是 AI 程式生成流程的「第四步、追問優化」在做的事。

如果程式順利執行，但是你發現結果跟你預期的不一樣，你還是可以再次追問 ChatGPT 做各種調整。

多數時候，ChatGPT 都能滿足你的程式需求；有時候，ChatGPT 提供的程式會出錯，你可以用本書的除錯技巧解決。極少數時候，你的需求 VBA 無法達到，這就需要多瞭解一點 VBA 知識才能判斷，但本書也會盡量完整告訴你。

因此不用擔心看不懂 VBA 程式，只要你掌握足夠的 VBA 知識、AI 指令和除錯技巧，還是能做出複雜有效的自動化程式！

使用 ChatGPT 處理 Excel，資料會外洩嗎？

這是非常多人有的迷思：要用 ChatGPT 生成 Excel 公式或 VBA，就要先上傳檔案給 ChatGPT。

從以前到現在，我生成 Excel 公式或 VBA 前，都沒有提供任何 Excel 檔給 ChatGPT。

不只不用上傳，上傳檔案的話，生成結果反而可能會更差。因為 Excel 檔案中通常包含多個工作表，還可能會有合併儲存格、資料排序雜亂等狀況，這些都會使 ChatGPT 很難正確讀取資料，導致生成的程式有誤。

另外，免費版 ChatGPT 都會使用我們的對話紀錄，進一步訓練模型。因此，上傳檔案後確實會有資料外洩的疑慮。

有人這時會有疑問：「那 ChatGPT 怎麼知道要處理哪個工作表、哪些範圍？」

事實上，ChatGPT 根本不知道我們的真實資料長什麼樣，甚至不知道是哪個檔案。我們只要在指令中寫清楚要處理的範圍和動作，ChatGPT 就會生成對應的程式，我們再貼到 VBA 編輯器即可。

這就像你請一個人幫你寫程式，你跟他說完需求後，他寫好程式給你。過程中他不用看到你的完整資料，也不知道你會用在 A 公司或 B 公司；但你只要執行程式，就能知道他寫的程式對不對。

所以，你完全不需要上傳 Excel，更「不應該」上傳 Excel。

AI 每次生成的程式都不一樣，這樣穩定嗎？

所有生成式 AI 都有一個重要特性：隨機性。不管是用 ChatGPT 生成文字、Midjourney 生成圖片、Gamma.app 生成簡報，即使指令一模一樣，每次的結果都會不同。

這是因為生成式 AI 本質上都是機率模型，每次都是整合「模型設定」和「使用者指令」後生成「最有可能」的結果。

尤其是「寫程式」這種工作，本來就沒有絕對的標準答案，要完成一項自動化任務，可能有超過十種程式寫法。

生成結果有隨機性這件事，其實有好有壞。好處是會更有創意，如果第一次生成的程式失敗，多試幾次或修改指令，還是有機會成功。

缺點是因為每次結果都不一樣，我們的指令就算完全一樣，但你生成的程式可以用，我得到的程式卻有可能出錯。這時需要好好思考指令哪裡有問題，有時會花不少時間。

因此，這邊要提醒你三點。

1. **重視結果**：當你複製本書指令、輸入給 ChatGPT 時，你的程式「不可能」會跟本書的程式一模一樣，但結果可能還是對的。黑貓白貓，能抓老鼠就是好貓，結果對了就好，程式不一樣很正常。

2. **學習指令邏輯**：如果你不想只是複製貼上本書指令，而是要自己嘗試、挑戰寫指令，絕對歡迎！這本書的所有指令，都只是「參考」，不用死記硬背；更重要的是學習指令背後的「技巧」和「邏輯」，這樣程式出錯時你才能解決，遇到全新任務時你也才能真正應用。
3. **儲存正確程式**：當你好不容易拿到一個結果正確的程式時，記得存在 Excel、Word，或任何你會記得的地方。因為用一樣的指令再次生成程式，不一定能得到正確結果。

AI 有隨機性，程式則有確定性──程式經過測試後，每次執行結果基本上不會出錯。因此，AI 生成程式的核心邏輯，就是「化隨機為穩定」，讓我們的自動化任務，不會受到隨機性的影響，而能穩定執行。

⇒ 如何判斷什麼時候該用 VBA 或公式？

我們可以將 Excel 中所有功能分為 3 種：手動操作、公式、VBA。三者各有特性和限制，我們可以根據任務需求選擇工具，不要拘泥於特定工具，哪個適合就選哪一個。

	手動操作	公式	VBA
任務	基本數據處理 圖表與視覺化 匯入與匯出數據 使用 Power Query 製作樞紐分析表	基本數學運算 條件判斷 查找與引用 資料統計與分析	複雜邏輯與分析 操作多個應用程式 可設定互動視窗 自訂特殊函數
特性	簡單快速 Excel 功能完整	即時動態更新 簡單自動化	幾乎能做到「手動操作」和「公式」能做到的所有事
門檻 & 限制	不適合大量重複任務 需要記得操作步驟	需要學習用 AI 生成公式 複雜邏輯無法處理 無法改變顏色、控制工作表等	需要學習用 AI 生成程式 需偶爾維護程式

手動操作適合簡單數據處理、圖表設計和樞紐分析。Excel 的功能非常完整，對於簡單的任務，直接手動操作很快；但你需要記得操作步驟，而且不適用於「大量」、「重複性」任務。

公式強調即時更新和簡單自動化，只要數據一有變動，公式結果都會跟著更新，適合數學運算、條件判斷和統計資料等；但無法處理複雜邏輯，也無法做到很多手動操作功能，例如修改顏色、製作新工作表。

VBA 可以實現幾乎所有手動操作和公式的功能，尤其適用於跨應用程式操作、複雜邏輯處理及自訂特殊函數。跟公式不一樣的是，VBA 預設不會自動更新，但同樣可以透過寫程式達成；另外偶爾會需要維護、調整程式，避免出錯。

其實公式和 VBA 最大的限制是「很難學」，但有了 AI 之後，全部都能直接用 AI 生成，大幅減少學習時間，只要跟 AI 對話即可生成。

接下來用一個簡單的案例幫助你了解三者的差別。

> 假設你需要完成一份「銷售報表分析」，包含以下需求：
> 1. 根據條件篩選特定業務員的銷售數據
> 2. 統計總銷售額
> 3. 自動生成各地區的月度銷售報表

第一種最適合的是「手動操作」，直接手動操作「篩選」和「樞紐分析表」，統計各業務員的銷售額，很快就能處理好數據。

第二種最適合「公式」，透過 SUM 或 SUMIF 建立計算公式，而且表格會動態更新統計結果，能夠隨時呈現最新銷售額。

第三種最適合「VBA」，撰寫一段程式碼，自動計算所有數據、生成多個區域報表，還能自動儲存為 PDF 格式。

簡單來說，如果你覺得一個任務手動操作很久、很麻煩，就要考慮生成公式或 VBA 來自動化。你也可以詢問 ChatGPT 一個功能，但不直接指定手動操作、公式或 VBA，讓 ChatGPT 推薦你最適合的做法！

▶ 需要付費訂閱 ChatGPT 嗎？

本書使用 GPT-4o 生成程式。這個版本目前可以免費使用，但有使用額度限制，每隔數小時會重置，用完之後系統會切換為 4o mini。4o mini 仍然可以生成 VBA 程式，但對於較複雜的程式碼，錯誤機率會明顯增加。

如果選擇 Plus 付費版本（每月 $20 美金），會有更多 4o 使用額度，對大多數需求來說已經相當充足；而 Team 版本（每月 $25 美金）則提供無限額度使用的服務。

要不要付費的關鍵取決於你「生成複雜 VBA 的頻率」。如果一週只撰寫一次簡單的程式，免費版就足夠；但如果一天有超過 3 小時都在撰寫複雜 VBA 程式，那麼訂閱付費版本是值得的，尤其是它還能解鎖更多進階功能。

Plus 版本的費用為每月 20 美金，約 660 台幣。以 660 元購買一個月的專業助理，其實相當划算。假設你的時薪為 300 元，只要每月能節省 2.2 小時，這筆投資就非常值得。

（ChatGPT 的模型與付費方案可能會隨時間更新，建議至官網查看最新資訊。）

▶ 掌握 AI 程式生成流程，輕鬆實現自動化任務

本章詳細解構了 AI 程式生成流程，即使完全不懂程式語法，也能利用 ChatGPT 高效生成 VBA 程式。這套流程重點在於釐清需求、撰寫明確 AI 指令、測試程式以及追問優化，讓繁瑣的手動操作化為穩定的自動化解決方案。

無論你是初學者還是進階使用者，都能透過這套方法，與 AI 協作無間，真正將自動化落實到實際工作中。

下一章，我們會開始學習指令模板和指令技巧，掌握有效下指令給 AI 的系統化做法，生成精準度高且有效的 VBA 程式。

Chapter 3

AI×VBA 指令模板與技巧

3-1

用 VBA 指令模板讓 AI 生成程式碼

〈Chapter2、AI 程式生成流程〉介紹了 AI 生成程式的四步驟，其中的第二步驟是「撰寫指令」介紹，撰寫指令的系統化做法和技巧，就是本章關鍵：深入解析 VBA 語法的核心元素，並進一步用 AI 寫出高效的 VBA 程式。

本章內容分為兩大重點：

VBA 指令模板：

本節將詳細說明每段 VBA 程式中常見的元素，以及相應的指令內容。以後下指令時都能參考這套模板，提升指令撰寫的效率。

AI 指令技巧：

在前一本書《ChatGPT×Excel 自動化工作聖經》中曾介紹 9 種指令技巧，其實這些技巧大多是相通的。本書將部分指令技巧整合進 VBA 指令模板，並簡化為五大指令技巧，幫助你更方便操作，並提升指令效果。

指令模板如同骨架，指令技巧則是肌肉，兩者相輔相成，幫助你撰寫出高效且實用的指令。

◉ VBA 指令模板簡介

為了更好掌握 VBA 指令模板，我們先來了解 VBA 的語法結構吧！

情境說明

我們希望執行程式後，彈出一個視窗讓我們輸入數字，並顯示數字加倍後的結果在另一個視窗中。

以下這段 VBA 程式能夠實現我們要的功能。

```vba
Sub DoubleNumber()
    ' 定義工作表
    Dim ws As Worksheet
    Set ws = Worksheets("DataSheet")

    ' 提示使用者輸入數字
    Dim inputNumber As Integer
    inputNumber = InputBox(" 請輸入一個數字：", " 數字輸入 ")

    ' 將數字加倍
    Dim result As Integer
    result = inputNumber * 2

    ' 防止使用者輸入非數字內容
    If IsNumeric(inputNumber) = False Then
        MsgBox " 請輸入有效的數字 ", vbExclamation, " 錯誤 "
        Exit Sub
    End If

    ' 填入數字加倍結果
    ws.Range("A1").Value = " 您輸入的數字是：" & inputNumber
    ws.Range("A2").Value = " 加倍後的結果是：" & result

    ' 顯示結果
    MsgBox " 您輸入的數字是：" & inputNumber & " ，加倍後的結果是：" & result, vbInformation, " 結果 "

End Sub
```

複製這段程式，貼到 VBA 並執行，就會看到一個彈出視窗讓我們輸入數字。

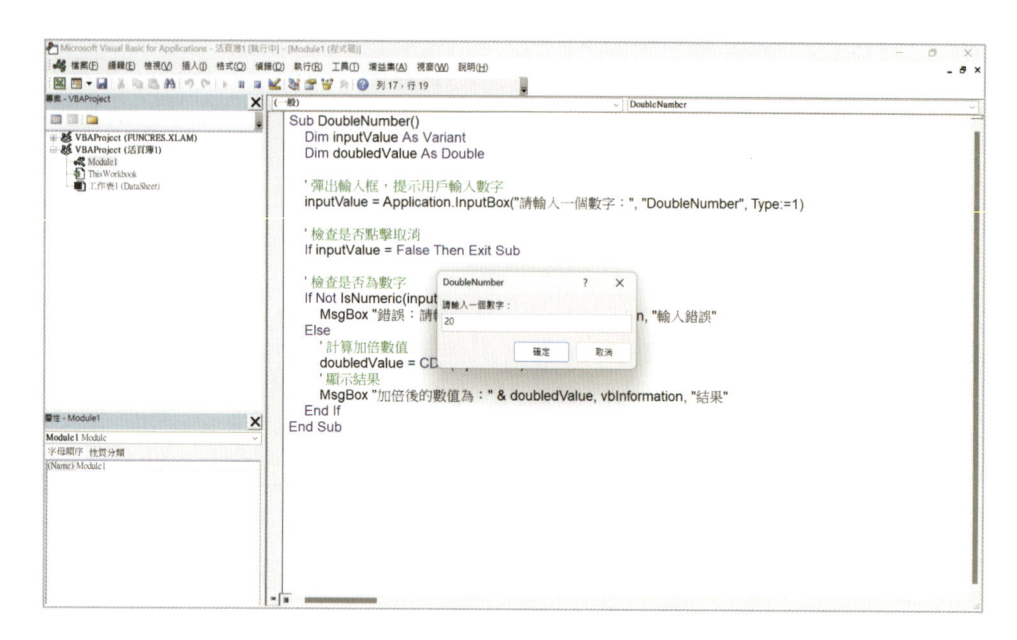

輸入 20 並點擊確認後，就會再彈出另一個視窗，回傳加倍後的數字：40。程式執行成功！

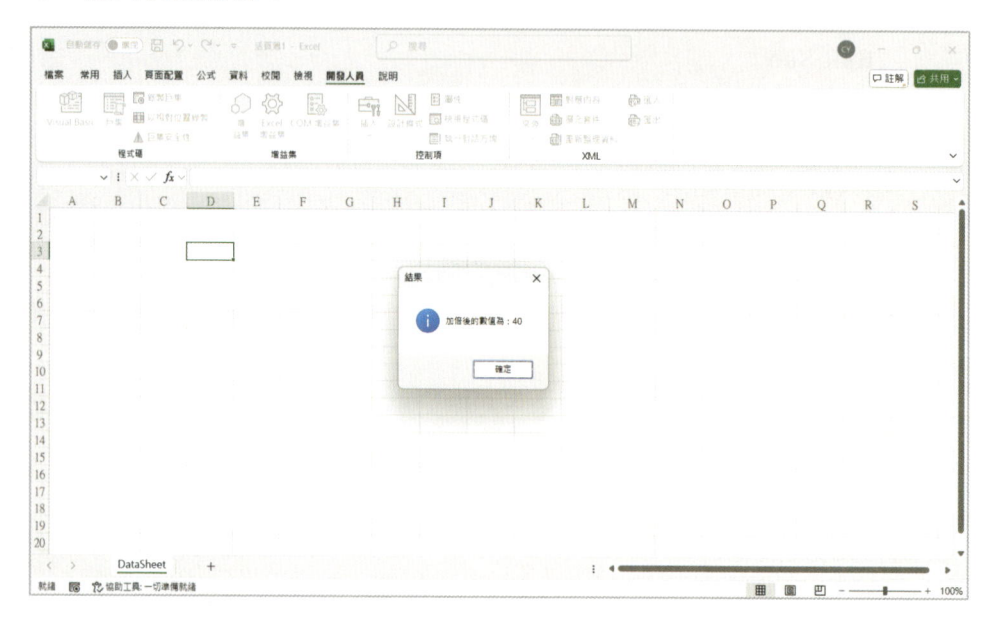

這段看起來複雜的 VBA 程式，是根據以下 AI 指令生成。

46

AI 指令 P3-1

扮演 VBA 大師

範圍＆動作：在「DataSheet」工作表中，讓我輸入數字後，回傳加倍後的結果

觸發點：執行程式時

互動視窗：彈出視窗讓我輸入數字

函數名稱：DoubleNumber

提醒訊息：非數字時顯示錯誤訊息，有效輸入時，用視窗顯示加倍結果

以上指令用列點方式呈現，其實是一個非常好用的「VBA 指令模板」。

- 扮演 VBA 大師
- 範圍＆動作：
- 觸發點：
- 互動視窗：
- 函數名稱：
- 提醒訊息：

複製貼上 VBA 指令模板到 ChatGPT，再開始寫指令，就能讓寫指令這件事從「開放題」變成「填空題」，大幅節省時間，並提高 AI 生成的成功率！

VBA 指令模板的元素可以被分為以下四個類別。

元素類別	公式說明	VBA 元素名稱
基本設定元素	每次打開新聊天室時,都要先設定情境	設定情境
關鍵元素	每個指令一定要包含「範圍」和「動作」	範圍、動作
強化元素	使用「觸發點」和「互動視窗」能強化程式的效果和客製化程度	觸發點、互動視窗
輔助元素	指令中沒有輔助元素也沒關係,有的話能幫助你了解程式執行狀況	函數名稱、提醒訊息

接下來就讓我們來拆解「VBA 指令模板」,並以 AI 指令 3-1 為例,一一認識各項元素吧!

基本設定元素:設定情境

在 ChatGPT 聊天室的第一個指令,只要先設定情境,就能一直生成程式。

我曾經試過很多不同的設定情境指令,後來發現最簡單的就很有效。

AI 指令 P3-1(部分)

> 扮演 VBA 大師

這個指令會讓 ChatGPT 以 VBA 專家的角度生成程式，避免給出其他程式語法。

如果你希望提高生成結果正確的機率（尤其是使用 4o mini 時），也可加上五大指令技巧之一的「#思考鏈」。（本章後續會詳細介紹）

AI 指令 P3-2

> 扮演 VBA 大師
> 先一步步思考後，再提供程式

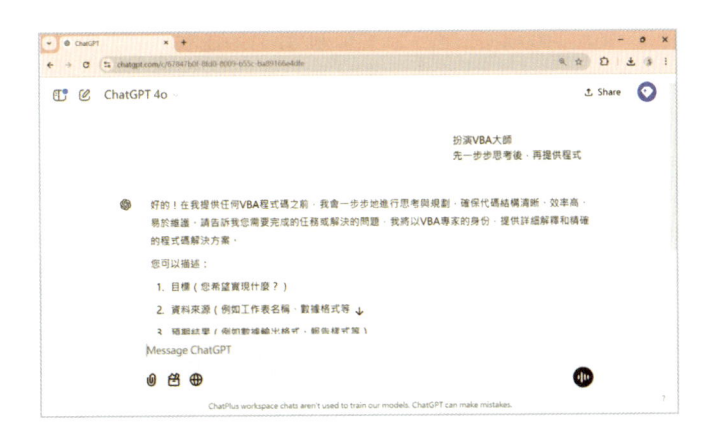

每次打開新聊天室時，記得先寫上「扮演 VBA 大師」唷！

關鍵元素 1：範圍

撰寫指令時，最關鍵的就是「範圍」和「動作」，也就是去思考：「我要對哪裡做什麼？」

AI 指令 P3-1（部分）

> 範圍&動作：在「DataSheet」工作表中，讓我輸入數字後，回傳加倍後的結果

49

這段指令同時描述了範圍和動作，我們先來了解「範圍」。範圍就是你要處理的地方，例如 Excel 工作表、儲存格，或 PPT 的文字框、圖片等。

VBA 可以操控整個 Office 系列，所以範圍不只限於 Excel，而是能操控各項應用程式的物件，以下列出常見的「物件」。

Excel	Word	PowerPoint	Outlook
工作表 Worksheet	文件 Document	投影片 Slide	郵件 MailItem
儲存格 Cell	段落 Paragraph	文字框 TextBox	主旨 Subject
範圍 Range	書籤 Bookmark	圖片 Picture	連絡人 ContactItem
樞紐分析表 PivotTable	標題 Heading	圖形 Shape	附件 Attachment
圖表 Chart	表格 Table	動畫 Animation	副本 CopyItem

表格附上英文對照，若擔心寫錯範圍名稱，可用英文描述物件。

在描述範圍時，要明確指出所涉及的應用程式和物件；特別是在操作多個檔案或跨應用程式時，要提供完整的檔案名稱及格式，例如：「員工資料表 .xlsx」、「薪資明細 .docx」。

➡️ 關鍵元素 2：動作

確認好範圍後，接著要描述你要對這個範圍做什麼，也就是「動作」。

在 VBA 中，「動作」是指你要用程式完成的功能或任務。動作的類型很廣泛，從簡單的數據輸入和修改，到複雜運算、格式變更，甚至跨應用程式的資料傳遞──每個 VBA 程式的核心就在於你希望它完成什麼動

作、達成什麼結果。

以下列出常用的 VBA 動作。

資料處理	計算分析	新增物件	檔案管理
帶入/刪除	比對資料	新增投影片	大量匯出檔案
篩選/排序	統計數據	新增圖表	合併檔案
設定資料格式	分析趨勢	新增郵件草稿	自動備份
合併/清洗	自訂函數	新增 PDF	更新報表

範圍與動作緊密相關，寫 AI 指令時通常會一起描述，不會特別分開。

這兩項元素有很多元的描述方式，後面的「AI 五大指令技巧」及本書的所有案例，都會幫助你更了解如何精準描述。

強化元素 1：互動視窗

你可以直接把「範圍」寫進程式中，例如 A1:B100；但每次改變範圍都要到後台修改程式，這樣太麻煩。

如果希望每次執行程式時，都能指定不同範圍，可以加入「互動視窗」的功能——執行程式後，會先彈出一個對話視窗，輸入範圍後就針對該範圍執行動作。

AI 指令 P3-1（部分）

> 互動視窗：彈出視窗讓我輸入數字

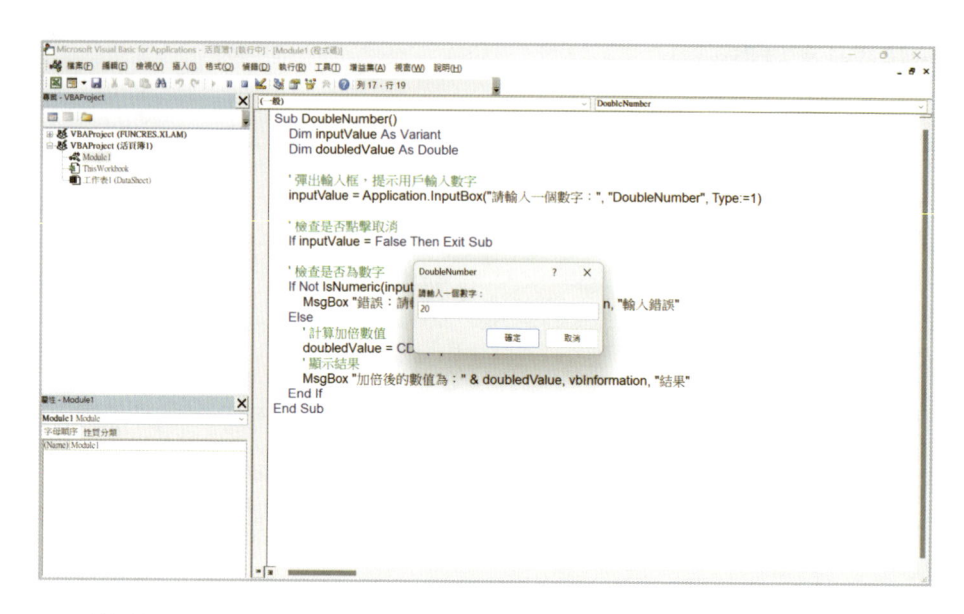

更棒的是,除了範圍之外,互動視窗也能輸入其他內容,讓 VBA 更客製化為你完成任務,例如:特定日期、大於某個數字等。

在〈第五章、VBA 新手功能大全〉會介紹「自訂表單」和「控制項」的功能,這些能幫助你設計出專屬的互動視窗,例如「下拉式清單」能直接選取特定內容囉!

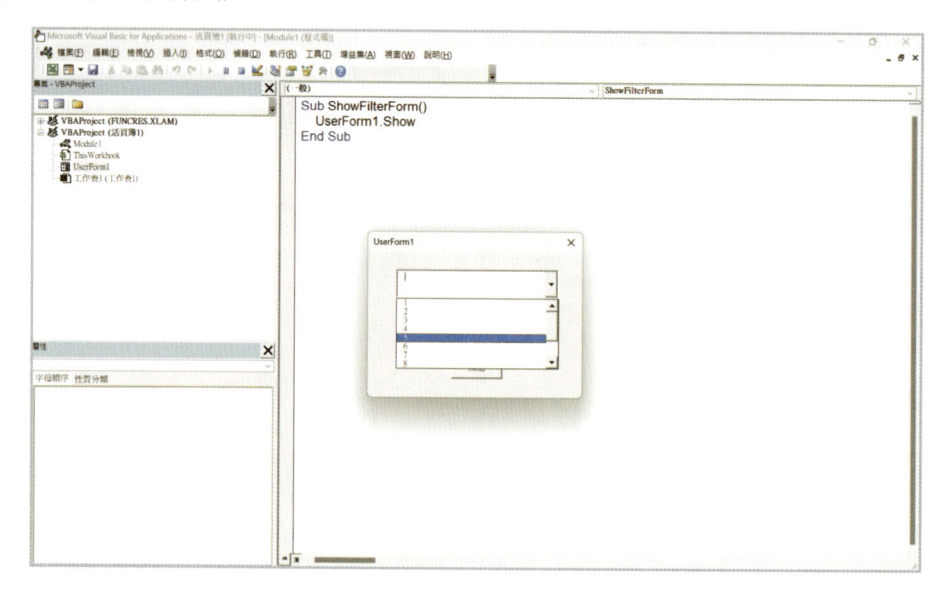

➡️ 強化元素 2：觸發點

觸發點就是「你什麼時候要執行動作？」，最基本的觸發點就是直接點擊「執行」。在指令中不一定要提到，因為 ChatGPT 本來就預設你會點擊「執行」。

🤖 **AI 指令** `P3-1`（部分）

> 觸發點：執行程式時

其他觸發點包含特定時間（例如每天）、開啟檔案等，這些都能在 VBA 中定義好。設計觸發點可以讓你的程式更加自動化，不用每次都到 VBA 編輯器點擊執行。

以下列出常見的觸發點。

打開檔案	關閉檔案	點擊按鈕	輸入資料
勾選	輸入特定文字	時間到期	刪除資料

AI 指令包含了「觸發點」和「互動視窗」的話，你的 VBA 程式就會功力大增，更能滿足你的任務需求。例如，可以設定「每次打開檔案」時自動彈出「互動視窗」輸入處理範圍。

➡️ 輔助元素 1：函數名稱

最後要介紹的兩項元素，雖然不是必要，但能讓你更好管理多個程式，並掌握程式執行狀況。

所有 VBA 程式都會有函數名稱，ChatGPT 生成程式時都會自動幫你的函數取名。

如果想要特定名稱，也可以直接寫入 AI 指令中。

AI 指令 P3-1（部分）

函數名稱：DoubleNumber

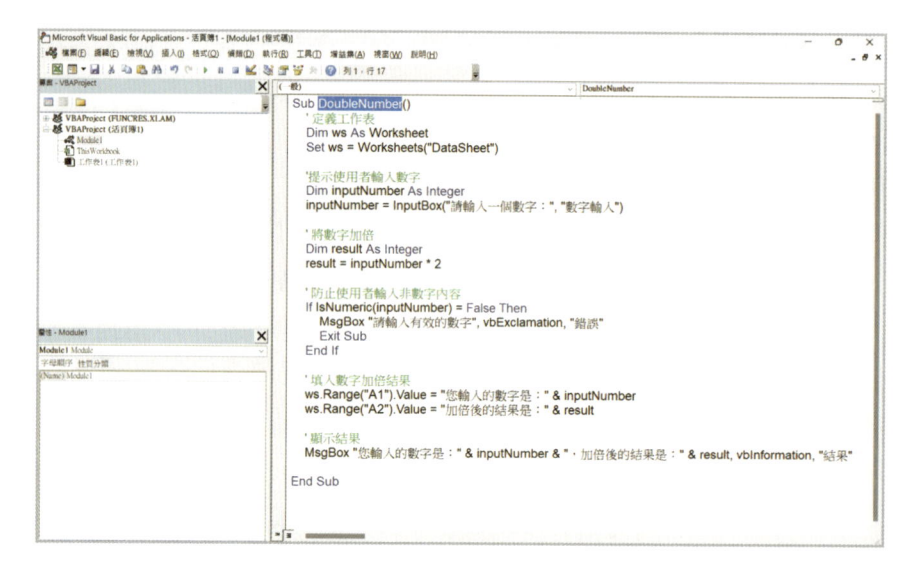

```
Sub DoubleNumber()
' 定義工作表
Dim ws As Worksheet
Set ws = Worksheets("DataSheet")

' 提示使用者輸入數字
Dim inputNumber As Integer
inputNumber = InputBox("請輸入一個數字：", "數字輸入")

' 將數字加倍
Dim result As Integer
result = inputNumber * 2

' 防止使用者輸入非數字內容
If IsNumeric(inputNumber) = False Then
    MsgBox "請輸入有效的數字", vbExclamation, "錯誤"
    Exit Sub
End If

' 填入數字加倍結果
ws.Range("A1").Value = "您輸入的數字是：" & inputNumber
ws.Range("A2").Value = "加倍後的結果是：" & result

' 顯示結果
MsgBox "您輸入的數字是：" & inputNumber & "，加倍後的結果是：" & result, vbInformation, "結果"

End Sub
```

你也可以等 ChatGPT 生成程式後貼到 VBA 編輯器中，再自己修改函數名稱，中英文皆可。修改函數名稱不會影響函數執行。

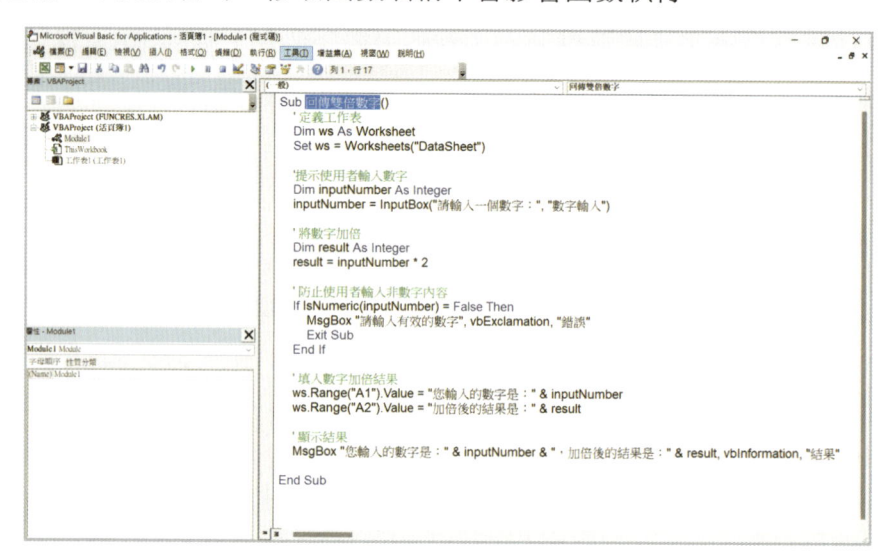

```
Sub 回傳雙倍數字()
' 定義工作表
Dim ws As Worksheet
Set ws = Worksheets("DataSheet")

' 提示使用者輸入數字
Dim inputNumber As Integer
inputNumber = InputBox("請輸入一個數字：", "數字輸入")

' 將數字加倍
Dim result As Integer
result = inputNumber * 2

' 防止使用者輸入非數字內容
If IsNumeric(inputNumber) = False Then
    MsgBox "請輸入有效的數字", vbExclamation, "錯誤"
    Exit Sub
End If

' 填入數字加倍結果
ws.Range("A1").Value = "您輸入的數字是：" & inputNumber
ws.Range("A2").Value = "加倍後的結果是：" & result

' 顯示結果
MsgBox "您輸入的數字是：" & inputNumber & "，加倍後的結果是：" & result, vbInformation, "結果"

End Sub
```

如果同一個檔案中，有多個函數，建議可以特別為每個函數取名。這樣不只方便辨識，也避免執行錯誤的函數。

▶ 輔助元素 2：提醒訊息

當 VBA 完成任務或資料有誤時，可以設定彈出提醒訊息，方便我們掌握程式執行狀況。

提醒訊息跟互動視窗不同，提醒訊息是「程式完成前」的最後一步，目的是「提醒」；互動視窗是程式「程式執行後」第一步，目標是輸入客製化範圍或內容。

ChatGPT 通常會把最關鍵的提醒訊息寫入程式中，例如程式成功執行後，彈出視窗告知「已成功匯入資料！」

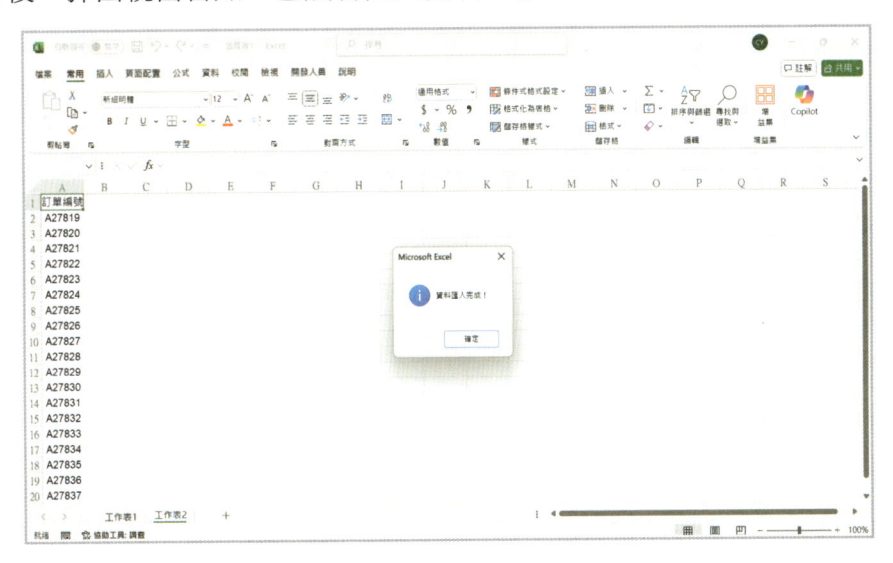

我們也能在指令中，指定程式要包含特定提醒訊息。

🤖 AI 指令　P3-1（部分）

> 提醒訊息：非數字時顯示錯誤訊息，有效輸入時，用視窗顯示加倍結果

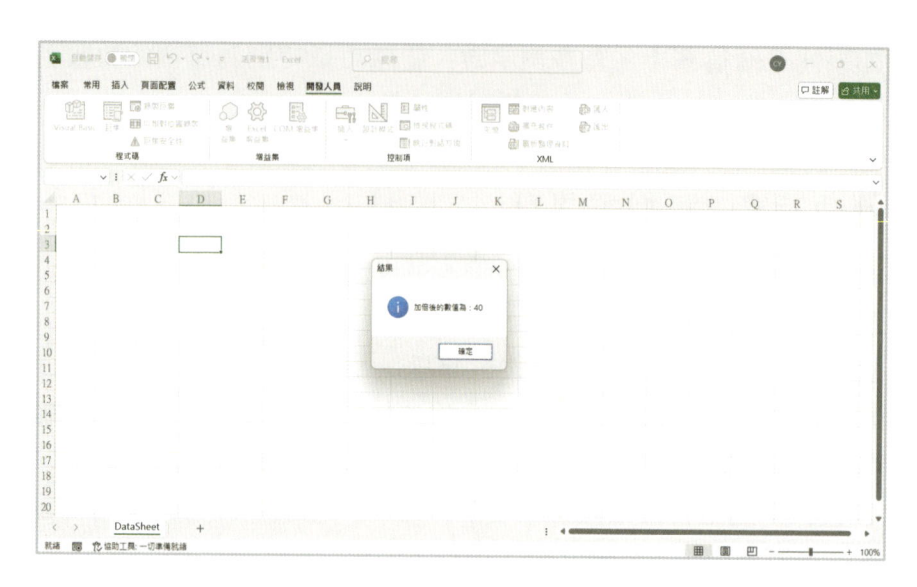

剛開始使用 AI 生成 VBA 時，搭配「VBA 指令模板」能提醒你輸入各項元素，讓生成結果更符合需求。隨著你越來越熟悉這套模板，就不需要再依賴模板，可以自由撰寫，例如以下指令。

🤖 AI 指令 P3-3

> 扮演 VBA 大師
> 建立 DoubleNumber 函數
> 彈出視窗讓我輸入數字
> 在「DataSheet」工作表中，讓我輸入數字後，回傳加倍後的結果
> 輸入非數字時顯示錯誤訊息，有效輸入時，用視窗顯示加倍結果

3-2

最佳化 AI 指令生成結果的五大技巧

🔸 五大指令技巧簡介

前面我們討論了「VBA 指令模板」，掌握寫好 VBA 指令的基本元素。

不過 VBA 有各種可能性和功能，如果要更精準描述 AI 指令——尤其是「範圍」和「動作」——就需要運用更進階的指令技巧。

經過大量實驗和研究後，我總結出 5 個幫你優化 AI 指令的技巧；本書案例中，你會重複看到這些指令技巧，逐漸熟悉如何運用它們撰寫 VBA 程式。

技巧名稱	簡短說明	使用時機
# 具體舉例	用具體範例說明，可減少文字描述	描述資料格式和預期結果
# 強調重點	突出重要部分，避免錯誤或誤解	描述工作表、檔案名稱 指令較長時需要強調細節
# 追問	根據前一個生成結果，進一步提問	為正確程式加入新條件 修改錯誤程式
# 思考鏈	引導 ChatGPT 一步步生成結果	使用複雜的指令和程式 希望看到完整程式邏輯
# 反向引導	請 ChatGPT 提問，幫助釐清需求邏輯	還沒釐清要完成的任務時 希望獲得自動化靈感

➡️ # 具體舉例

具體舉例就是將 Excel 中的資料格式，直接舉例給 ChatGPT。

🤖 AI 指令 P3-4（新開聊天室）

> 扮演 VBA 大師，彈出視窗提醒我「order_sheet」I 欄日期哪些是大於今天的，**格式如：2024-09-07** [1]，回傳日期及對應的 A 欄

💡 指令秘訣

[1] 因為 Excel 有很多種日期格式，遇到日期時都可直接貼給 ChatGPT。

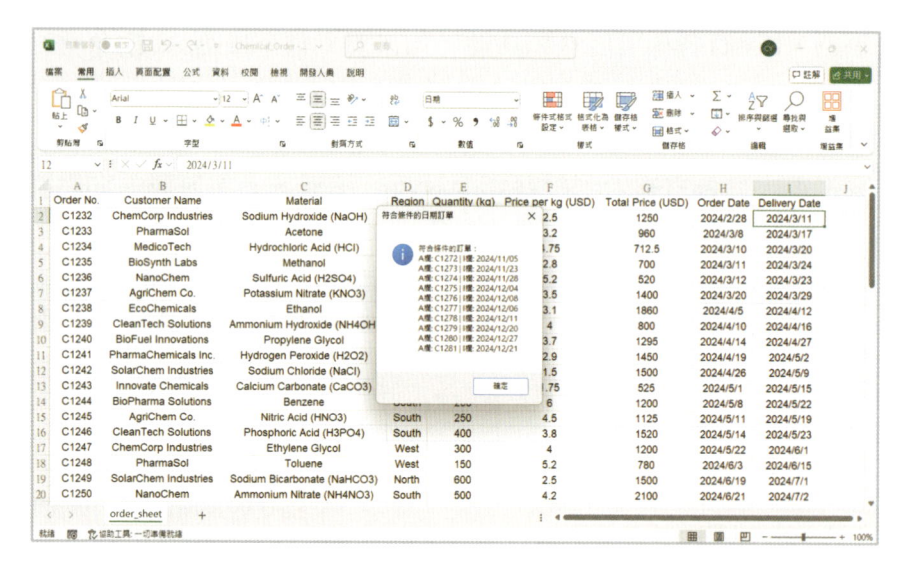

另一種 # 具體舉例的方法，是讓 ChatGPT 看到你預期的結果。

🤖 AI 指令 P3-5（部分）（追問）

> 請根據以下格式，回傳日期及對應 A 欄：C1232 ｜ 2024-09-07

58

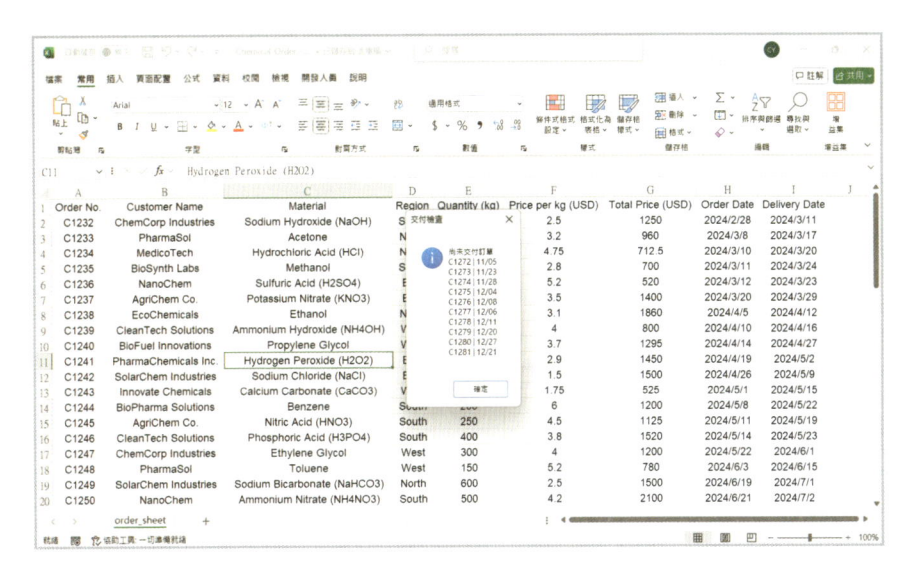

直接提供具體範例，ChatGPT 能夠快速理解任務並生成準確的程式，我們就不用寫一大堆說明文字。

追問

追問是當 ChatGPT 生成結果後，進一步詢問或要求優化程式的技巧。

不要迷信「一指神功」：用一個指令生成完美程式。真正在生成程式時，多次 # 追問非常常見。

有時看到程式結果後，你會遇到錯誤或想加入更多功能，就能使用 # 追問獲得更理想的結果。

AI 指令　P3-6（部分）（追問）

很好 [1]，彈出視窗後，先問我「今天」還是「指定日期」兩個選項
若選擇「今天」，回傳大於等於今天的訂單
若選擇「指定日期」，讓我輸入特定日期後回傳大於等於該日的訂單，格式如 mm/dd

💡 指令秘訣

1 當前一個程式正確時，追問時可用「很好！」開頭，讓 ChatGPT 知道之前的程式是對的，並以此為基礎增加功能。

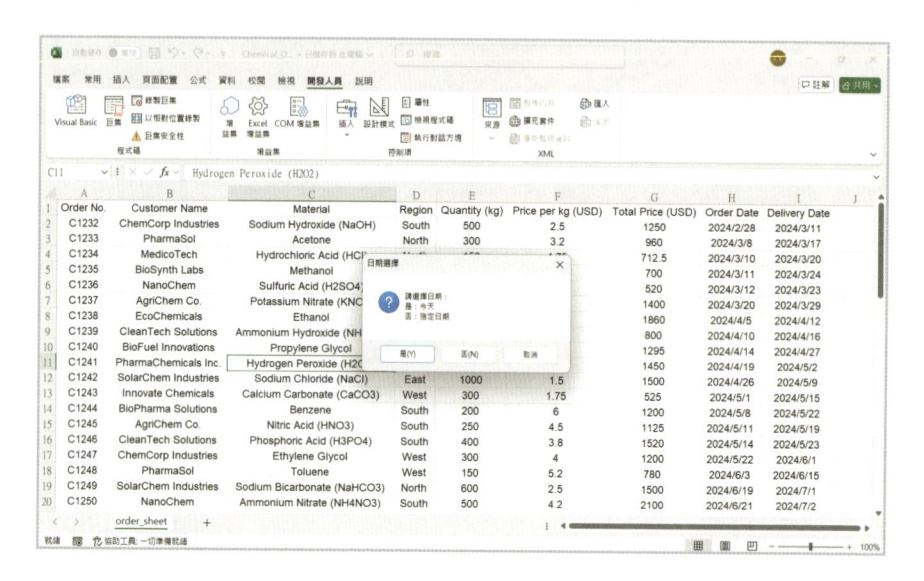

➡️ # 強調重點

　　# 強調重點是在指令中突出關鍵部分，避免 ChatGPT 忽略重要細節而產生錯誤結果。

　　# 強調重點有兩種作法，第一種是加入引號在重點文字上，第二種是把重點或結果再寫一次。

🤖 AI 指令　P3-7（新開聊天室）

扮演 VBA 大師

檔案中有兩個表：員工資料表、工作紀錄表

「員工資料表」**1** A 欄是員工姓名，請根據 A2:A16，為每個人複製一個「工作紀錄表」工作表，總共會有 15 個工作表 **2**，每個表以員工姓名為標題，A1 也是員工姓名

💡 指令秘訣

1 描述工作表名稱時，可加上引號，確保 ChatGPT 將正確名稱寫入程式。

2 A2:A16 總共有 15 個員工姓名，這邊強調結果有 15 個表，幫助 ChatGPT 理解。

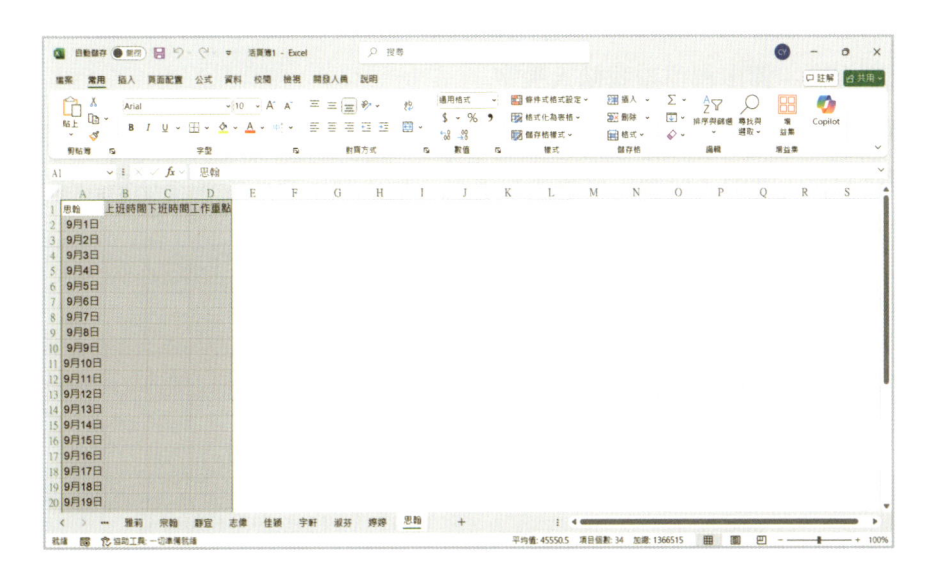

➡️ # 思考鏈

如果任務非常複雜或有多個步驟，可以用 # 思考鏈引導 AI 一步步生成程式。在指令工程（Prompt Engineering）研究領域，# 思考鏈是非常重要且常被使用的技巧，被證實有效提升指令效果。

思考鏈有兩種使用方法。

第一種是「直接思考鏈」，撰寫「複雜」指令時，可以在 VBA 指令模板後加上一句：「請一步步思考後生成程式」，這樣 ChatGPT 的思考過程會更完整，通常結果也會更好。

AI 指令 P3-8

扮演 VBA 大師

範圍&動作：在「DataSheet」工作表中，讓我輸入數字後，回傳加倍後的結果

觸發點：執行程式時

互動視窗：彈出視窗讓我輸入數字

函數名稱：DoubleNumber

提醒訊息：非數字時顯示錯誤訊息，有效輸入時，用視窗顯示加倍結果

請一步步思考後生成程式

步驟：

1. **啟動視窗輸入功能**：使用 `InputBox` 讓使用者輸入數字。
2. **檢查輸入有效性**：使用 `IsNumeric` 檢查是否為有效數字，並處理非數字的錯誤。
3. **計算加倍值**：如果輸入有效，計算其加倍值。
4. **顯示結果**：使用 `MsgBox` 顯示結果。

以下是完整程式碼：

```vba
Sub DoubleNumber()
    Dim userInput As String
    Dim numberValue As Double
```

　　第二種是「拆解思考鏈」：拆解你的思考邏輯，一個個分段描述給 ChatGPT，使它能更好地理解複雜的需求。

AI 指令 P3-9

扮演 VBA 大師

1. 找出「訂單表」E 欄中所有大於 10,000 的儲存格
2. 保留 F 欄是「已完成」者
3. 回傳符合條件的 B 欄資料

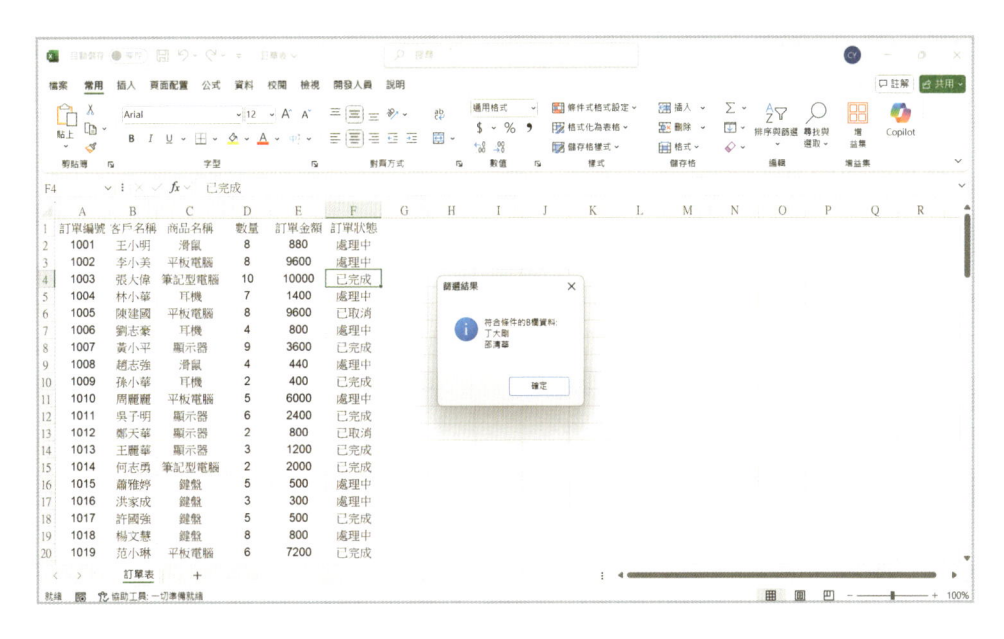

　　使用第二種思考鏈時，要特別注意「思考順序」。因為執行 VBA 程式時，它是一行一行程式由上往下執行。如果程式順序相互矛盾的話，可能會出錯。

　　用以上指令為例，先寫「回傳符合條件的 D 欄資料」，再寫其他兩點的話，可能因為邏輯不順而導致程式出錯。

　　其實目前 4o 模型生成時已具備思考鏈，寫指令時不需要特別加入思考鏈；若是使用 4o mini，遇到複雜的指令和程式，就用 # 思考鏈提升效果吧！

＃反向引導

以上的指令技巧，都是用在「明確知道 VBA 使用情境」；但有時可能很難想像要用 VBA 完成什麼任務，就能使用 ＃反向引導的技巧！

＃反向引導就是讓 ChatGPT 主動提問、引導你，協助釐清需求的邏輯；透過回答 ChatGPT 的提問，你可以更精準描述任務，讓程式更符合你的需求。

AI 指令 P3-10

> 我想寫一段 VBA 來整理公司年度銷售數據，以下是資料欄位，請詢問我相關問題釐清邏輯
> 訂單編號、銷售區域、業務員編號、數量、金額、折扣、毛利

ChatGPT 並沒有直接生成程式，而是詢問我們更多細節，協助釐清如何整理年度銷售數據。我們可以跟 ChatGPT 繼續討論、回答問題，後續生成的 VBA 程式也會更符合需求。

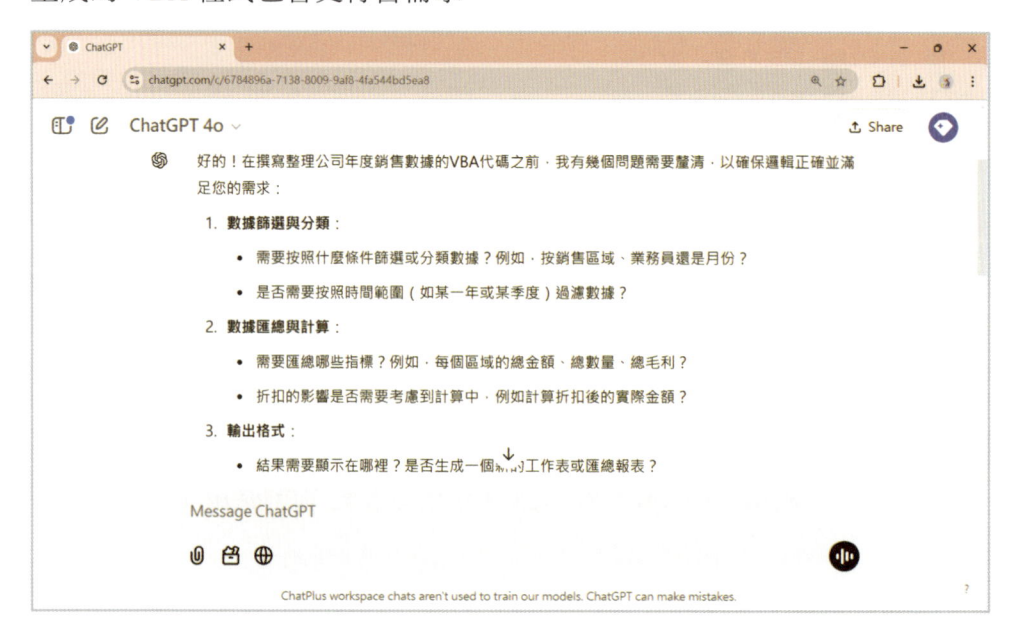

> 好的！在撰寫整理公司年度銷售數據的VBA代碼之前，我有幾個問題需要釐清，以確保邏輯正確並滿足您的需求：
>
> 1. **數據篩選與分類：**
>   - 需要按照什麼條件篩選或分類數據？例如，按銷售區域、業務員還是月份？
>   - 是否需要按照時間範圍（如某一年或某季度）過濾數據？
>
> 2. **數據匯總與計算：**
>   - 需要匯總哪些指標？例如，每個區域的總金額、總數量、總毛利？
>   - 折扣的影響是否需要考慮到計算中，例如計算折扣後的實際金額？
>
> 3. **輸出格式：**
>   - 結果需要顯示在哪裡？是否生成一個新的工作表或匯總報表？

指令技巧快問快答

掌握了指令技巧，最後來分享三個大家最常問的問題！

Q1 寫指令時一定要用標點符號或換行嗎？

A1 只要指令是清楚的，有沒有加標點符號或換行都不影響。

不過有時指令不加標點符號，可能會被解讀為不同意思；為了避免歧義，建議加上標點符號會更清楚，要修改指令或分享給別人時也更好懂。

把指令分段換行也是相同的道理；至於標點符號是全形或半形，就沒差囉。

P.S 同時按 Shift+Enter 即可在 ChatGPT 對話框中換行。

Q2 一個指令要用到所有指令技巧嗎？

A2 五大指令技巧中，幾乎每個指令都會用到前三個：# 具體舉例、# 追問、# 強調重點。

思考鏈和 # 反向引導的主要使用時機，則是遇到複雜指令或對指令不確定時。

Q3 指令要打多長才完整？

A3 指令「長度」跟「完整度」沒有絕對的關係，主要看是否清楚描述 VBA 指令模板各個元素。

有些人會一次寫出 300-500 字的指令，這也沒問題；不過在日常工作中，需要一次寫出長指令的狀況很少見。

指令太長的話，打字和思考時間都會因此增加，而且要全部打完後才能得到回饋、知道哪有正確或錯誤。

建議每次下指令時，只要先寫出核心任務，有需要再進行追問即可。我統計了本書寫的所有指令，平均字數是 70 左右，最長的不超過 300 字。

➡ 寫出最精準有效的 AI×VBA 指令

本章的資訊很豐富，也是全書精華，讓我們一起來複習一下「VBA 指令模板」的各項元素和步驟！

1. 設定情境：請 ChatGPT 扮演 VBA 大師，在聊天室開頭輸入一次即可
2. 描述範圍＆動作：指令中最關鍵的內容，可搭配「AI 五大指令技巧」
3. 設定互動視窗＆觸發點：為範圍設定「互動視窗」，為動作設定「觸發點」
4. 設定函數名稱＆提醒訊息：幫助你更好管理和掌握程式執行狀況

經過無數次實測和課程，相信在大多數 VBA 任務中，「VBA 指令模板」和「AI 五大指令技巧」已足夠幫助你高效生成程式。根據不同情境，靈活運用這些技巧，將大大提升你使用 ChatGPT 的效率與準確度。

後續章節都會用到本章的指令元素，很值得你隨時回來玩味；搭配上各種實戰案例，相信你很快就能成為 ChatGPT×VBA 高手！

Chapter 4

AI×VBA 除錯技巧大全

4-1

AI×VBA 三大錯誤類型

用 AI 生成 VBA 後，如果遇到錯誤，就要進入「AI 程式生成流程」的第四步「追問優化」。就算沒學過 VBA，看到程式出錯也不用害怕！本章會帶你認識 ChatGPT 生成 VBA 最常見的錯誤，並分享非常具體的除錯技巧，讓你能在不懂程式的前提下，用 AI 解決 AI 生成程式的錯誤，用魔法打敗魔法！

註：你也可以把本章作為索引，遇到錯誤時再回來查找解決方式。

➲ VBA 除錯決策樹

用 AI 生成 VBA 程式時，其實會避免很多人工寫程式的基本語法錯誤，例如少打括號或引號、變數未正確設定等。

因此，本章是針對 AI 生成 VBA 程式後的常見錯誤，進行分類和除錯，可以參考以下「VBA 除錯決策樹」判斷錯誤類型、有效除錯。

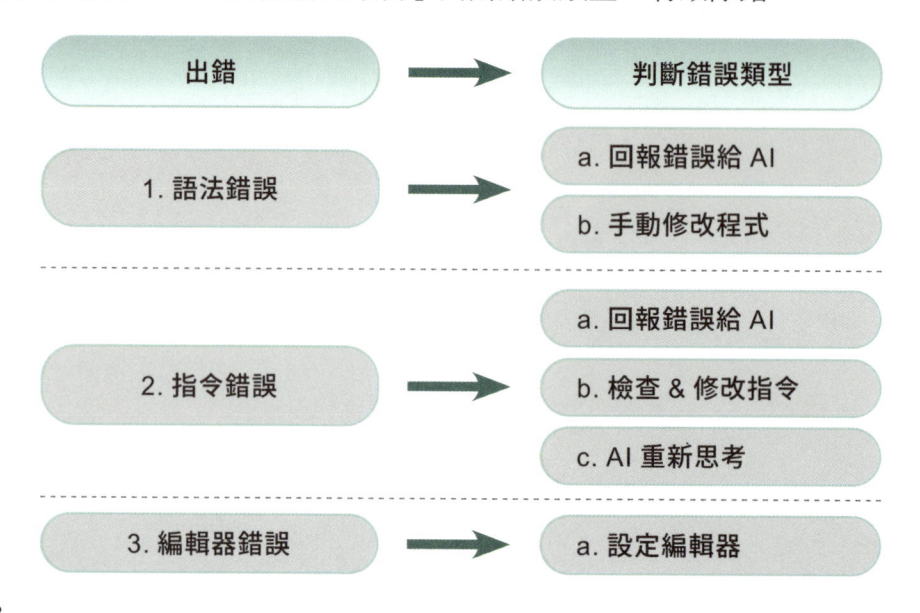

出錯	→	判斷錯誤類型
1. 語法錯誤	→	a. 回報錯誤給 AI
		b. 手動修改程式
2. 指令錯誤	→	a. 回報錯誤給 AI
		b. 檢查 & 修改指令
		c. AI 重新思考
3. 編輯器錯誤	→	a. 設定編輯器

決策樹中的三大錯誤類型分別為：語法錯誤、指令錯誤、編輯器錯誤，我們先初步說明三大錯誤類型。

錯誤類型一、語法錯誤

「語法錯誤」是指程式寫得不完整或有錯誤。有語法錯誤時，通常無法完整執行程式，到某一行程式就會停下來，並彈出視窗顯示錯誤。

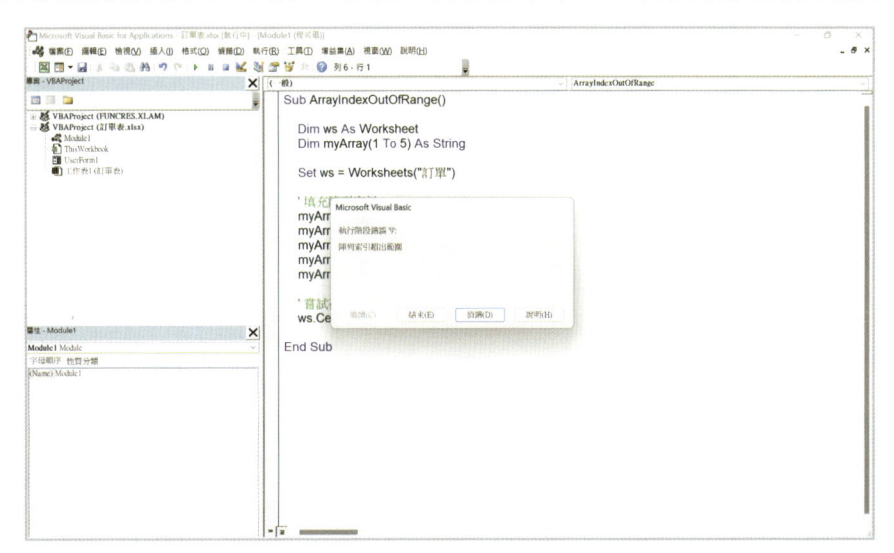

AI 生成程式已經能大幅減少語法錯誤，但偶爾還是會遇到。這時我們可以「回報錯誤給 AI」或「手動修改程式」。手動修改程式主要是針對比較簡單、容易識別的錯誤，複雜錯誤還是直接交給 AI 修正最方便。

錯誤類型二、指令錯誤

「指令錯誤」是指輸入給 AI 的指令不夠完整或有邏輯問題，例如沒有指定工作表名稱或儲存格範圍；程式會先刪除工作表，導致下一段程式無法修改原本工作表的格式等。

出現指令錯誤時，通常還是能寫出完整程式，但結果跟預期不同。

例如，以下程式有順利執行完成，但是程式會先刪除範圍內的數據，導致總和為 0。

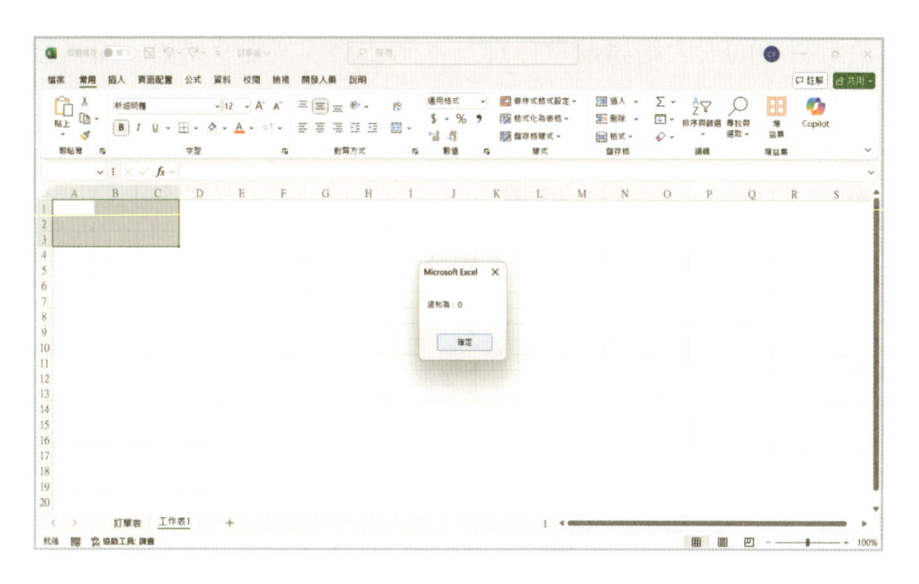

指令錯誤的解決方法包含三種：回報錯誤給 AI、檢查＆修改指令、AI 重新思考。第一種跟語法錯誤解方類似。第二種是指重新檢查原本輸入的指令，修改指令後重新生成程式。第三種則是加入思考鏈或開新聊天室，讓 AI 用全新角度生成程式，提高成功機率。

使用 AI 生成程式，其實「指令錯誤」比「語法錯誤」更麻煩。「語法錯誤」通常只要回報給 AI 即可修改，但「指令錯誤」卻要自己能看出問題、重下指令修改。

錯誤類型三、編輯器錯誤

「編輯器錯誤」是指 VBA 編輯器本身有問題，導致完全無法執行程式，例如貼上程式後都是亂碼、無法控制其他應用程式等。編輯器錯誤的狀況比較少見，通常是 Office 版本過舊、系統設定有誤，或是電腦記憶體容量不足。

AI 無法直接解決編輯器錯誤，只能給出操作建議，主要是我們要手動設定編輯器，設定好之後通常就不太會再遇到相同問題。

以上三大錯誤類型，還有更多細節和除錯技巧需要說明，接著就來詳細看看吧！

4-2 出現「語法錯誤」時的 AI 除錯技巧

🔸 語法錯誤簡介

常見的語法錯誤有以下十種，前四種的解決方法都是「手動修改程式」，但具體作法不同，稍後依序說明；後六種的解決方法都是直接回報錯誤給 AI，後續會統一說明。

常見語法錯誤	解決方法
陣列索引超出範圍	確認工作表名稱正確
For each 的控制變數必須是 Variant 或 Object	修改變數類型為 Variant
檔案路徑錯誤	複製貼上完整檔案路徑
無法找到物件	確認自訂表單控制項名稱
應用程式或物件定義上的錯誤	貼上出錯程式行 回報錯誤給 ChatGPT
找不到方法或資料成員	
型態不符合	
語法錯誤	
使用者自訂型態尚未定義	
在目前的有效的範圍內重複宣告	
沒有設定物件變數或 With 區塊變數	

🔸 陣列索引超出範圍

如果你的指令中沒有指定工作表名稱，或是指定了名稱但檔案中沒有這個工作表，就會出現「陣列索引超出範圍」錯誤。

以下程式要處理的工作表是「工作表 2」，但檔案中沒有這個工作表名稱，因此出錯。

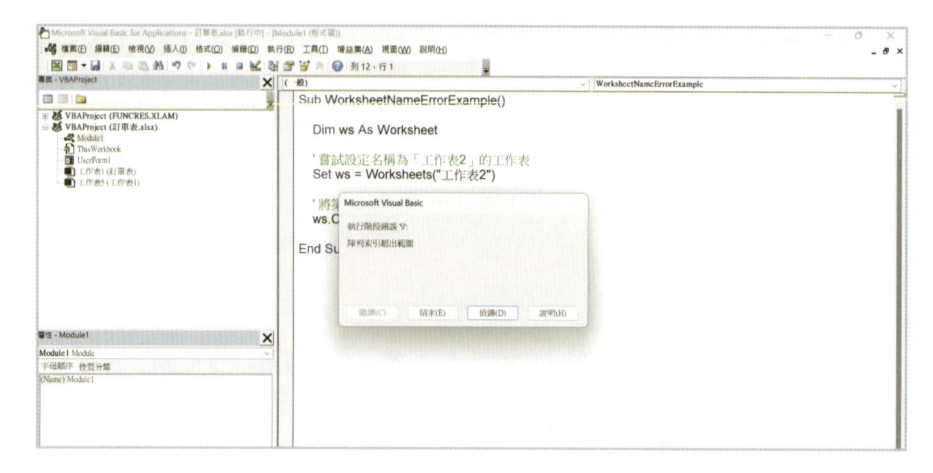

這個錯誤很好解決，通常只要找到設定工作表的那一行程式，手動把引號內的工作表名稱改為正確的即可。

當然，一開始下指令時就把工作表名稱告訴 ChatGPT，並用上下引號來 # 強調重點，就能直接避免這種錯誤囉！

▶ For each 的控制變數必須是 Variant 或 Object

VBA 程式中，通常最前面幾行程式的功能，都是在宣告變數，例如：Dim XXX as OOO。

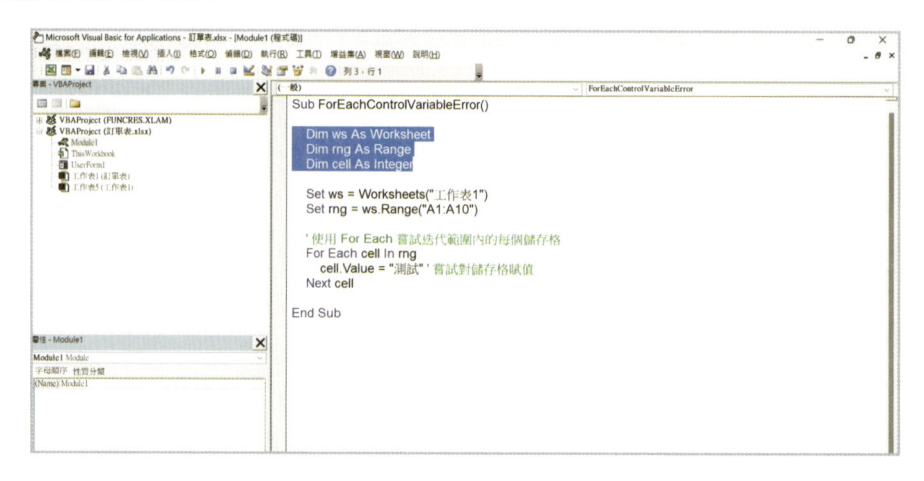

多數時候，ChatGPT 在宣告變數時都不會有問題；不過，當執行程式後出現「For each 的控制變數必須是 Variant 或 Object」錯誤時，通常代表有變數被設定錯誤。

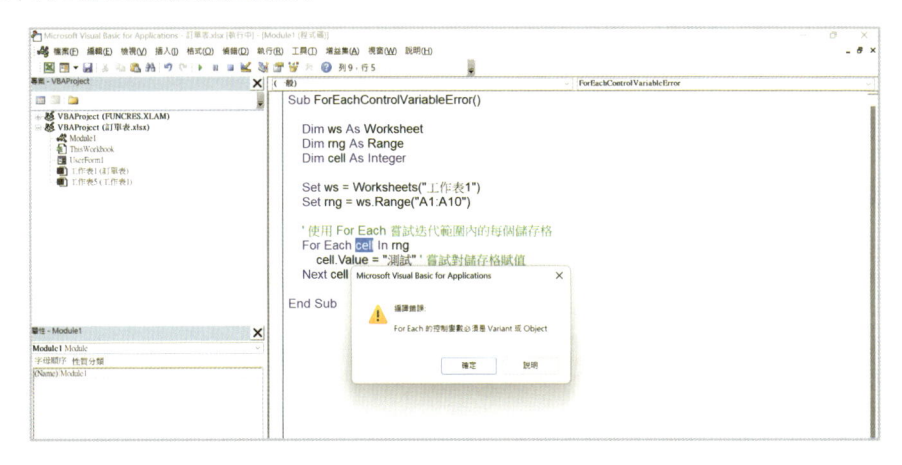

這時出錯的變數會用「藍底白字」標示出來，例如圖中的「cell」。我們找到出錯程式行中的變數名稱，再到前幾行程式將它的變數類型改為 Variant 即可。

我們也可以回報這個錯誤給 ChatGPT，請它修改；但直接手動改更快，不用全部重新生成程式。

要特別注意的是，手動修改變數類型後，如果要繼續追問 ChatGPT，就可以加上一句「XXX 改為 Variant」，不然新程式還是會出現相同錯誤。

另外，有些宣告變數的程式不一定在最前面幾行，也可能整段程式的中間，重點還是找到對應的「Dim XXX as OOO」即可。

檔案路徑錯誤

當我們用 VBA 執行「跨檔案」或「跨應用程式」的任務時，ChatGPT 需要把檔案路徑寫進程式。如果我們沒有明確指出檔案位置，就會出現檔案路徑錯誤。

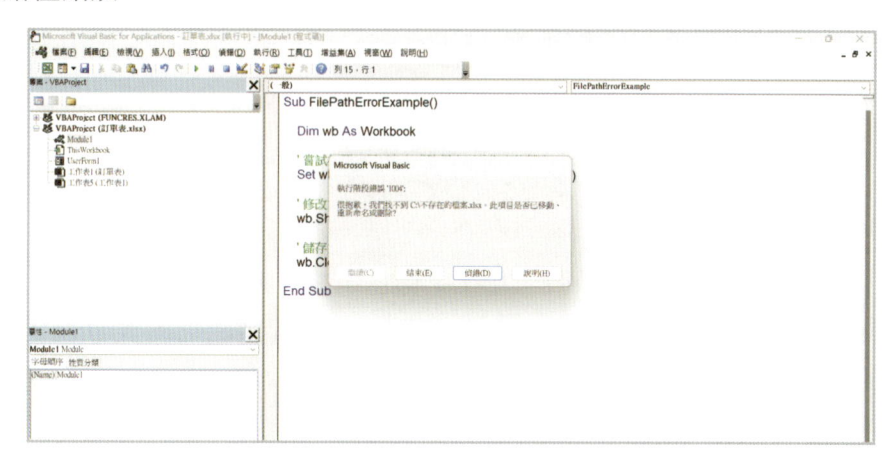

解決路徑錯誤最好的方式，就是直接複製路徑給 ChatGPT。對資料夾或檔案點擊右鍵→複製路徑，再貼給 ChatGPT 就能解決囉！

此處需要物件

〈Chapter3、AI×VBA 指令模板與技巧〉介紹「互動視窗」時，有簡單介紹「自訂表單」這項 VBA 內建功能。設定自訂表單功能，會需要部分手動操作，例如修改表單名稱；如果沒有依照 ChatGPT 的指示修改名稱，執行程式時就會出現「此處需要物件」錯誤。（自訂表單詳細說明請見〈Chapter5、VBA 新手功能大全〉）

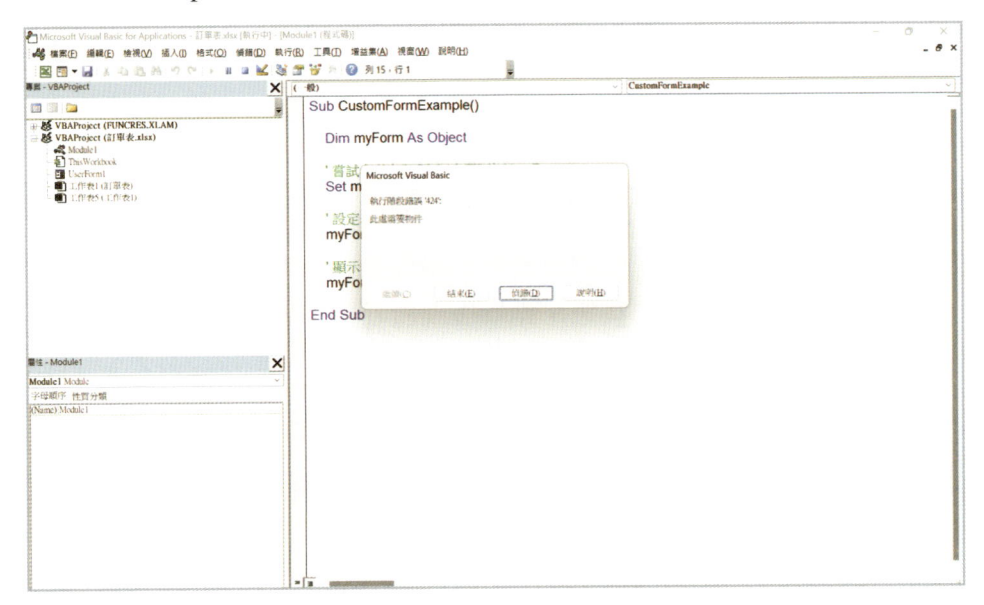

ChatGPT 很聰明，提供自訂表單的生成結果時，除了程式外，也會完整說明如何操作自訂表單功能。只要依照指示，一步步完成，通常不會遇到「此處需要物件」錯誤唷！

回報錯誤給 AI

以上都是「手動操作」解決語法錯誤，其實語法錯誤還有非常多種，無法全部羅列。好消息是，其他語法錯誤大多只要回報給 ChatGPT，就能得到修正後的程式，輕鬆解決問題！

回報錯誤給 ChatGPT 時，有兩個關鍵：貼上錯誤程式行、說明正確和錯誤之處。

出現語法錯誤時都會彈出一個視窗說明錯誤。

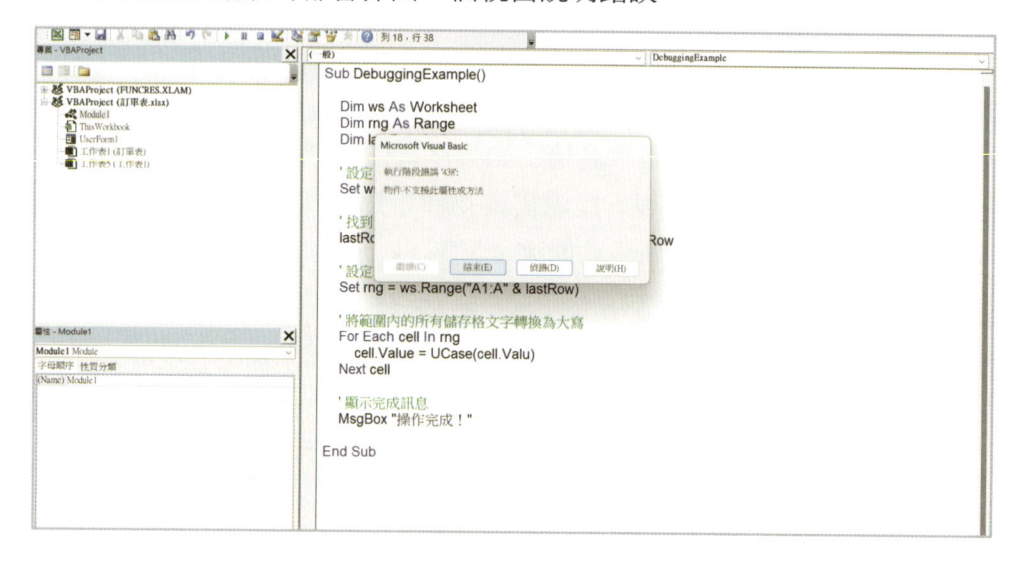

下方可能會有「偵錯」按鈕，點擊後就能看到是哪一行程式出錯。

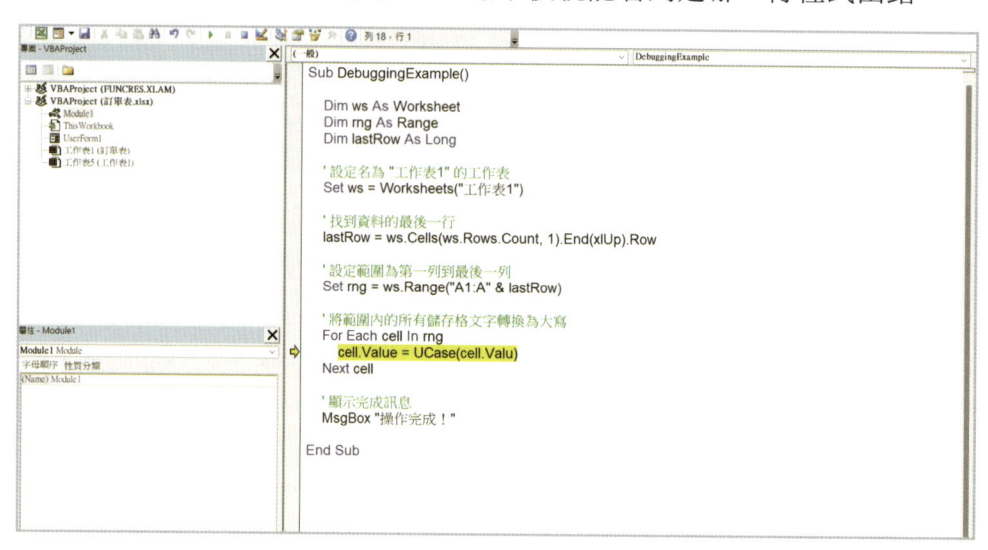

回報錯誤時，記得一併貼上錯誤名稱和出錯的程式行，提高 ChatGPT 除錯效率。

🤖 AI 指令 P4-1

物件不支援此屬性或方法
cell.Value = UCase(cell.Valu)

　　如果程式執行時，有一部分任務已經完成或正確，另一部份任務出錯，建議同時回報正確和錯誤之處，讓 ChatGPT 能夠正確診斷問題，提供更完整的程式。

🤖 AI 指令 P4-2

你有成功加總數據，但是沒有把超過 10000 的數字標為淺黃色

4-3 出現「指令錯誤」時的 AI 除錯技巧

回報錯誤給 AI

指令不夠清楚而生成的程式，通常也能執行，但是結果會跟預期的不一樣。最直接的解決方法，就是直接回報錯誤給 ChatGPT。

回報錯誤的方式跟上述類似：有程式語法錯誤時，貼上程式行；如果程式能執行完成、沒有遇到語法錯誤，就說明正確和錯誤之處即可。

檢查 & 修改指令

回報錯誤 1-2 次後，若程式還是執行完成、但沒有達到完成預期的結果，可能是指令本身不夠明確、完整，這時可以回頭檢查並修改指令。檢查時可參考以下項目。

檢查項目	原始指令	修改指令
資料範圍	找出「九月訂單表」金額大於 10000 的資料 ↑ **未指出金額所在欄位**	找出「九月訂單表」**D欄**大於 10000 的資料
資料格式	若 A 欄日期是 2024 年 1-10 月，標記為淡紫色 ↑ **未舉例日期格式**	若 A 欄日期是 2024 年 1-10 月，格式如 **2024/3/27**，標記為淡紫色
指令矛盾	將「工作表 1」A 欄由大到小排序後，移除重複值，但最後要保留原始數據，並將結果顯示在「工作表 2」中 ↑ **「移除重複值」與「保留原始數據」相互矛盾**	複製「工作表 1」A 欄至「工作表 2」，在「工作表 2」中**先將**數據由大到小排序，**然後**移除重複值。原始數據保留在工作表 1 中不做修改

檢查項目	原始指令	修改指令
指令模糊	將數據根據條件進行分組處理每組數據結果顯示在表格 ↑**指令不清楚也沒有標點符號，導致可能有多重意思**	1. 根據「工作表 1」B 欄的分類標籤對 A 欄數據進行分組 2. 計算每組數據的總和 3. 將結果以組名和總和兩欄的格式顯示在「工作表 2」的 A1:B 範圍中

AI 重新思考

如果以上兩個技巧，都已嘗試 3-5 次還是沒用，建議直接新開聊天室。新聊天室是獨立的，不記得以前的對話紀錄，因此能用全新角度除錯。

AI 指令 P4-3（新開聊天室）

> 扮演 VBA 大師，以下程式有「找不到方法或資料成員」錯誤，請修改程式
> （貼上程式）

如果程式經過多次追問還是錯誤，代表程式本身很複雜，因此請 ChatGPT 重新思考時，也可以搭配思考鏈，提高程式正確的機率。

AI 指令 P4-4（新開聊天室）

> 扮演 VBA 大師，以下程式有「找不到方法或資料成員」錯誤，請一步步思考後生成程式
> （貼上程式）

4-4 出現「編輯器錯誤」時的除錯技巧

◉ VBA 視窗出現亂碼

如果貼上 VBA 程式到編輯器後，無法正常顯示繁體中文、出現亂碼的話，就要重新調整系統語言設定。

Step1 打開「控制台」→「時鐘和區域」。

Step2 點擊「地區」。

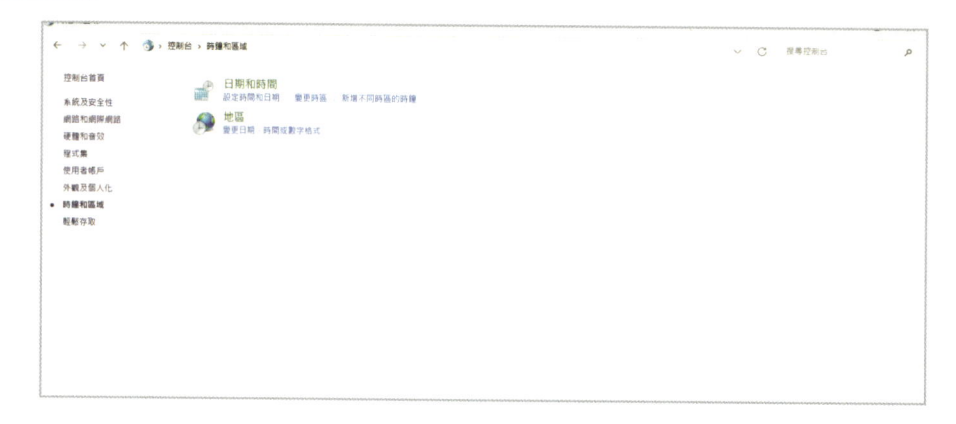

Step3 切換到「系統管理」標籤。

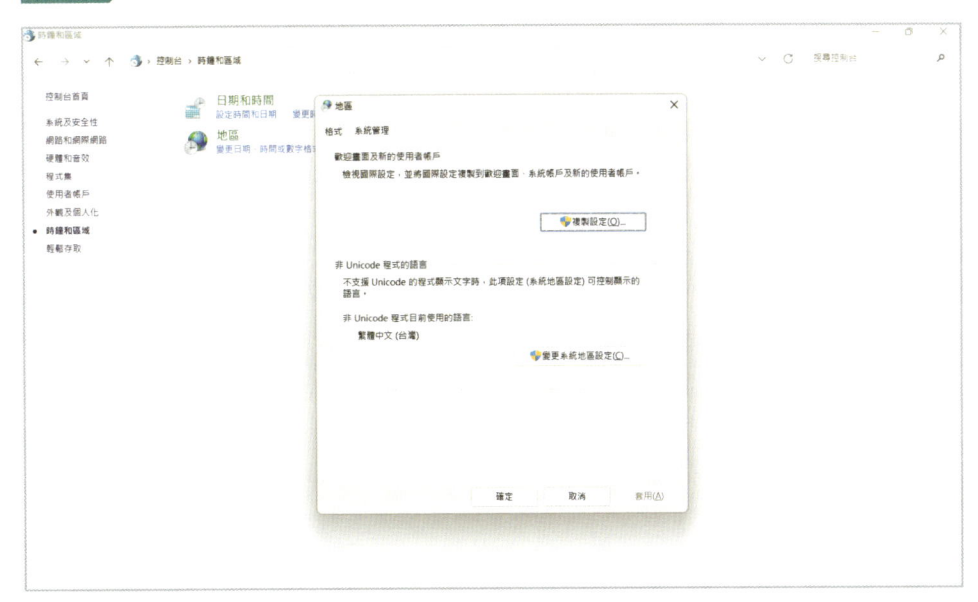

Step4 在「非 Unicode 程式的語言」部分，點擊「變更系統地區設定」。

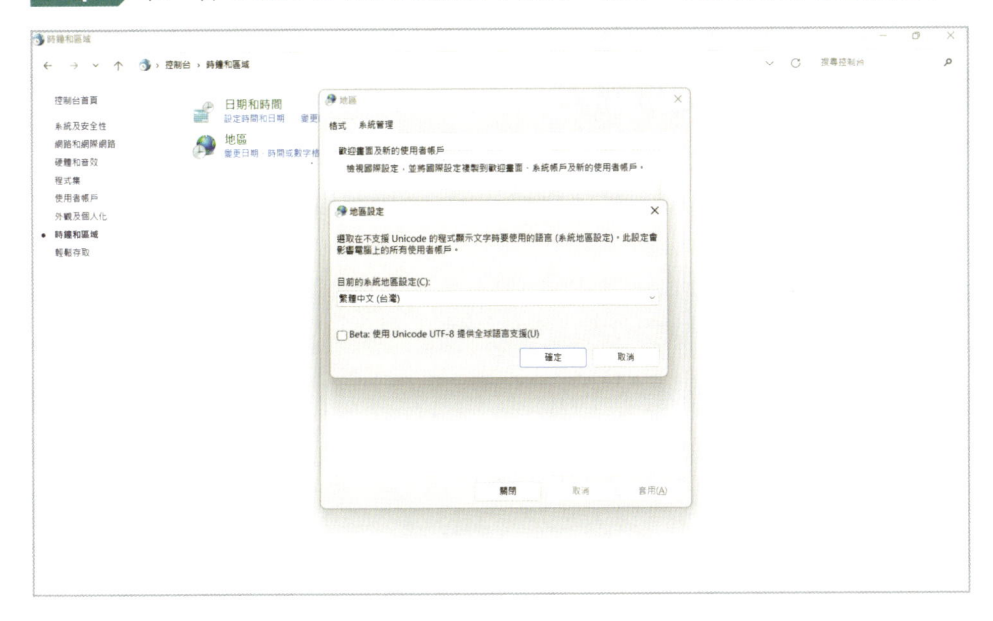

> Step5 將系統地區選擇為「繁體中文 (台灣)」，點擊確定後重新啟動電腦。

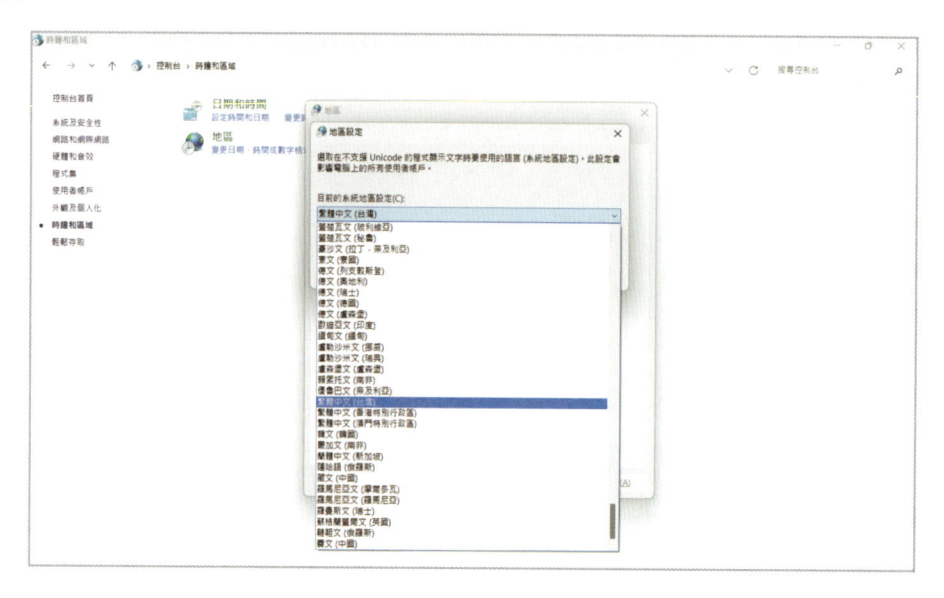

再次打開 VBA 編輯器，中文亂碼問題就能解決囉！

無法控制其它應用程式

最常見的例子，就是要將 Excel 資料匯入到 Word 檔案中時，你會看到程式一直顯示「執行中」無法完成，Word 則是彈出一個視窗，告訴你檔案已被鎖定。

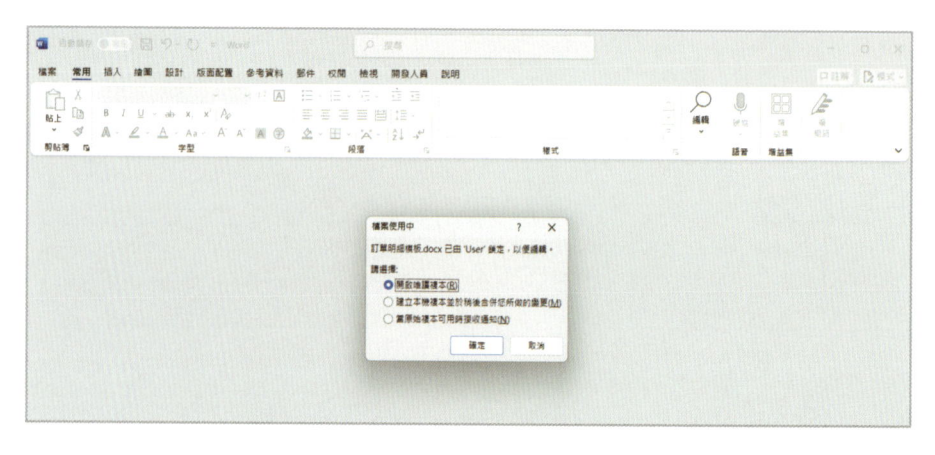

這個解決方法很簡單，就是執行程式前不要開著指定的 Word 檔，因為 VBA 會判斷這個檔案在正在被編輯，因此會需要彈出視窗確認。

▶ Microsoft Excel 正在等待其他應用程式完成 OLE 動作

這個錯誤通常是因為 Excel 與其他應用程式（如 Word 或 Outlook）通過 OLE 進行通訊時，對方應用程式未能及時回應，以下分享三個常見的解決方法，可以依序嘗試。

第一種解決方法就是直接重開機，釋放電腦的運算資源。

第二種解決方法是「關閉動態數據交換（DDE）協議」。DDE 是 Excel 與其他應用程式通訊的一種方式，關閉它可以避免因 DDE 通訊延遲而導致的錯誤，關閉 DDE 步驟如下。

Step1 點擊左上角「檔案」→選項。

Step2 在選項中選擇「進階」→向下滾動到「一般」部分。

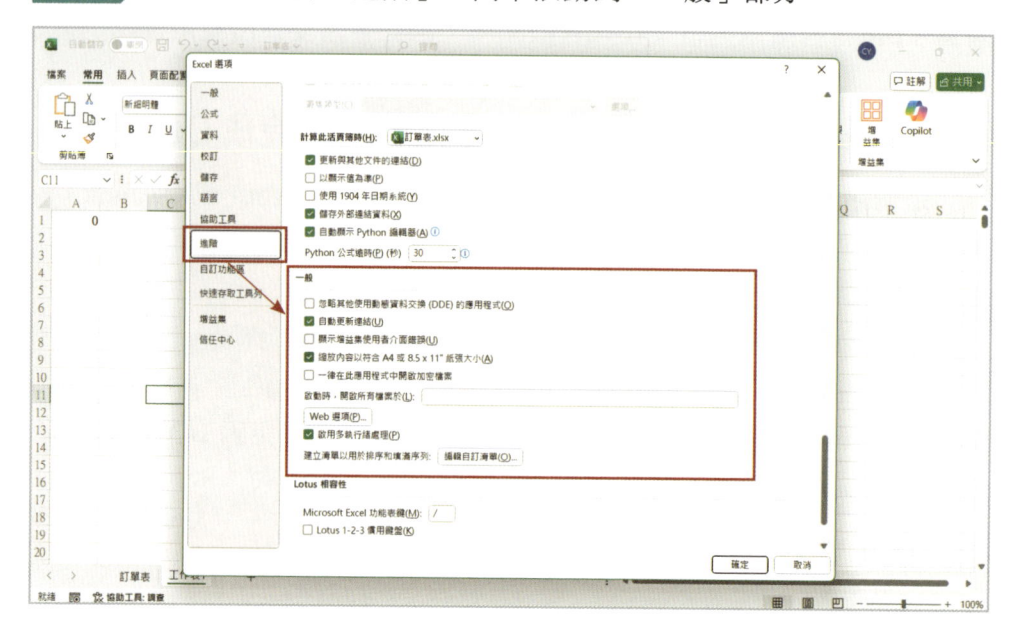

Step3 勾選「忽略其他使用動態數據交換（DDE）的應用程式（O）」。

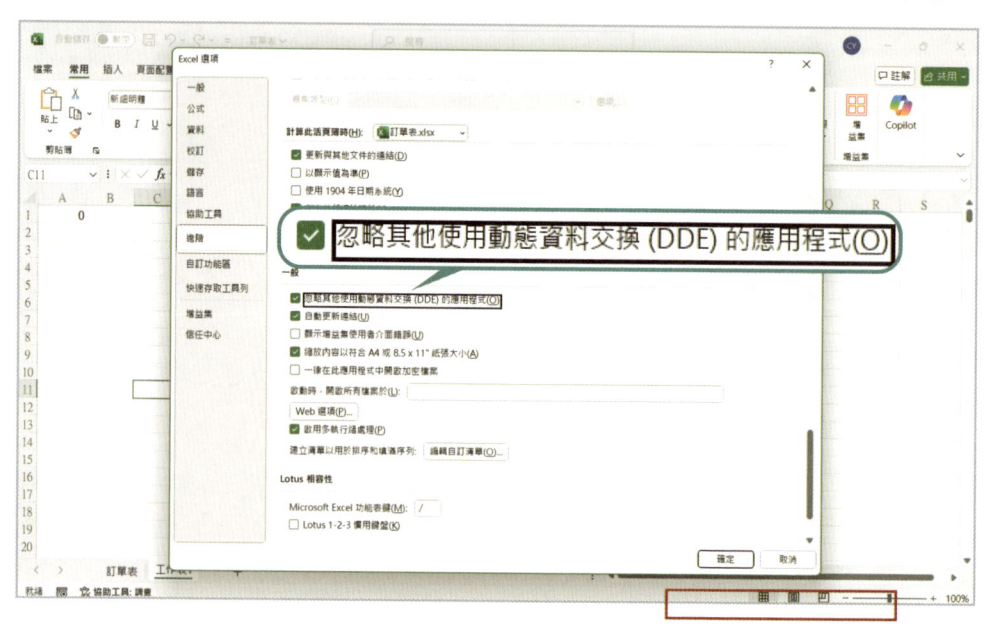

Step4 點擊確定後重新打開 Excel，再測試看看程式。

第三種解決方法是「關閉增益集」。增益集可能會干擾 Excel 的正常操作，關閉它可以避免因增益集引起的 OLE 錯誤，步驟如下。

Step1 點擊左上角「檔案」→選項→增益集。

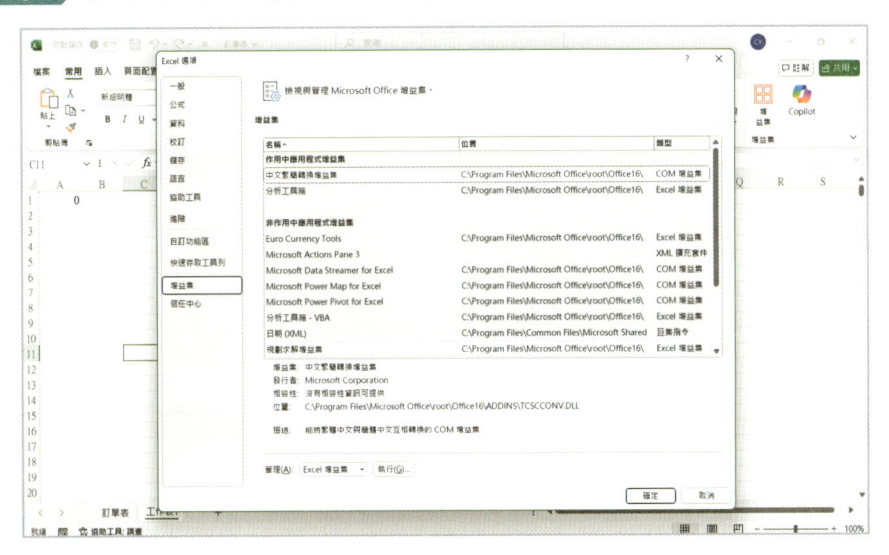

Step2 在底部的「管理」下拉選單中選擇「Excel 增益集」→點擊右邊的「執行」。

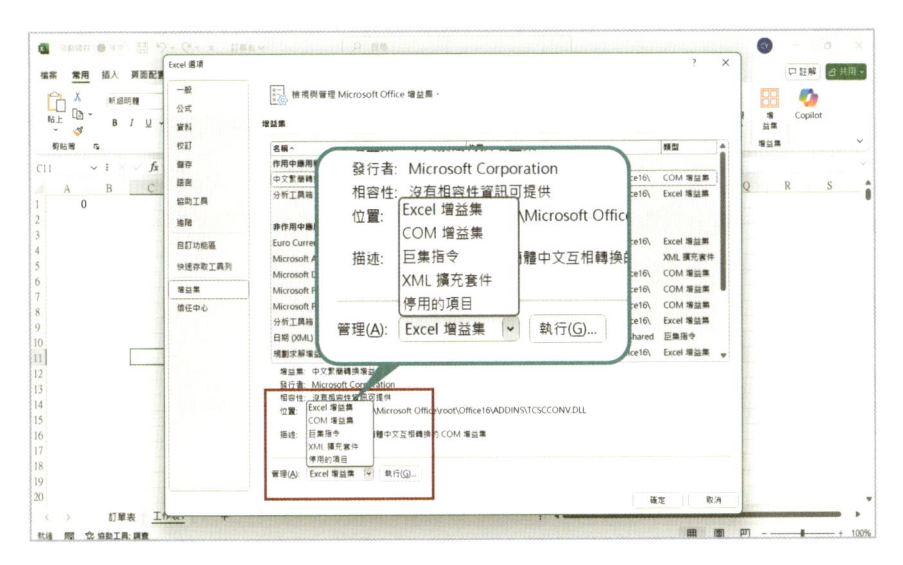

Step3 取消勾選所有啟用的增益集，點擊確定後重新啟動 Excel。

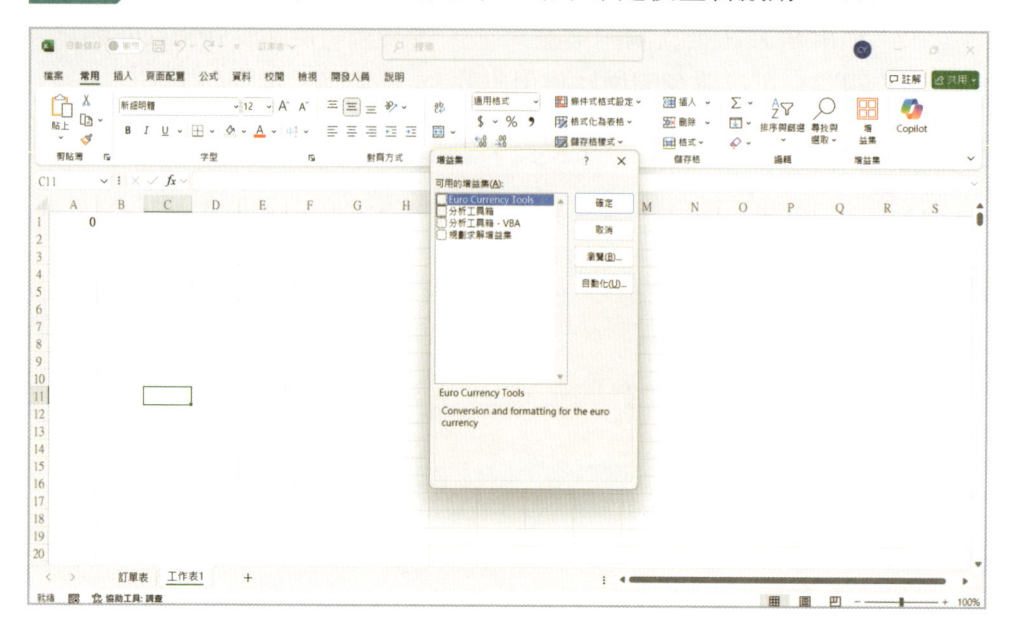

這個錯誤是編輯器錯誤中最麻煩的，有可能嘗試以上方法還是沒用，建議這時再上網搜尋其他方法（還有更複雜的方法，本章不贅述）或請教 IT 人員協助。

小結

多數情況下，如果指令足夠清楚具體，ChatGPT 都能直接生成正確的程式。使用 VBA 時還有可能遇到其他錯誤，不過本章都已儘量列出常見問題，遇到其他也不用擔心，本書沒說的，ChatGPT 也會跟你說！

雖然有時一直出錯會有點挫折，但拿到正確程式時效率會大幅提升，投資報酬率非常高，更棒的是會超有成就感！

Chapter 5

VBA 新手快速上手功能大全

5-1

VBA 開發環境簡介

　　要開始使用 VBA 第一步，就是熟悉開發環境！從啟用「開發人員」選項，到插入模組撰寫程式，再到自訂表單與控制項設計，本章將帶你逐步掌握 VBA 的基礎設定與操作。如果你已使用過 VBA，也熟悉開發環境，那麼快速翻閱本章即可。

➔ 加入開發人員選項

　　首先我們要啟用 Excel 的「開發人員」選項，包含以下步驟

Step1 打開 Excel → 點擊左上角「檔案」→「選項」。（若是 2013 年前 Excel 版本，左上角會找不到「檔案」文字，這時可以詢問 ChatGPT：我的 Excel 是 2007 年版，如何使用 VBA？）

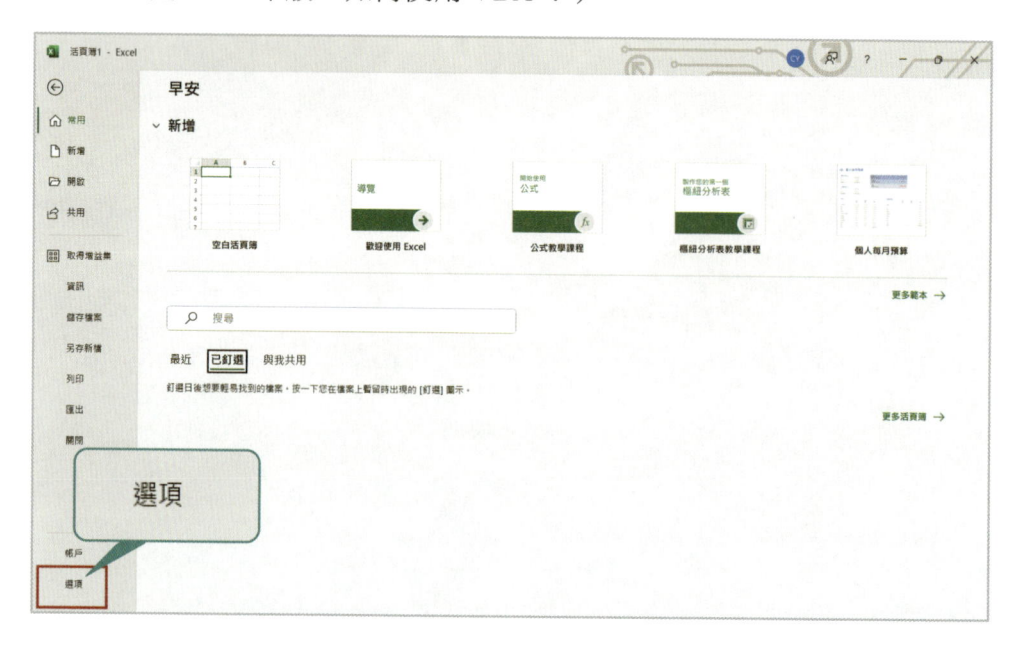

88

Step2 在「選項」視窗中，選擇「自訂功能區」。

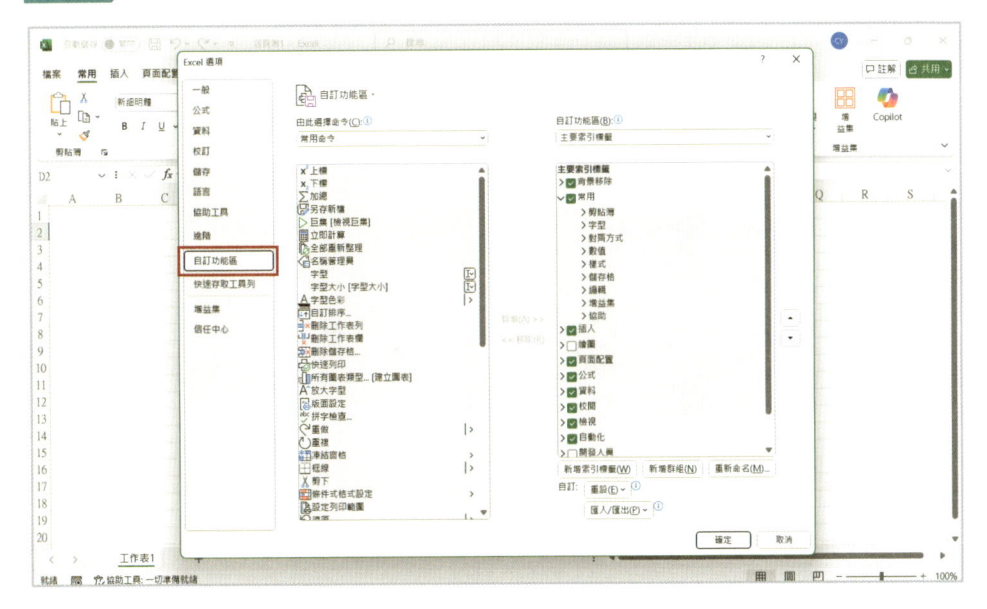

Step3 在右邊的清單中，勾選「開發人員」。

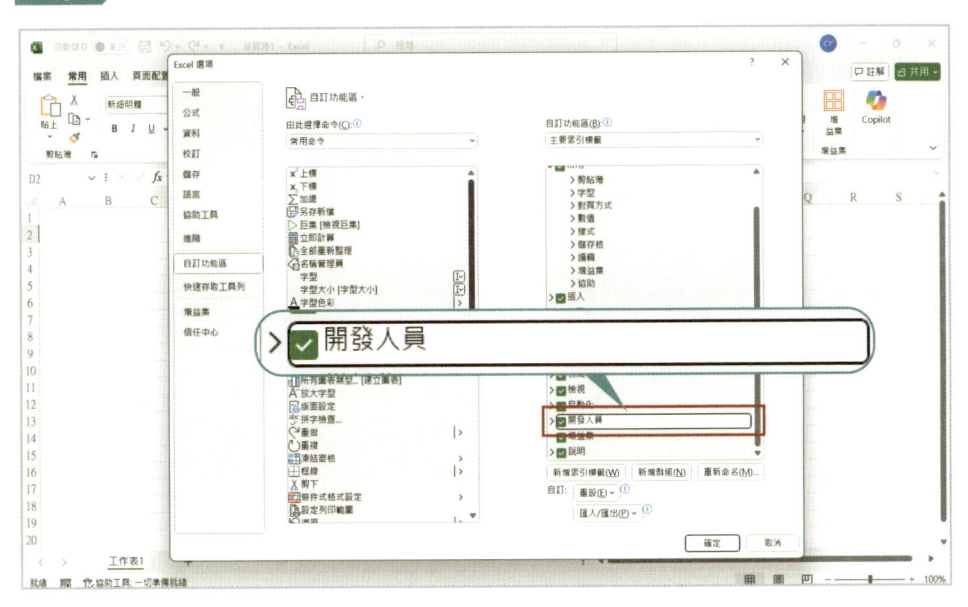

Step4 點擊「確定」,「開發人員」選項就會出現在功能列。

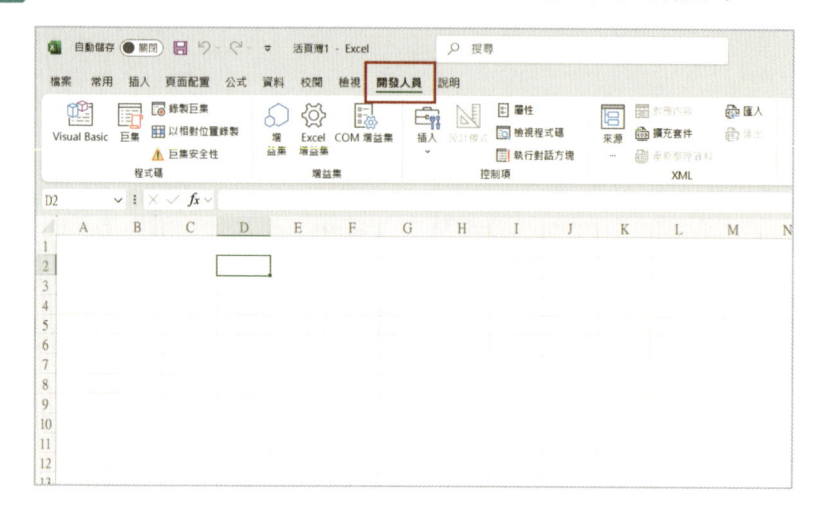

一台電腦的 Excel 只要需加入一次「開發人員」選項,以後打開 Excel 都會有囉!

⮕ 插入模組 & 執行程式

開啟開發人員選項後,接下來就是插入模組來撰寫和執行 VBA 程式。

Step1 在功能列中點擊「開發人員」→點擊最左邊的「Visual Basic」。按快速鍵 Alt+F11 可直接開啟。

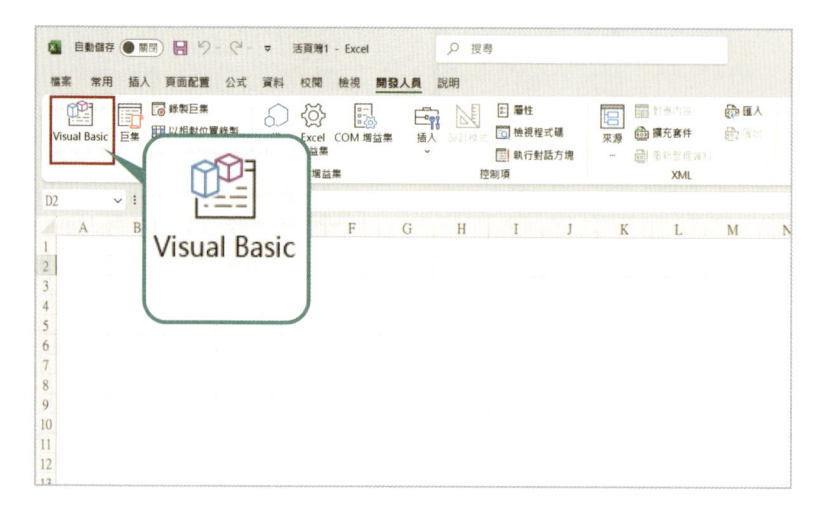

Step2 打開 VBA 編輯器→點擊上方「插入」→「模組」，右側就會彈出新模組的白色視窗。

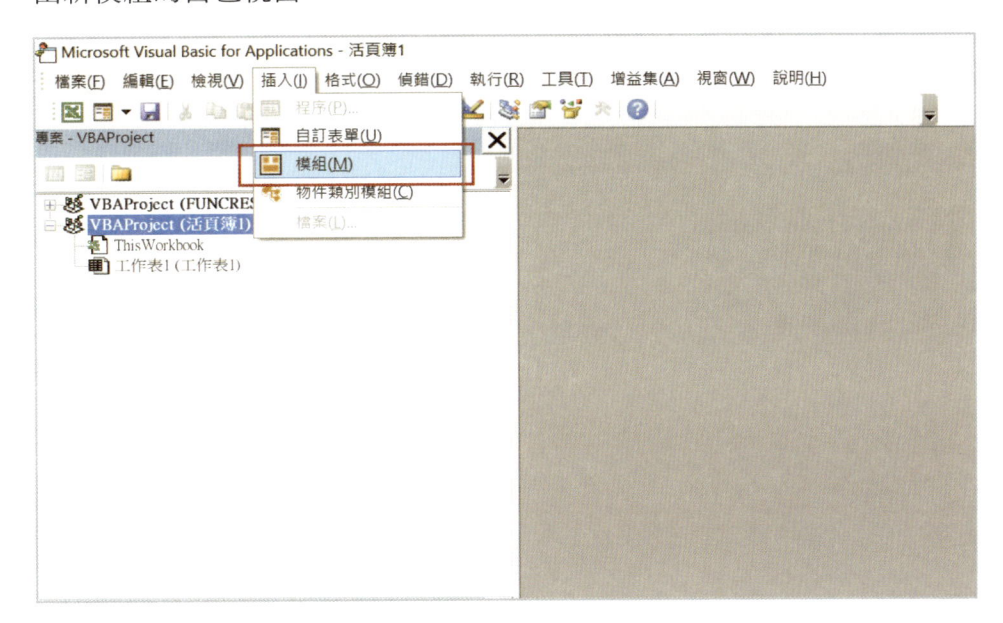

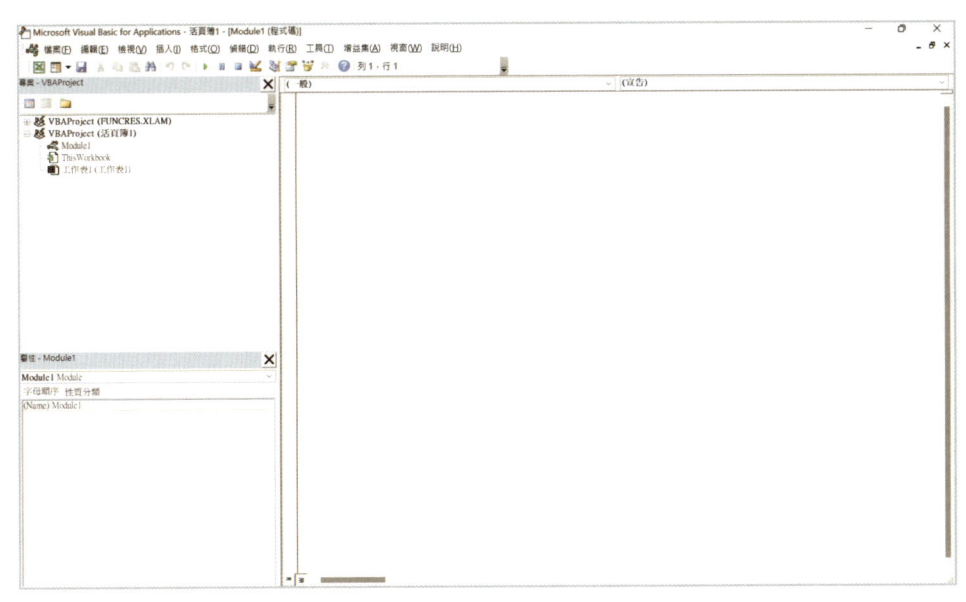

Step3 程式就是要寫在模組視窗中，按下上方「綠色三角形」就能執行程式。

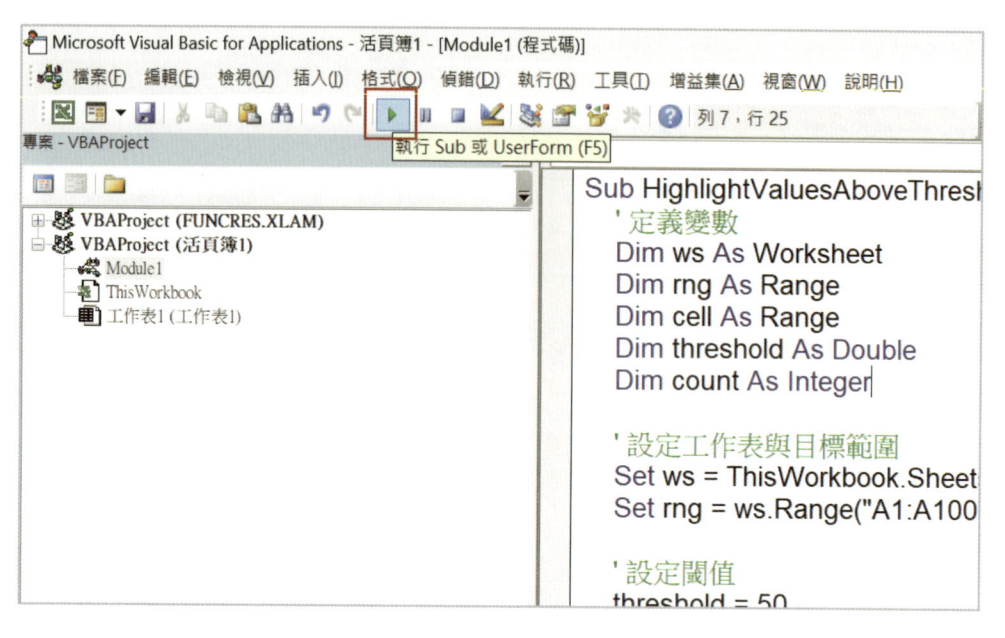

```
Sub HighlightValuesAboveThresh
    ' 定義變數
    Dim ws As Worksheet
    Dim rng As Range
    Dim cell As Range
    Dim threshold As Double
    Dim count As Integer

    ' 設定工作表與目標範圍
    Set ws = ThisWorkbook.Sheet
    Set rng = ws.Range("A1:A100

    ' 設定閾值
    threshold = 50
```

執行後回到 Excel 工作表，就能看到執行程式的結果囉！

另外，我們也能修改模組名稱，讓各模組的功能更加清楚。在左下方的「屬性視窗」中，直接改掉「Module1」文字即可，中英文不限，修改模組名稱不影響程式執行，可以自由修改！

● 開啟專案總管 & 屬性視窗

VBA 編輯器的左側欄位是「專案總管」，它會列出了所有開啟檔案中的模組、工作表和物件。

左下方則是「屬性視窗」，當你選擇某個物件後，這裡可以修改它的屬性，例如名稱或格式。

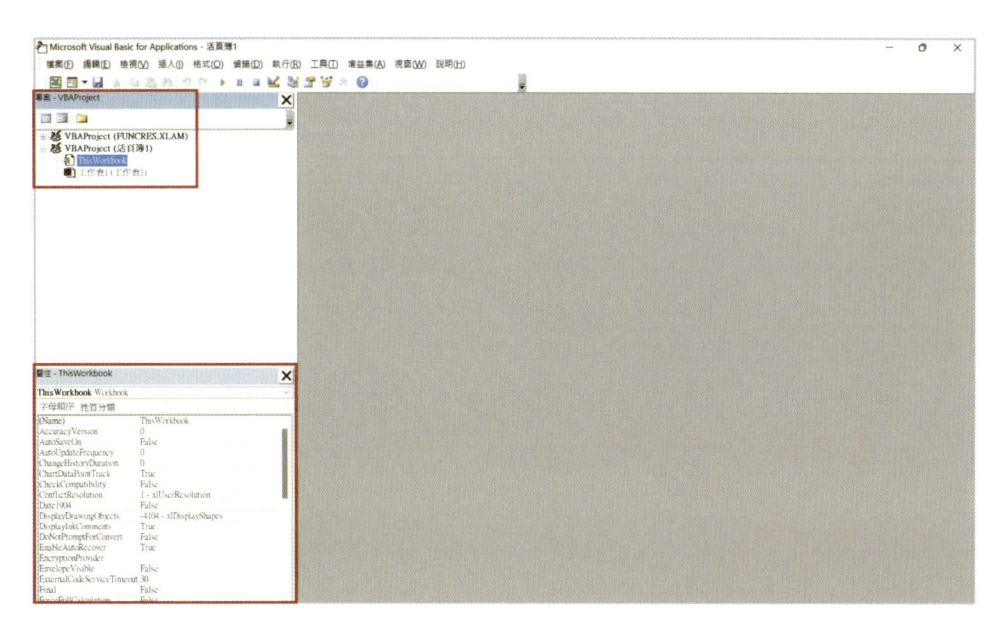

如果你打開 VBA 編輯器後沒有看到它們，也可以手動打開。專案總管和屬性視窗（在專案總管右邊）都在上方的圖標，點擊即可開啟。

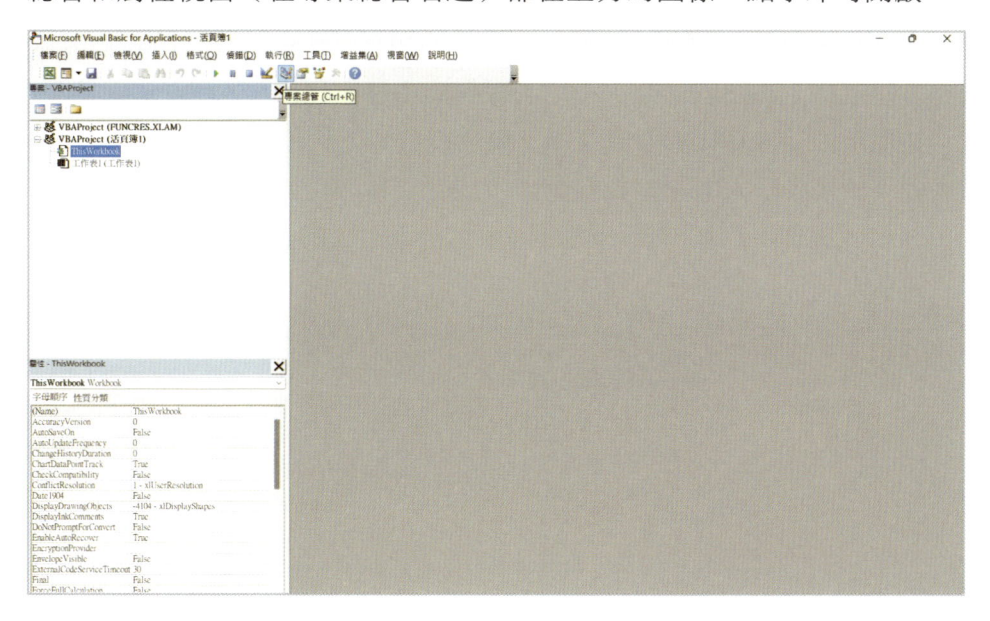

插入自訂表單 & 設定控制項

還記得〈Chapter、AI×VBA 指令模板與技巧〉介紹的「強化元素 2、互動視窗」嗎？想把互動視窗做得更完整，就要用到「自訂表單」和「控制項」工具。

點擊插入，在「模組」下方就是「自訂表單」。

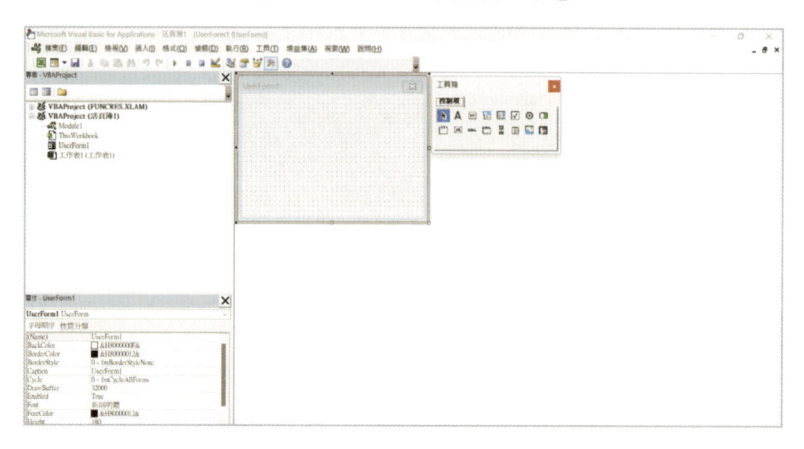

自訂表單是利用控制項工具，建立與使用者互動的視窗，讓我們能根據需求指定特定範圍或日期，不用到編輯器中修改程式。

控制項則是表單中的互動工具，包括按鈕、文字方塊、下拉式方塊等，用來接收使用者輸入或執行特定動作，提升表單的功能性和靈活性。

例如，我們可以做一個下拉選單，包含近七天的日期；選擇日期後點擊「顯示產品」，就會在視窗中顯示當日的所有產品。

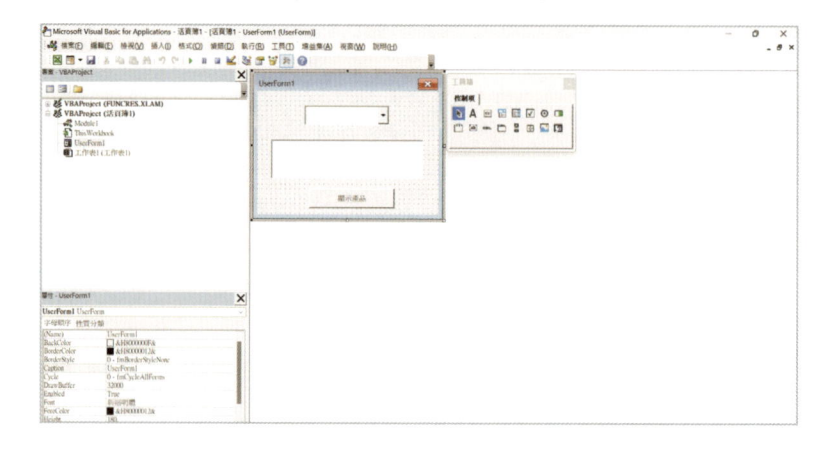

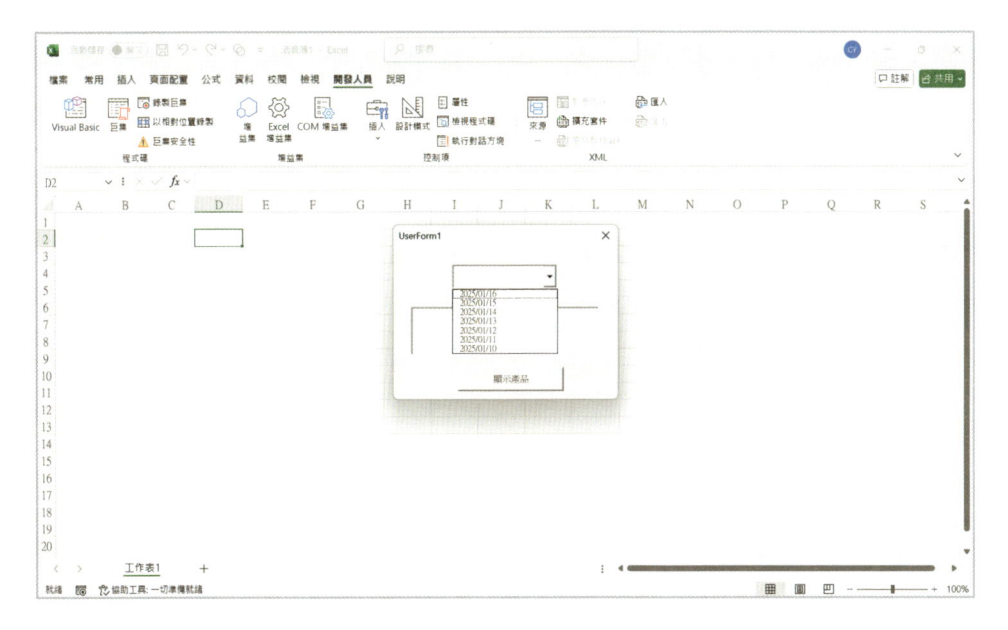

如果你希望 VBA 包含自訂表單功能，可以在 AI 指令中特別提到「使用自訂表單功能」，ChatGPT 就會詳細告訴你操作步驟和程式，按照步驟就能輕鬆完成！

如果指令中沒有提到自訂表單，ChatGPT 可能會嘗試用其他方式完成任務，其中有些方式會有錯誤。使用自訂表單的詳細操作細節，請參考〈Chapter8、打造專屬互動視窗〉。

這邊先整理所有自訂表單中的控制項，方便你需要時參考；ChatGPT 翻譯各個控制項為中文時，可能跟我們 Excel 上顯示的中文不一樣，因此提供英文方便對照。

使用控制項時，請記得所有控制項都需要用程式去控制，不能單獨存在。

中文	英文	說明
核取方塊	CheckBox	用於表示開啟或關閉狀態，可多選，狀態包括「已選取」、「取消選取」及「混合」三種
文字方塊	TextBox	允許使用者檢視、輸入或編輯文字，可顯示靜態或系結至儲存格的資料
命令按鈕	CommandButton	執行巨集的按鈕，按下時會觸發程式碼執行。又稱「按鈕」
選項按鈕	OptionButton	從多個選項中擇一，通常與其他選項按鈕組合，狀態包括「已選取」、「取消選取」及「混合」
清單方塊	ListBox	顯示一組選項，使用者可單選或多選，支援單一選擇、連續選擇及非連續選擇三種模式
下拉式方塊	ComboBox	結合文字框與清單方塊，讓使用者從下拉選單中選擇或手動輸入值，顯示單一選項
切換按鈕	ToggleButton	用於切換狀態（例如開/關或是/否），按下後切換啟用與停用狀態
捲軸	ScrollBar	允許使用者捲動內容，範圍內的值可以通過捲動箭頭或拖曳捲動方塊來改變
標籤	Label	顯示描述性文字或標題，用於識別儲存格或文字框的用途
影像	Image	用來顯示圖片，如點陣圖、JPEG 或 GIF 格式的圖片
框架控制項	Frame	將相關控制項分組的矩形物件，常用於分組選項按鈕或核取方塊
微調按鈕	SpinButton	用於增加或減少數值，透過點擊上下箭頭來改變數值

5-2 三種巨集執行方式

從工作表執行巨集

VBA 是一種程式語言，而用 VBA 所寫出的各種能自動執行的函數，就是常聽到的「巨集」。

除了從 VBA 編輯器執行巨集外，還有其他方式執行巨集，接下來介紹三種常見方式，本書後續章節還會再介紹更多方式。

Step1 點擊「開發人員」→巨集。

Step2 選擇要執行的巨集，點擊右側「執行」，即可執行該巨集。

從快速存取工具列執行巨集

如果有巨集很常用，你也希望在不同檔案中都能使用，可以把它放到 Excel 最上方的「快速存取工具列」，方便快速執行。

Step1 點擊「自訂快速存取工具列」選單→其他命令。

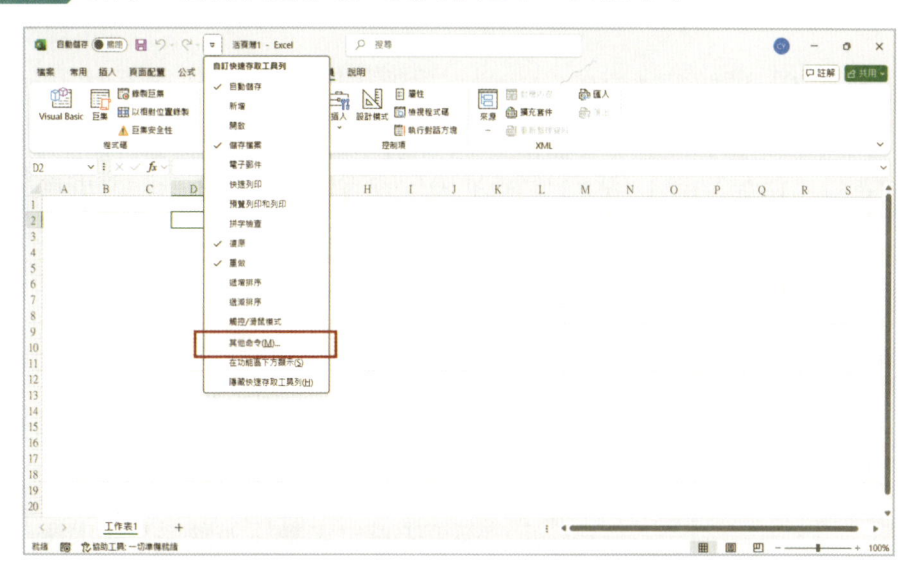

Step2 在上方選單中選擇「巨集」。

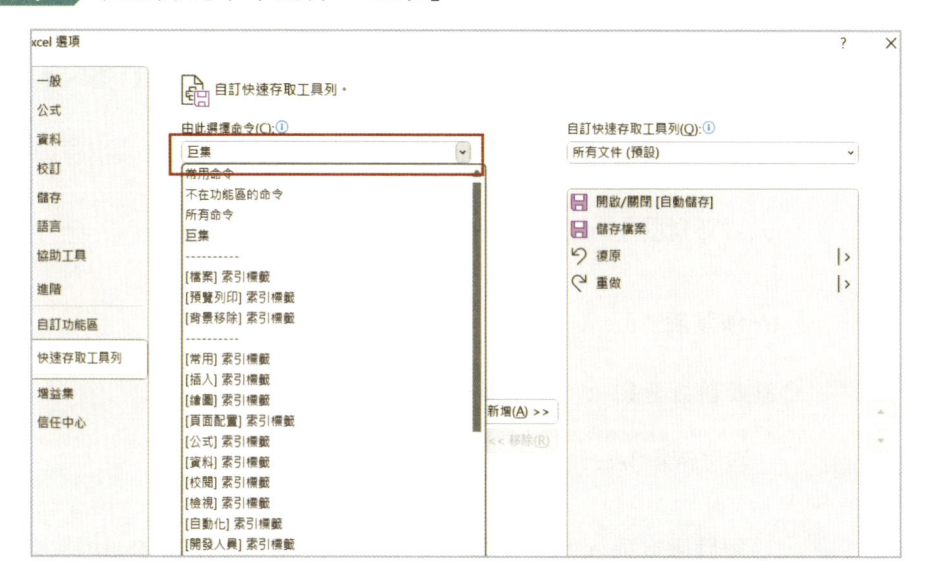

Step3 找到你想新增的巨集名稱，雙擊該巨集，或選取後點擊「新增」。新增後它會出現在右側。

Step4 點擊下方的「修改」，可以自訂你要的圖案和顯示名稱，完成後點擊確定，在大視窗中再次點擊確定。

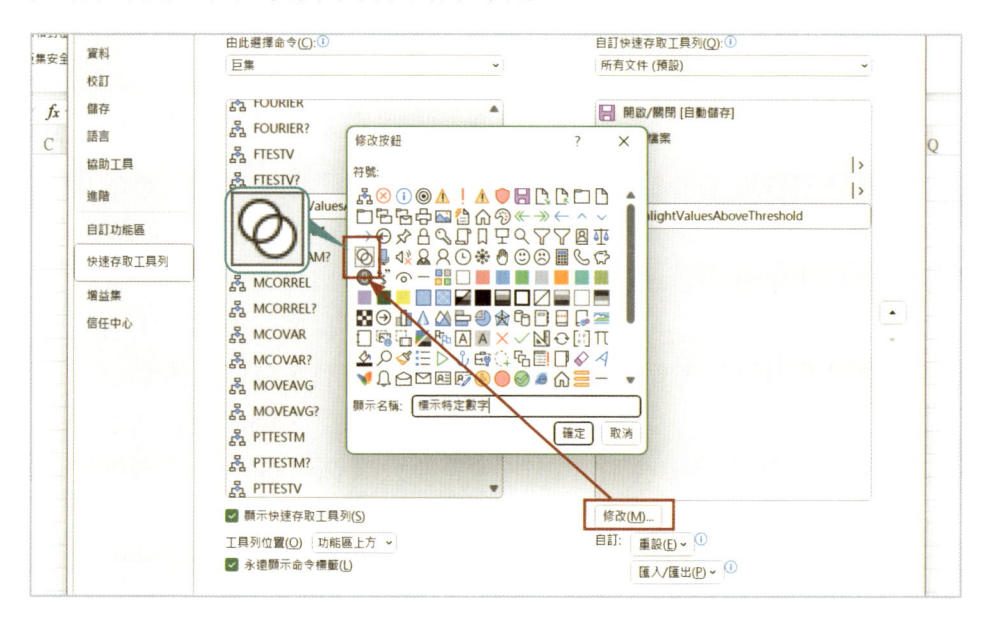

Step5 你就會在上方的快速存取工具列，看到巨集囉！點擊即可直接執行。

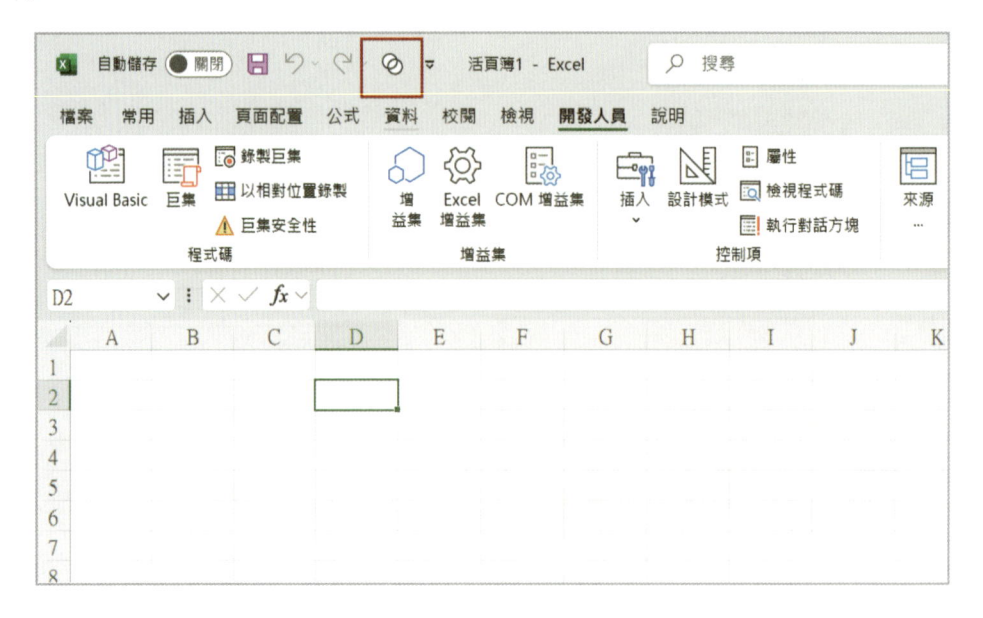

只要打開任一 Excel 檔，這個巨集會直接出現在最上方，可以直接執行，不用再重寫一次程式！（但要注意工作表名稱、範圍、功能等是否相同）

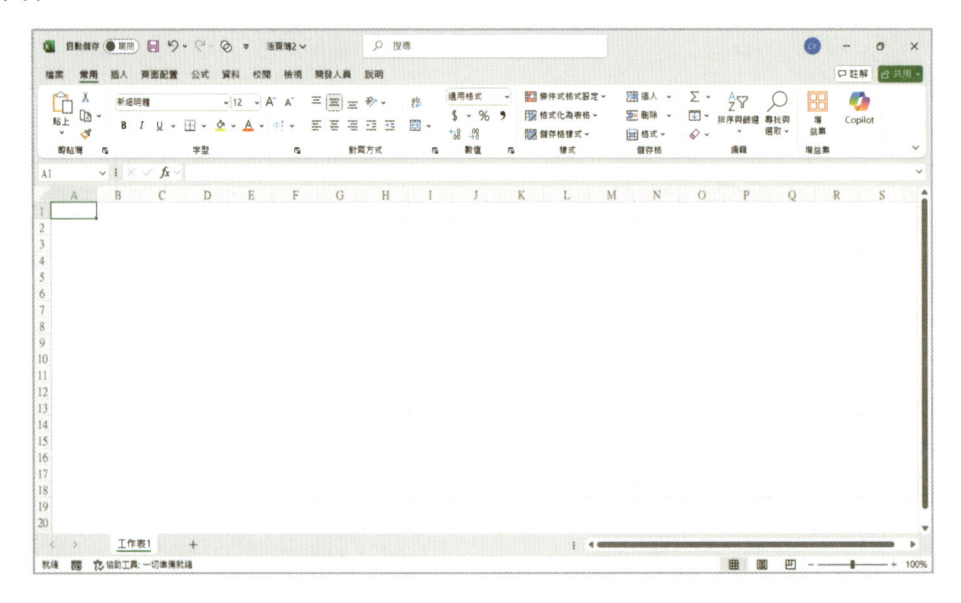

⇒ 從圖案執行巨集

我們還可以在工作表中插入圖案,再指定巨集指派給圖案;點擊圖案時,巨集會自動執行!

Step1 在工作表中點擊「插入」→圖例→圖案→選擇任一圖案。

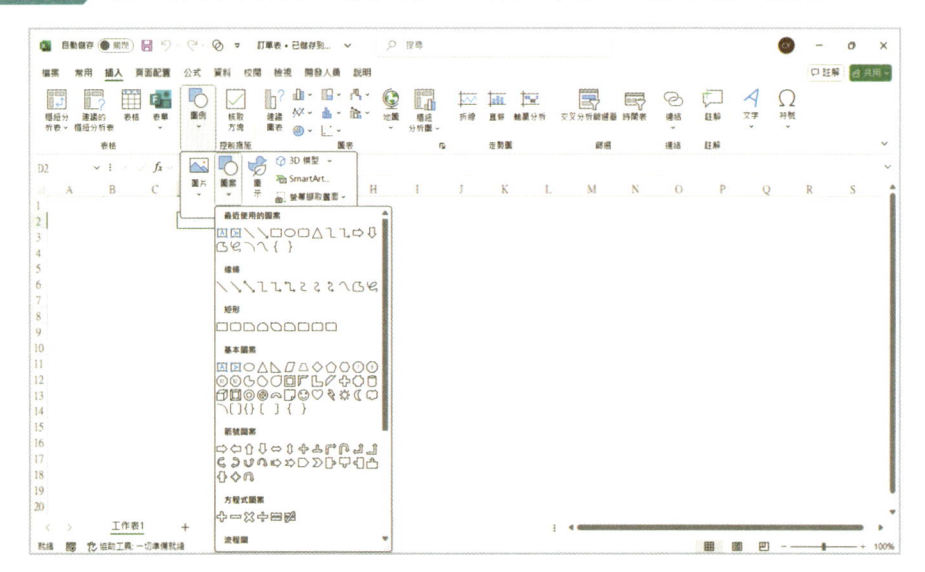

Step2 右鍵點擊該圖案,選擇「指定巨集」。

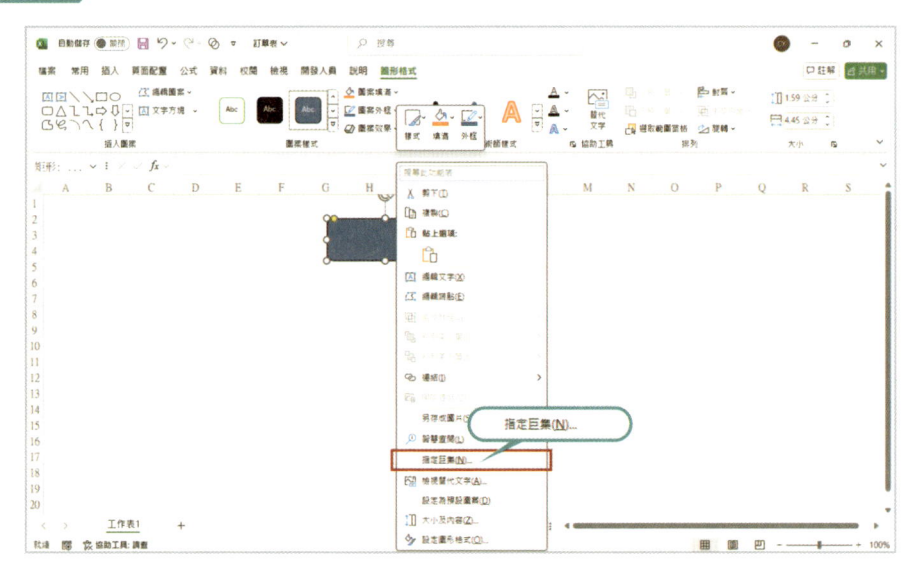

101

Step3　選擇要指派的巨集,點擊「確定」。

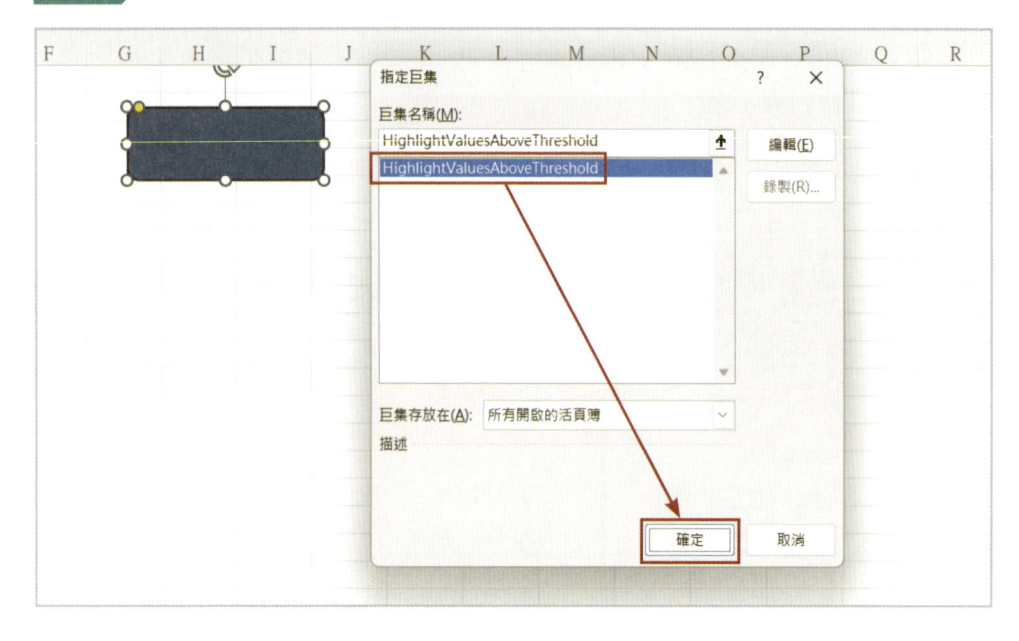

　　　點選任一儲存格,再把游標移回形狀上,你會發現移標變為一個手指,點擊後就能直接執行程式囉!

　　　你可以任意修改圖案的顏色、大小、文字等,讓圖案更一目了然、賞心悅目。如果指定巨集後想修改圖案格式,不能直接點擊圖案,而是要先對圖案點「右鍵」,選取後才能調整格式。

5-3

儲存＆分享巨集檔案

🔄 儲存包含 VBA 程式的檔案

Step1 寫完巨集、關閉檔案前，點擊左上角「檔案」→另存新檔。

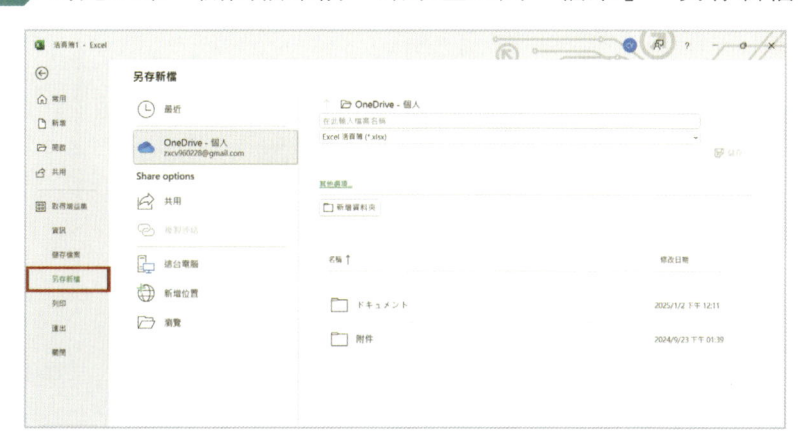

Step2 選擇儲存位置、輸入檔案名稱。

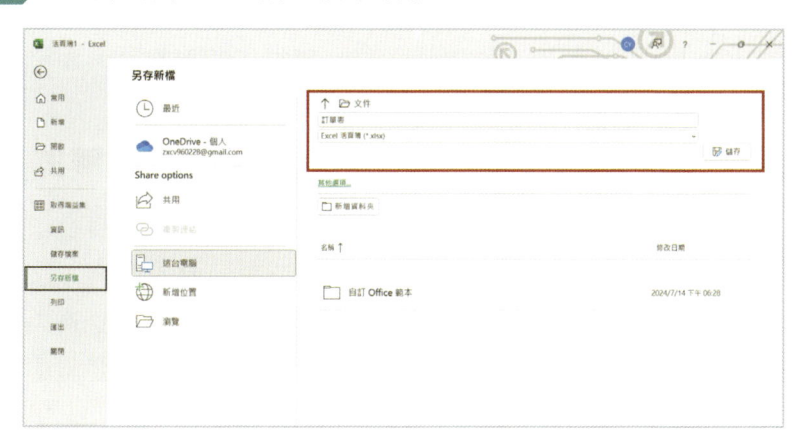

Step3 在儲存視窗中，點擊「儲存類型」下拉選單，選擇第二個「Excel 啟用巨集的活頁簿（.xlsm）」。（有些版本不會顯示 .xlsm，不過是相同的檔案類型）

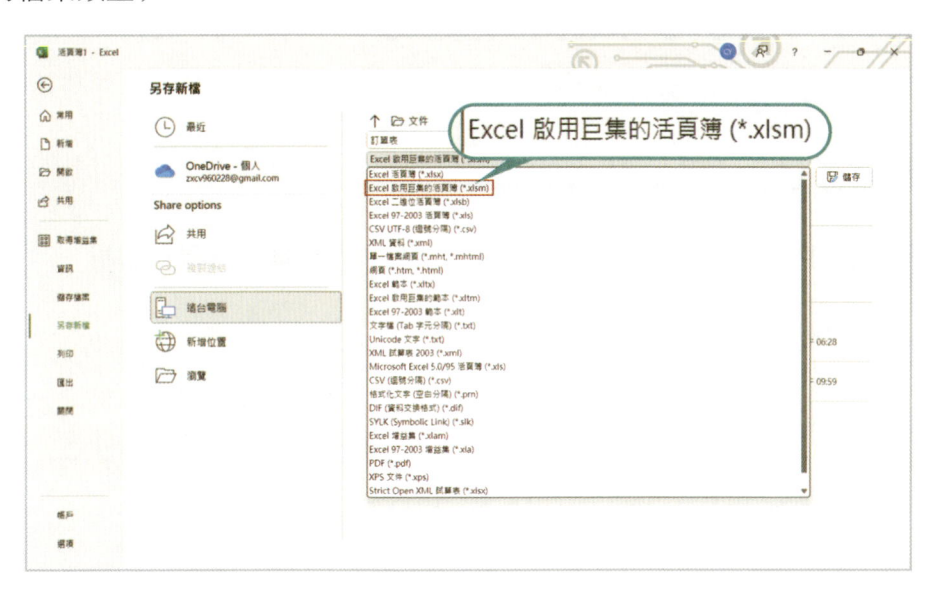

Step4 點擊「儲存」。

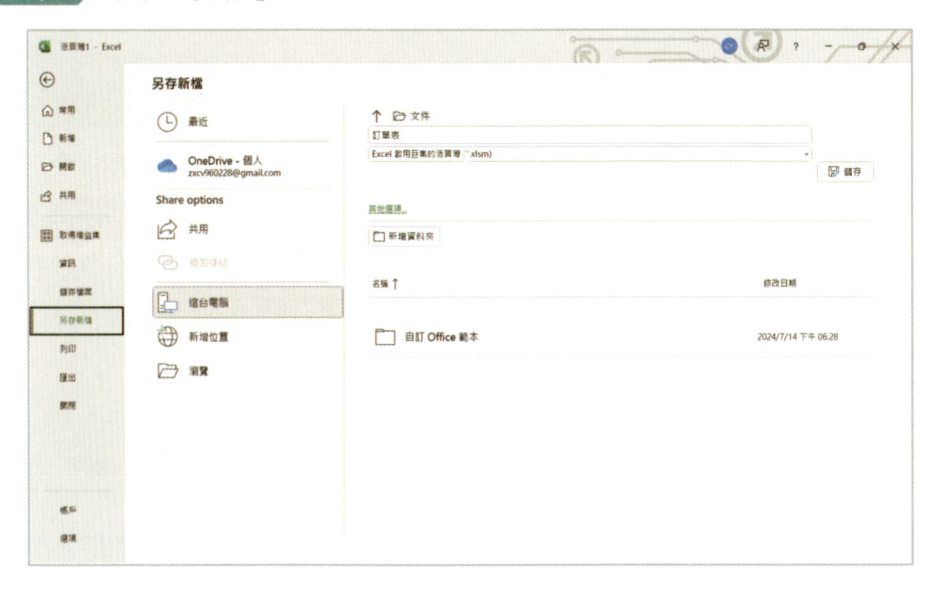

儲存為 .xlsm 格式後，檔案圖標會帶有一個小驚嘆號，這是 Excel 用來提示檔案中含有巨集功能的標誌，幫助你快速識別啟用巨集的活頁簿。

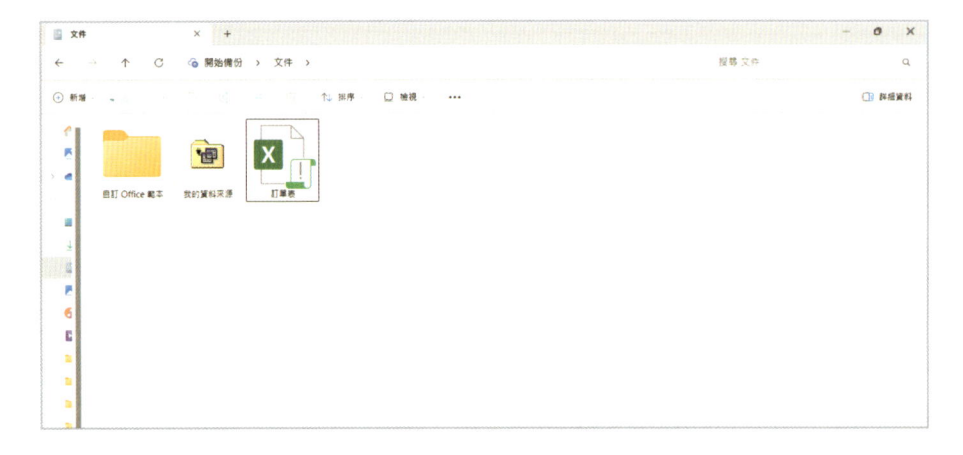

完成這些步驟後，你的檔案會以啟用巨集的格式儲存，重新開啟檔案時可以繼續運作。

解除巨集封鎖

當你下載網路上或別人傳給你的巨集 Excel 檔時，可能會看到「安全性警告」，這是因為 Excel 預設都會封鎖巨集，避免惡意程式。

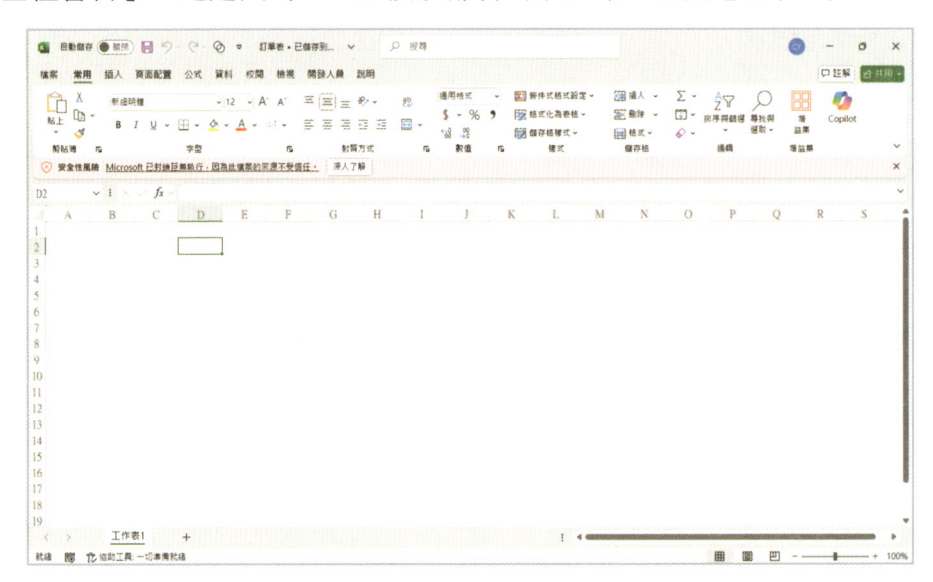

這時可以先關閉檔案，對檔案點擊右鍵→內容→在最下方的「安全性」勾選「解除封鎖」→點擊確定。

再次打開檔案時就不會有安全性警告，能順利執行巨集囉！

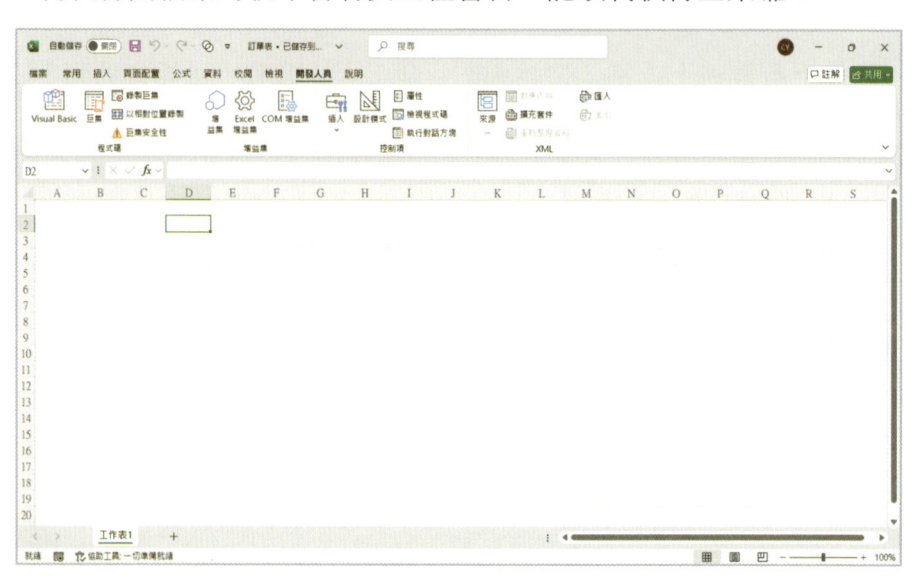

自動啟用巨集

如果你經常使用 VBA，可以透過「信任中心」設定巨集安全性，避免每次都要解除封鎖。

Step1 點擊「開發人員」→巨集安全性。

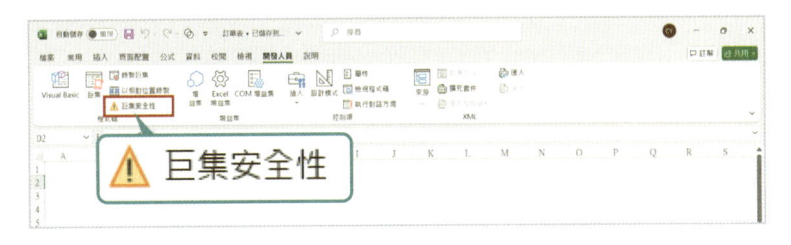

Step2 在「巨集設定」中，選擇合適的安全層級。

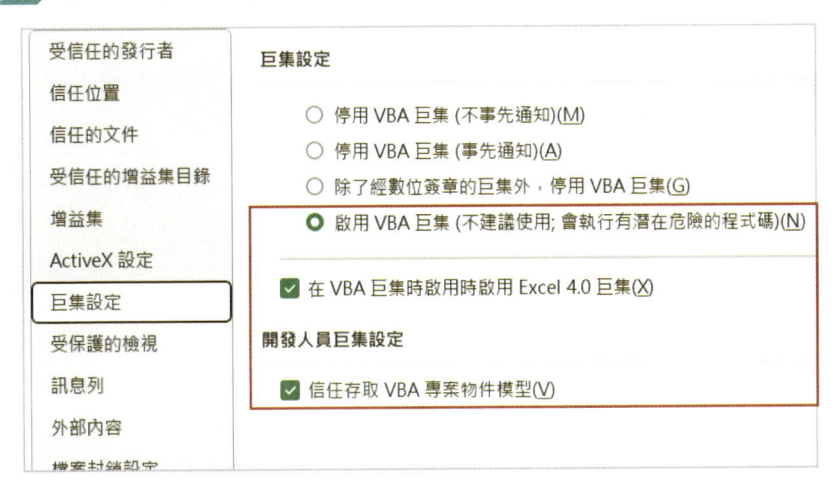

如果你不會從網路下載來路不明的 VBA，可以考慮勾選最下方的「啟用 VBA 巨集」，這樣每次都能直接執行巨集；如果不介意每次都要解除封鎖檔案，維持預設的「停用 VBA 巨集」也沒問題。

新增信任的位置

還有另一種折衷的方法：新增信任的位置，所有在該位置（例如資料夾）的 Excel 檔都能自動啟用巨集，不用另外解除封鎖。

Step1 點擊「信任位置」（一樣在「信任中心」視窗中）。

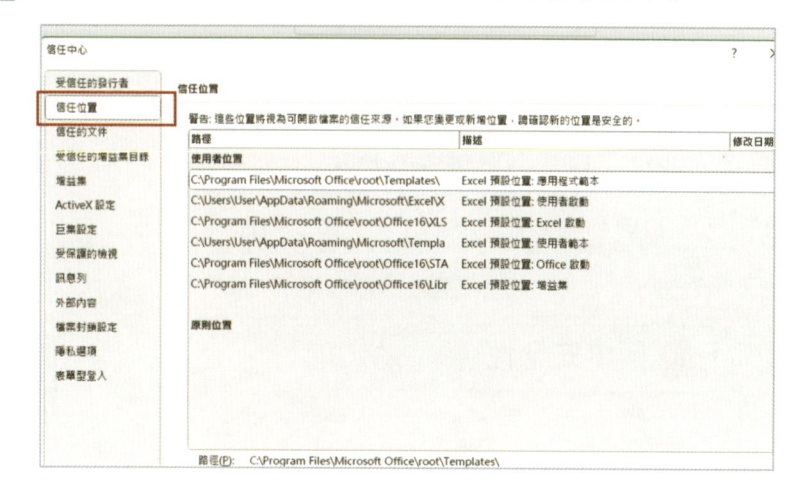

Step2 點擊「新增位置」→複製貼上某個資料夾的路徑→點擊確定。

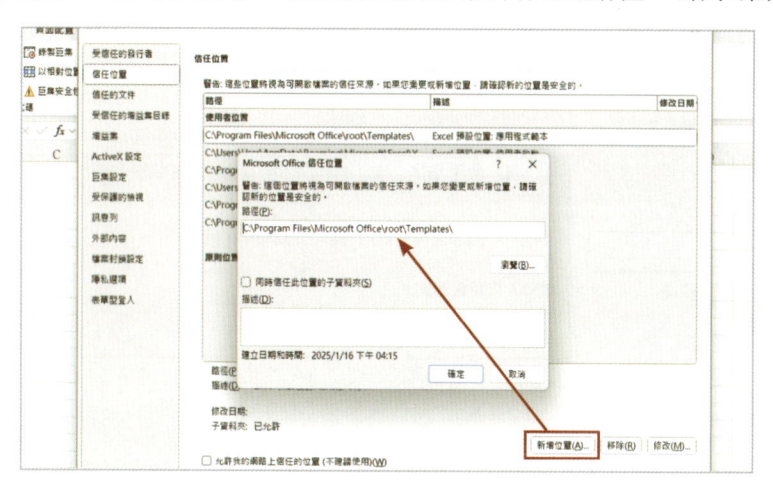

➔ 打好基礎後，開始大玩特玩！

恭喜你認識了 VBA 開發環境！接下來，我們會開始透過實際案例，應用這幾章的內容，包含 AI 程式生成流程、AI×VBA 指令模板與技巧、AI 除錯方法。你會開始解決真實的自動化任務，而這些案例也會幫助你更加掌握如何使用 AI 生成程式。

開始大玩特玩吧！

Chapter 6

VBA 讓重複工作自動化：
批次複製、修改格式與函數

實戰案例　管理工作日誌與績效自動化

　　本章將透過實際應用兩個工作表:「員工資料表」與「工作日誌」,展示如何利用 ChatGPT 生成 VBA 自動化常見的重複性任務,例如:自動根據資料複製多表、條件式標記顏色、自訂 Excel 函數計算獎金、自動插入時間戳記等,讓你從此不用再做這些繁瑣的工作!

本章重點

適用對象	人事、行政、財務常需執行大量複製資料、修改格式、重新整理等等,瑣碎繁複又容易出錯的工作。
實戰教學	**6-1** AI 批次處理工作表　　**6-2** AI 批次修改格式 **6-3** AI 條件式標記顏色　　**6-4** AI 自訂 Excel 函數 **6-5** AI 自動插入時間戳記
效益	• 自動化批次工作:快速為多名員工建立個人化的工作日誌,不再手動複製與命名。 • 提升績效管理效率:自訂函數和條件式標記,讓績效分析更直觀,幫助快速辨識高績效與待改善員工。 • 精準記錄變更:即時插入時間戳記,輕鬆追蹤數據更新歷史,確保關鍵資訊隨時可查且不遺漏。

獲取本章案例模板

案例模板檔案下載練習
https://chatgptaiwan.pse.is/vba06

AI 指令表、Excel VBA 程式碼複製
https://chatgptaiwan.pse.is/vbabook

特別說明:本書內圖文教學針對如何對 ChatGPT 下指令,若想獲得完整正確的 VBA 程式碼可透過上方檔案。

6-1 批次處理工作表
快速複製、刪除大量資料不出錯

　　昭揚科技公司的每位員工，每天都要填寫「工作日誌」以彙整專案進度。過往都是由管理人員手動複製範本，並命名為個別員工姓名，平均每次要新增 5-10 張工作表，工作量繁瑣又容易出錯。若遇到格式變動，更需一張張修改，非常浪費時間。

　　人事主管希望能自動化這些繁瑣流程。目標是減少人工操作錯誤（如果手動操作，不僅浪費時間，還會增加錯誤率），並讓部門同仁將時間投入更高價值的專案中。

　　接著，讓我們一步一步看看如何應用 AI 幫助我們達成任務。

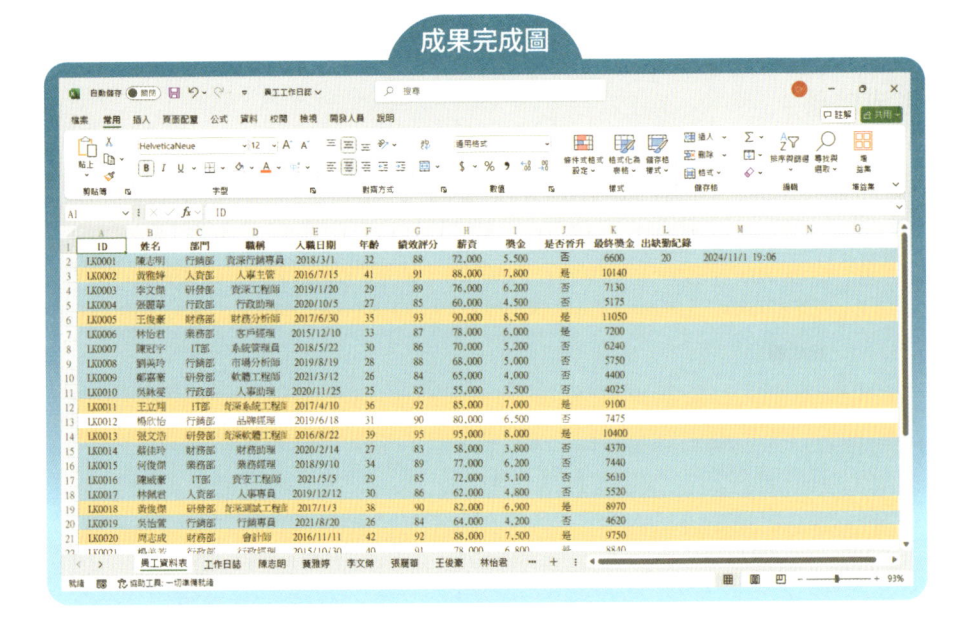

成果完成圖

AI 複製多個工作表

情境說明

我們希望為每位員工複製一個「工作日誌」，並將新工作表命名為該員工的名字，以方便追蹤每位員工的工作進度。

AI 指令 P6-1（新開聊天室）

> 扮演 VBA 大師
>
> 範圍&動作：根據「員工資料表」中 B 欄[1]，為每位員工複製[2]「工作日誌」工作表，名稱改為員工個別姓名

指令秘訣

[1] 範圍：這個指令可以讓 AI 明確知道要針對的資料是哪個工作表中的哪個欄位，例如這個案例中就是員工姓名欄位。

[2] 動作：這個指令讓 AI 知道要進行的是複製。

[3] 這段程式只需要「範圍 & 動作」，其他指令模板的元素可省略。

生成結果

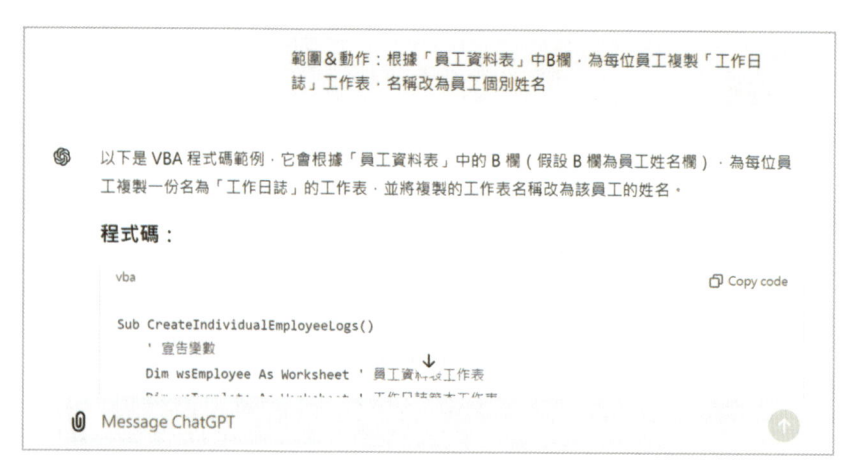

範圍&動作：根據「員工資料表」中B欄，為每位員工複製「工作日誌」工作表，名稱改為員工個別姓名

以下是 VBA 程式碼範例，它會根據「員工資料表」中的 B 欄（假設 B 欄為員工姓名欄），為每位員工複製一份名為「工作日誌」的工作表，並將複製的工作表名稱改為該員工的姓名。

程式碼：

```vba
Sub CreateIndividualEmployeeLogs()
    ' 宣告變數
    Dim wsEmployee As Worksheet  ' 員工資料表工作表
    Dim wsTemplate As Worksheet  ' 工作日誌範本工作表
```

Step1 開啟 VBA，把程式碼貼上去（VBA 介面功能操作可參考 Ch5）。

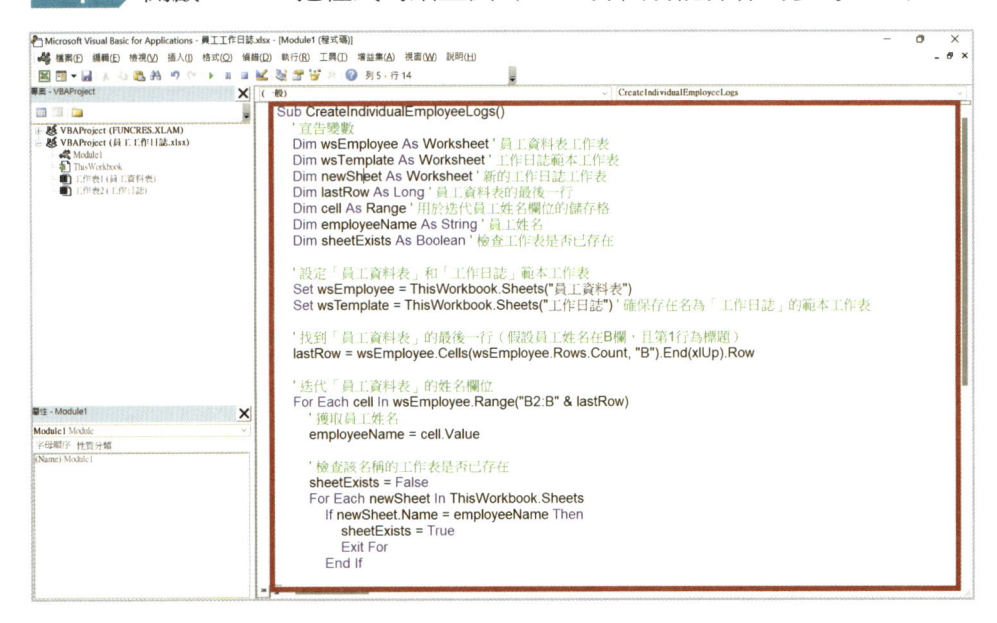

```vba
Sub CreateIndividualEmployeeLogs()
    '宣告變數
    Dim wsEmployee As Worksheet '員工資料表工作表
    Dim wsTemplate As Worksheet '工作日誌範本工作表
    Dim newSheet As Worksheet '新的工作日誌工作表
    Dim lastRow As Long '員工資料表的最後一行
    Dim cell As Range '用於迭代員工姓名欄位的儲存格
    Dim employeeName As String '員工姓名
    Dim sheetExists As Boolean '檢查工作表是否已存在
    
    '設定「員工資料表」和「工作日誌」範本工作表
    Set wsEmployee = ThisWorkbook.Sheets("員工資料表")
    Set wsTemplate = ThisWorkbook.Sheets("工作日誌") '確保存在名為「工作日誌」的範本工作表
    
    '找到「員工資料表」的最後一行（假設員工姓名在B欄，且第1行為標題）
    lastRow = wsEmployee.Cells(wsEmployee.Rows.Count, "B").End(xlUp).Row
    
    '迭代「員工資料表」的姓名欄位
    For Each cell In wsEmployee.Range("B2:B" & lastRow)
        '獲取員工姓名
        employeeName = cell.Value
        
        '檢查該名稱的工作表是否已存在
        sheetExists = False
        For Each newSheet In ThisWorkbook.Sheets
            If newSheet.Name = employeeName Then
                sheetExists = True
                Exit For
            End If
```

Step2 執行程式後，成功為每個員工複製一張工作表！

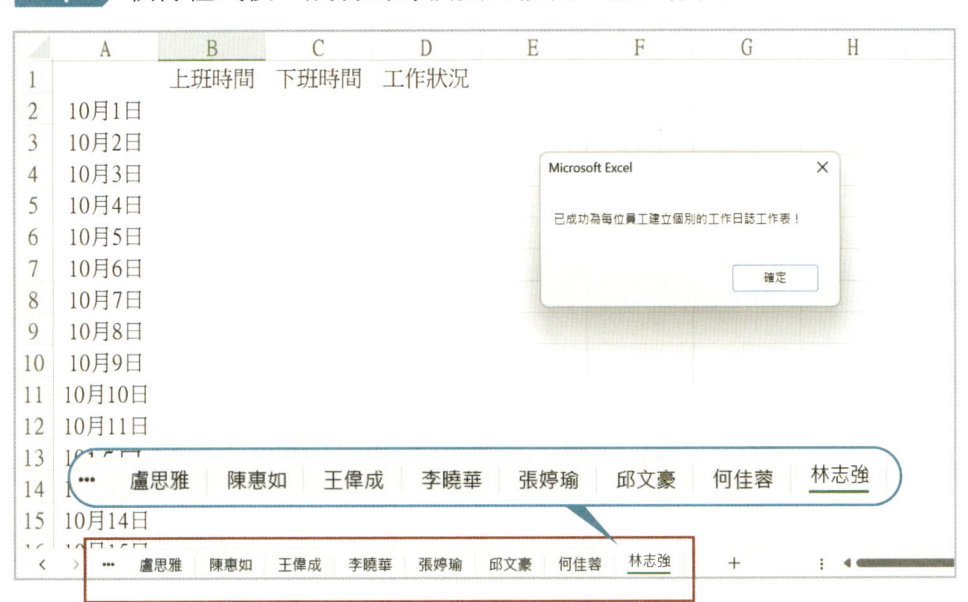

AI 刪除多個工作表

情境說明

我們發現「工作日誌」的月份錯誤,需要刪除剛剛生成的多個工作表後,再重新生成一次。刪除時不影響其他非員工姓名的工作表,例如「員工資料表」或「工作日誌」。

AI 指令　P6-2（追問）

範圍 & 動作:刪除所有以員工姓名命名的工作表

指令秘訣

- #追問:因為剛剛才生成「複製多表」的 VBA 程式,ChatGPT 還記得每個工作表是用「員工姓名」命名,因此可直接簡單追問。

生成結果

```
Sub DeleteEmployeeSheets()
    ' 宣告變數
    Dim wsEmployee As Worksheet ' 員工資料表工作表
    Dim targetSheet As Worksheet ' 目標工作表
    Dim lastRow As Long ' 員工資料表的最後一行
    Dim cell As Range ' 用於迭代姓名欄位的儲存格
    Dim employeeName As String ' 員工姓名
    
    ' 設定「員工資料表」工作表
    Set wsEmployee = ThisWorkbook.Sheets("員工資料表")
    
    ' 找到「員工資料表」的最後一行 (假設姓名在 B 欄,且第 1 行為標題)
    lastRow = wsEmployee.Cells(wsEmployee.Rows.Count, "B").End(xlUp).Row
```

Step1 開啟 VBA，把程式碼貼上去（VBA 介面功能操作可參考 Ch5）。

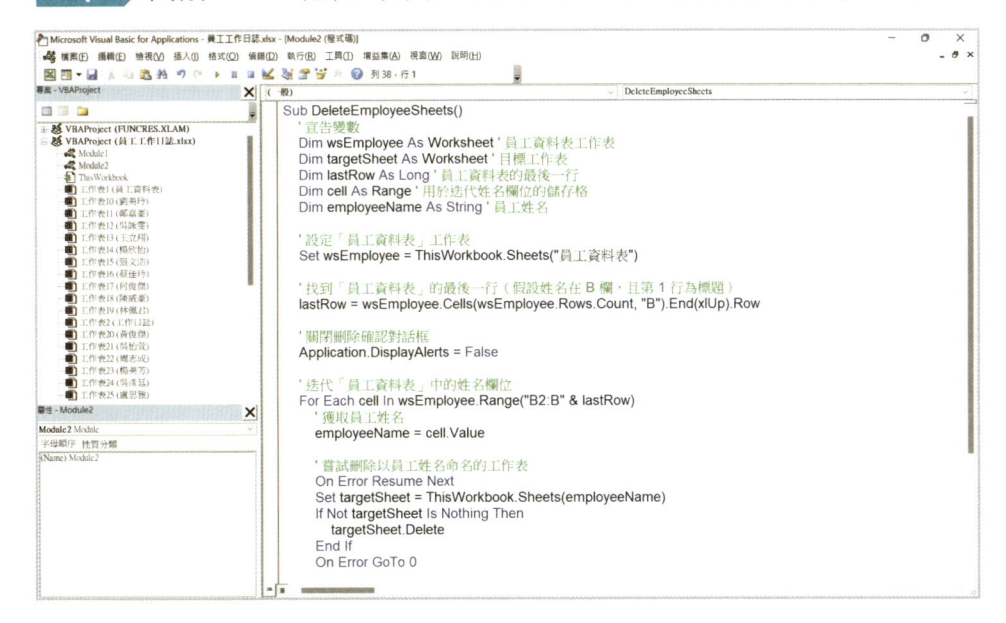

```vba
Sub DeleteEmployeeSheets()
    '宣告變數
    Dim wsEmployee As Worksheet '員工資料表工作表
    Dim targetSheet As Worksheet '目標工作表
    Dim lastRow As Long '員工資料表的最後一行
    Dim cell As Range '用於迭代姓名欄位的儲存格
    Dim employeeName As String '員工姓名
    
    '設定「員工資料表」工作表
    Set wsEmployee = ThisWorkbook.Sheets("員工資料表")
    
    '找到「員工資料表」的最後一行（假設姓名在 B 欄，且第 1 行為標題）
    lastRow = wsEmployee.Cells(wsEmployee.Rows.Count, "B").End(xlUp).Row
    
    '關閉刪除確認對話框
    Application.DisplayAlerts = False
    
    '迭代「員工資料表」中的姓名欄位
    For Each cell In wsEmployee.Range("B2:B" & lastRow)
        '獲取員工姓名
        employeeName = cell.Value
        
        '嘗試刪除以員工姓名命名的工作表
        On Error Resume Next
        Set targetSheet = ThisWorkbook.Sheets(employeeName)
        If Not targetSheet Is Nothing Then
            targetSheet.Delete
        End If
        On Error GoTo 0
```

Step2 收到確認刪除的通知視窗。（不一定會彈出視窗）

Microsoft Excel

所有以員工姓名命名的工作表已成功刪除！

確定

Step3 刪除工作表後,我們修改「工作日誌」工作表的日期為 11 月。

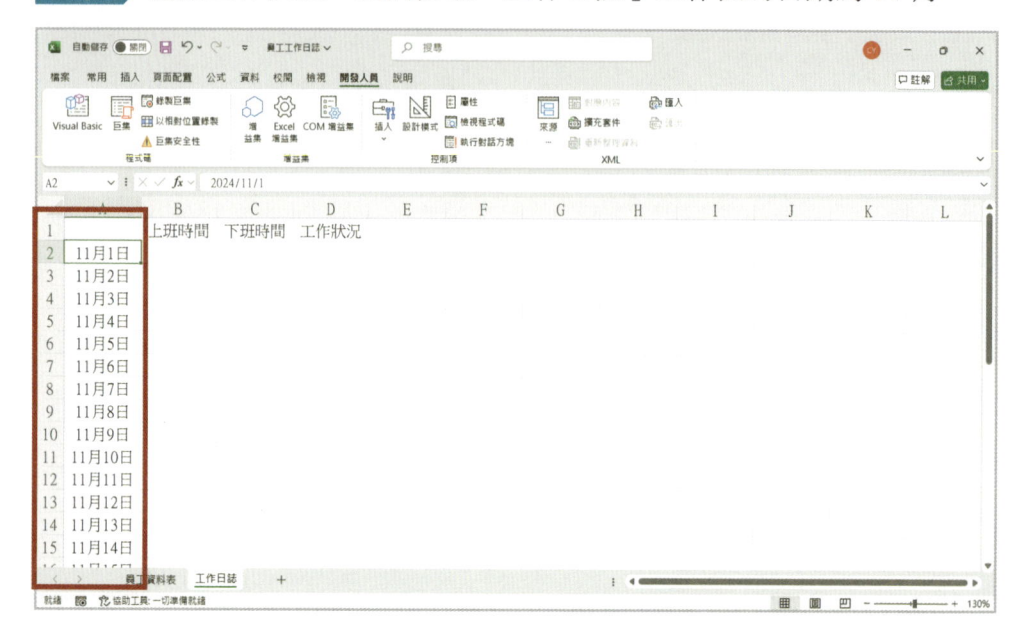

Step4 回到 VBA 視窗,點擊兩次左邊的 Module1,並執行「CreateIndividualEmployeeLogs」函數(你的函數名稱可能不一樣)。

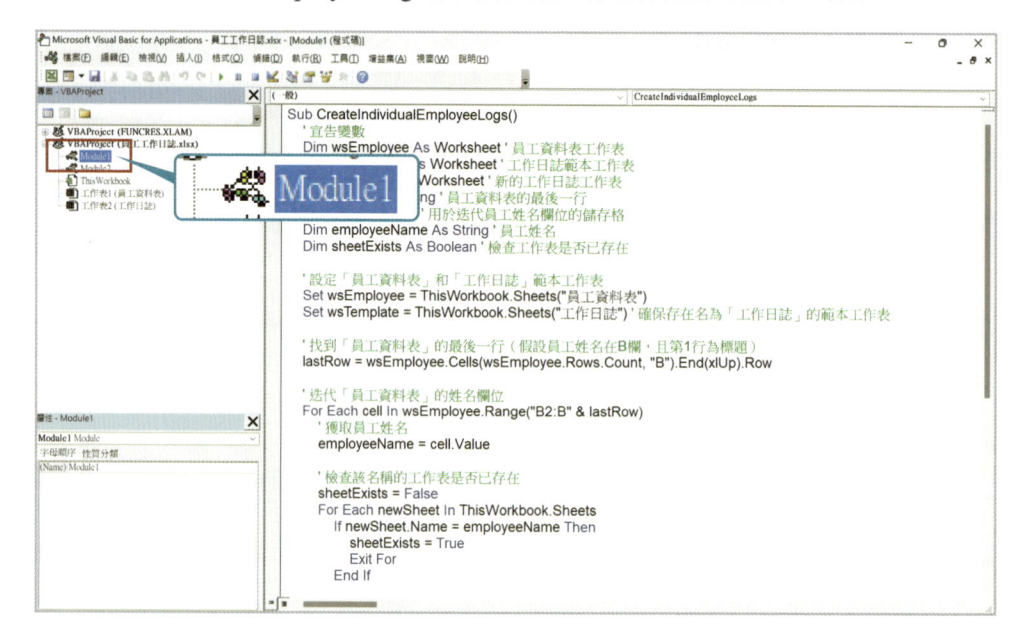

```vba
Sub CreateIndividualEmployeeLogs()
    '宣告變數
    Dim wsEmployee As Worksheet ' 員工資料表工作表
    Dim wsTemplate As Worksheet ' 工作日誌範本工作表
    Dim newSheet As Worksheet ' 新的工作日誌工作表
    Dim lastRow As Long ' 員工資料表的最後一行
    Dim cell As Range ' 用於迭代員工姓名欄位的儲存格
    Dim employeeName As String ' 員工姓名
    Dim sheetExists As Boolean ' 檢查工作表是否已存在
    
    '設定「員工資料表」和「工作日誌」範本工作表
    Set wsEmployee = ThisWorkbook.Sheets("員工資料表")
    Set wsTemplate = ThisWorkbook.Sheets("工作日誌") '確保存在名為「工作日誌」的範本工作表
    
    '找到「員工資料表」的最後一行(假設員工姓名在B欄,且第1行為標題)
    lastRow = wsEmployee.Cells(wsEmployee.Rows.Count, "B").End(xlUp).Row
    
    '迭代「員工資料表」的姓名欄位
    For Each cell In wsEmployee.Range("B2:B" & lastRow)
        '獲取員工姓名
        employeeName = cell.Value
        
        '檢查該名稱的工作表是否已存在
        sheetExists = False
        For Each newSheet In ThisWorkbook.Sheets
            If newSheet.Name = employeeName Then
                sheetExists = True
                Exit For
            End If
```

Step5 執行程式後，就能再次複製工作表，這樣就都是正確日期囉

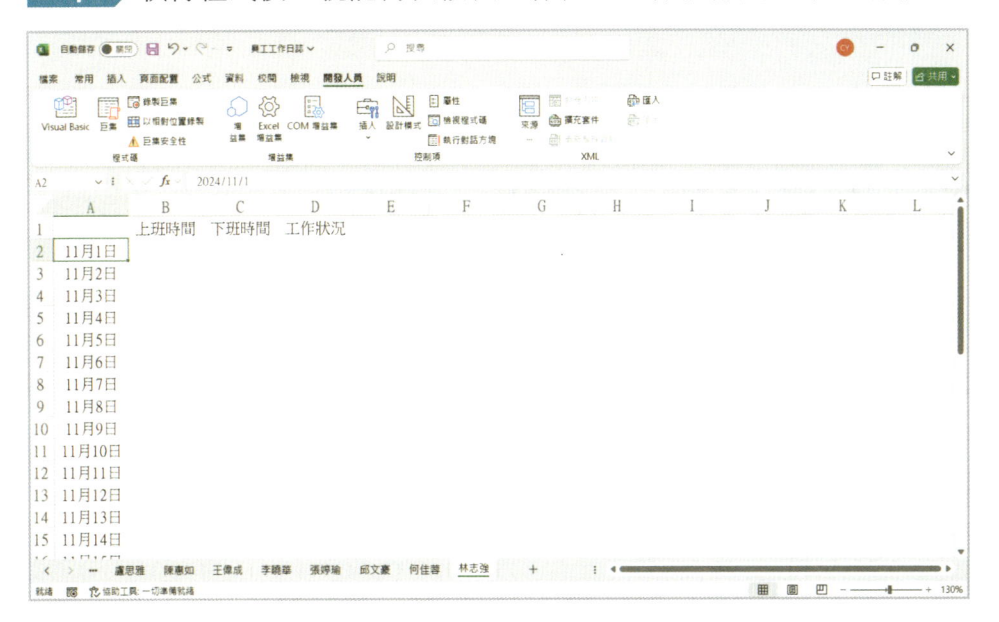

6-2

AI 批次修改格式｜
快速大量合併、改色、改字

🔄 AI 大量修改資料格式內容

💡 情境說明

　　生成每個員工的工作日誌後，我們想到週末不用填寫工作紀錄，因此想自動週末對應的儲存格兩兩合併，並在合併後的儲存格中寫上「週末」、標示為淡灰色，避免員工填錯日期

🤖 AI 指令 `P6-3（追問）`

> 「員工資料表」B 欄是所有員工姓名，每個姓名都有對應工作表
> 將每個員工工作表中，同一週末的日期儲存格上下合併，並在合併儲存格中寫入「週末」，顏色填滿為淡灰色
> A 欄格式如：11 月 1 日[1]

💡 指令秘訣

[1] 遇到日期格式時，都直接 # 具體舉例。

生成結果

```vba
Sub MarkWeekendInEmployeeSheets()
    Dim wsMain As Worksheet
    Dim wsEmployee As Worksheet
    Dim employeeName As String
    Dim cell As Range
    Dim dateCell As Range
    Dim lastRow As Long
    Dim i As Long
    Dim targetDate As Date

    ' 設定主要員工資料表
    Set wsMain = ThisWorkbook.Sheets("員工資料表")
```

AI 程式碼執行後格式有誤怎麼辦？

Step1 程式順利執行完成，但這一次 AI 寫出來的程式碼，沒有成功合併相鄰的兩個週末儲存格？怎麼辦？沒關係，我們繼續追問來修正。

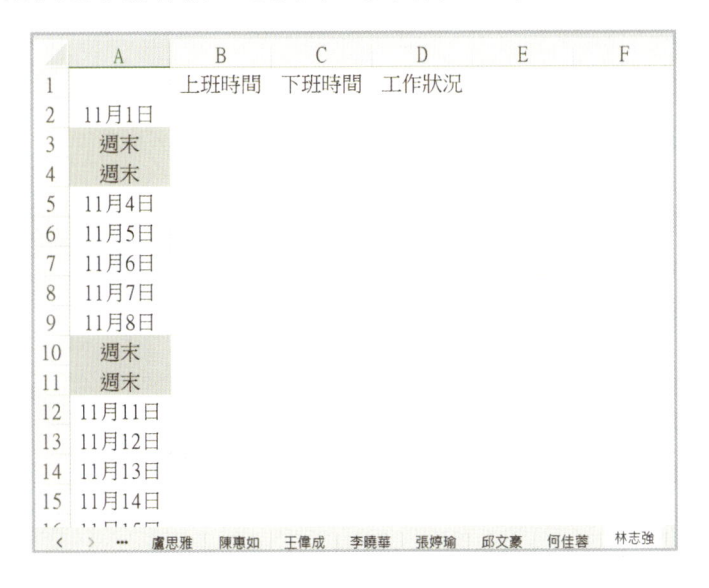

Step2 為了避免已經執行過程式，導致新程式出錯，我們先執行前面生成的「DeleteEmployeeSheets」函數，刪除所有員工工作表。

雙擊 Module2，找到「DeleteEmployeeSheets」函數，點擊執行。

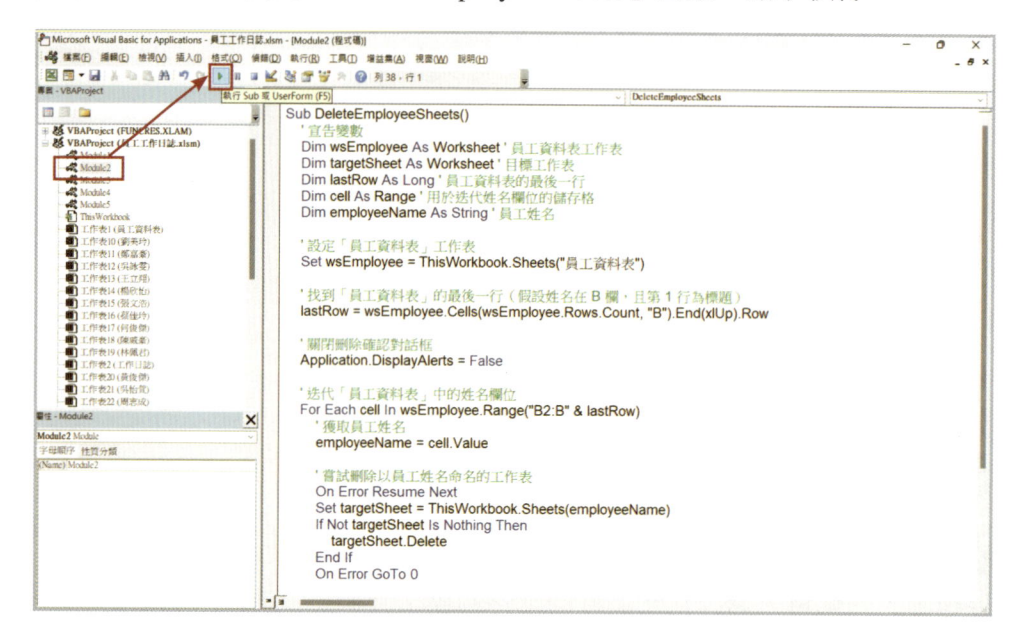

```
Sub DeleteEmployeeSheets()
' 宣告變數
Dim wsEmployee As Worksheet ' 員工資料表工作表
Dim targetSheet As Worksheet ' 目標工作表
Dim lastRow As Long ' 員工資料表的最後一行
Dim cell As Range ' 用於迭代姓名欄位的儲存格
Dim employeeName As String ' 員工姓名

' 設定「員工資料表」工作表
Set wsEmployee = ThisWorkbook.Sheets("員工資料表")

' 找到「員工資料表」的最後一行（假設姓名在 B 欄，且第 1 行為標題）
lastRow = wsEmployee.Cells(wsEmployee.Rows.Count, "B").End(xlUp).Row

' 關閉刪除確認對話框
Application.DisplayAlerts = False

' 迭代「員工資料表」中的姓名欄位
For Each cell In wsEmployee.Range("B2:B" & lastRow)
    ' 獲取員工姓名
    employeeName = cell.Value
    
    ' 嘗試刪除以員工姓名命名的工作表
    On Error Resume Next
    Set targetSheet = ThisWorkbook.Sheets(employeeName)
    If Not targetSheet Is Nothing Then
        targetSheet.Delete
    End If
    On Error GoTo 0
```

Step3

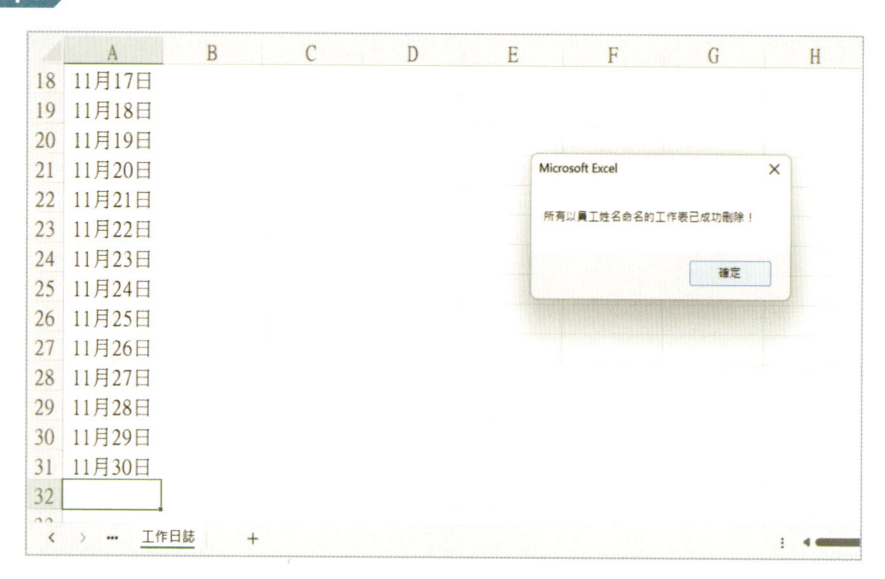

所有以員工姓名命名的工作表已成功刪除！

Step4 接著雙擊 Module1，再次生成所有員工的工作表。

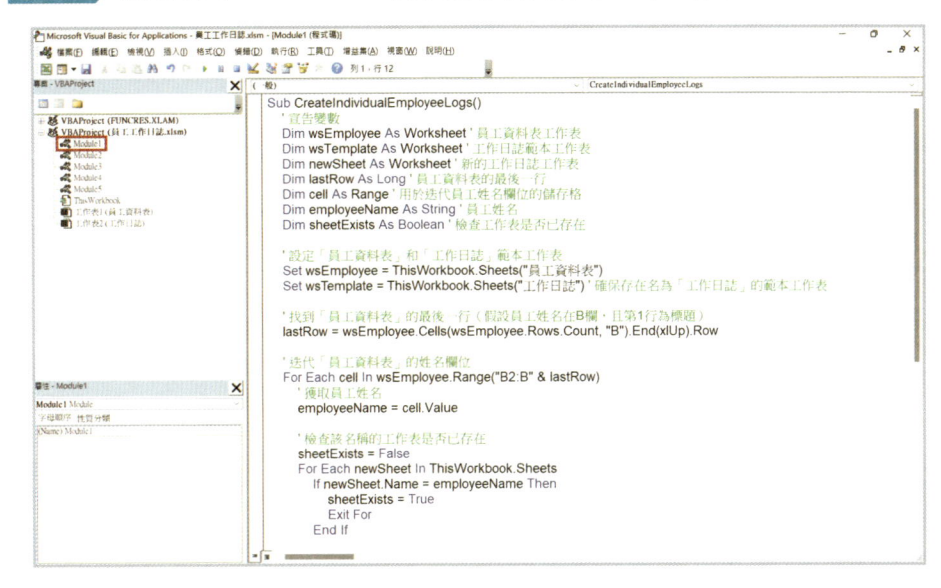

Step5 新的尚未修改格式的員工資料表建立完成了，我們從這個正確的新資料開始做調整。

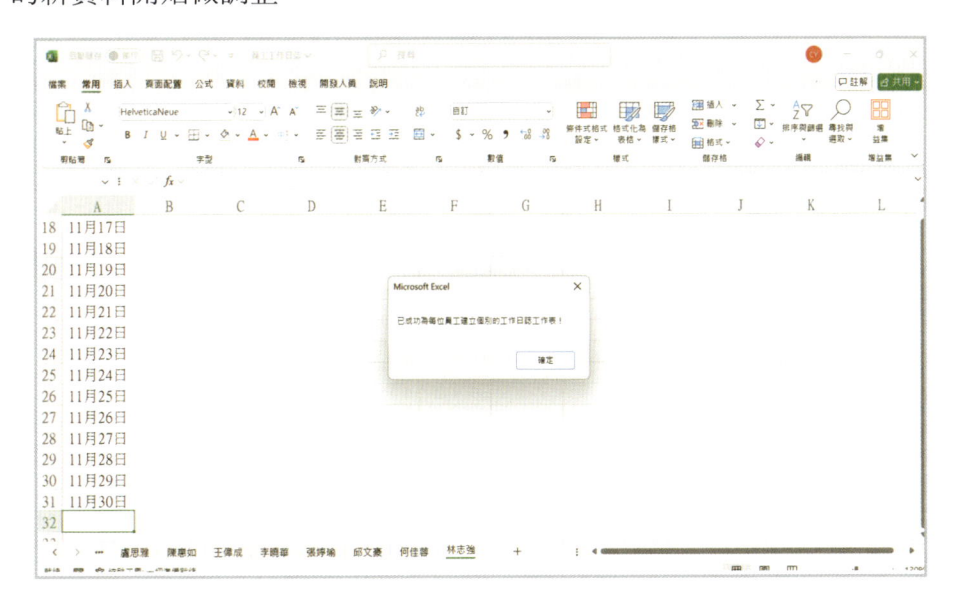

Step6 完成後回到 ChatGPT，繼續追問。

121

AI 指令 P6-4（追問）

很好！都有完成，但是相鄰的周末儲存格沒有上下合併

Step7 直接複製貼上新程式並執行。

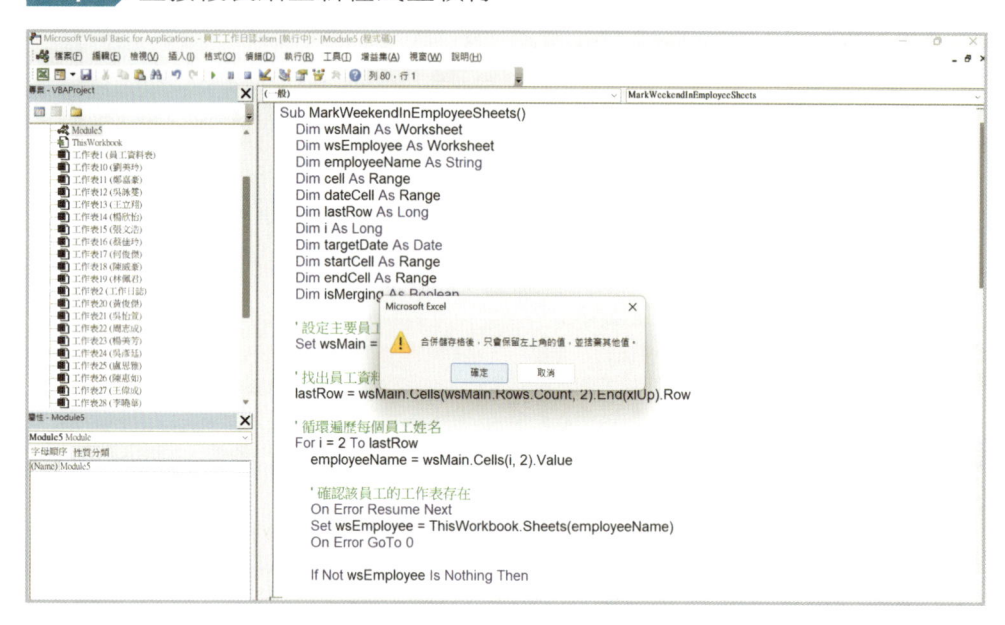

Step8 這時又遇到一個小問題，每處理一個工作表，就會彈出一個視窗，提醒我們「合併儲存格後，只會保留左上角的值，並捨棄其他值」。

因為要按完所有視窗實在太浪費時間，我們直接追問 ChatGPT 來修改程式。

AI 指令 P6-5（追問）

它會一直彈出視窗，跟我說「合併儲存格後只會保留左上角的值」，請直接幫我忽略這些視窗

Step9 貼上程式後再次執行，就不會再彈出視窗，順利完成囉！

當然，如果你想在「工作日誌」工作表中，直接先標記週末、合併儲存格後再大量複製工作表，當然也沒問題。這邊主要想展示，大量複製工作表後，如何一次修改所有工作表的格式。

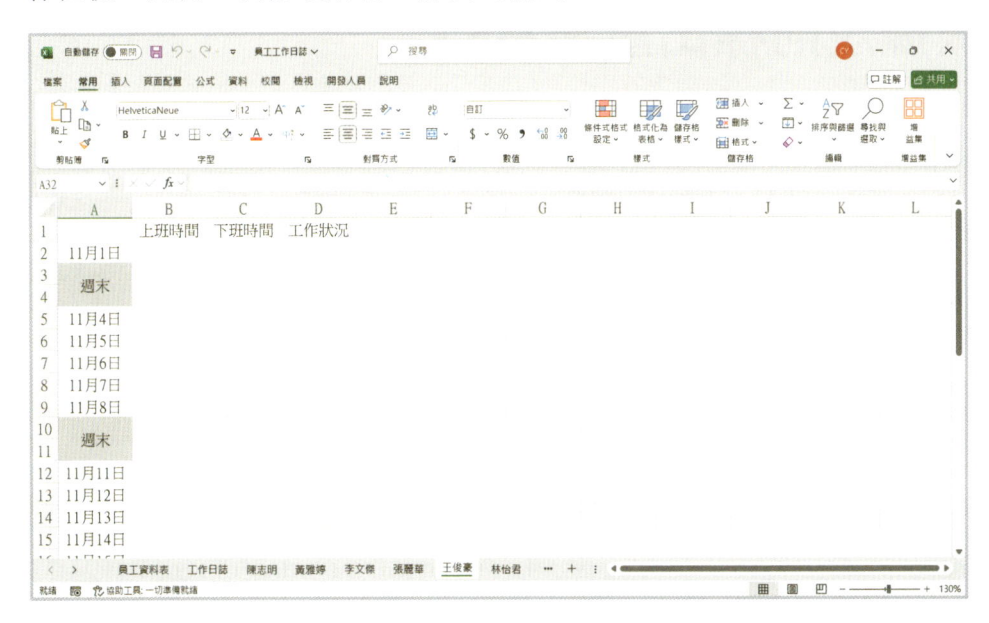

6-3

AI 條件式標記顏色
根據規則標出重要資料

情境說明
我們希望將員工的績效評分，根據多個區間標記成不同顏色。

AI 指令　P6-6（追問）

在「員工資料表」中，根據以下條件標記整列顏色[1]
1. 淡金色：G 欄大於等於 90[2]、H 欄大於 80,000、J 欄為「是」
2. 淡藍色：G 欄小於 90、H 欄小於 80,000、J 欄無差別

指令秘訣
[1] 這邊只需描述範圍 & 動作，省略指令模板的「範圍 & 動作」等字也沒問題。
[2] 特別注意大於和小於是否需要包含「等於」；有多條件時，可用列點呈現更清楚。

生成結果

```
Sub HighlightRowsBasedOnConditions()
    ' 宣告變數
    Dim ws As Worksheet ' 員工資料表工作表
    Dim lastRow As Long ' 最後一行
    Dim i As Long ' 迴圈計數器

    ' 設定「員工資料表」的工作表
    Set ws = ThisWorkbook.Sheets("員工資料表")

    ' 找到最後一行 ( 假設第 1 行為標題 )
    lastRow = ws.Cells(ws.Rows.Count, "G").End(xlUp).Row

    ' 迭代每一行數據
    For i = 2 To lastRow
        ' 判斷條件並標記顏色
```

↓

執行程式後，瞬間完成不同員工的標記，是不是非常方便！

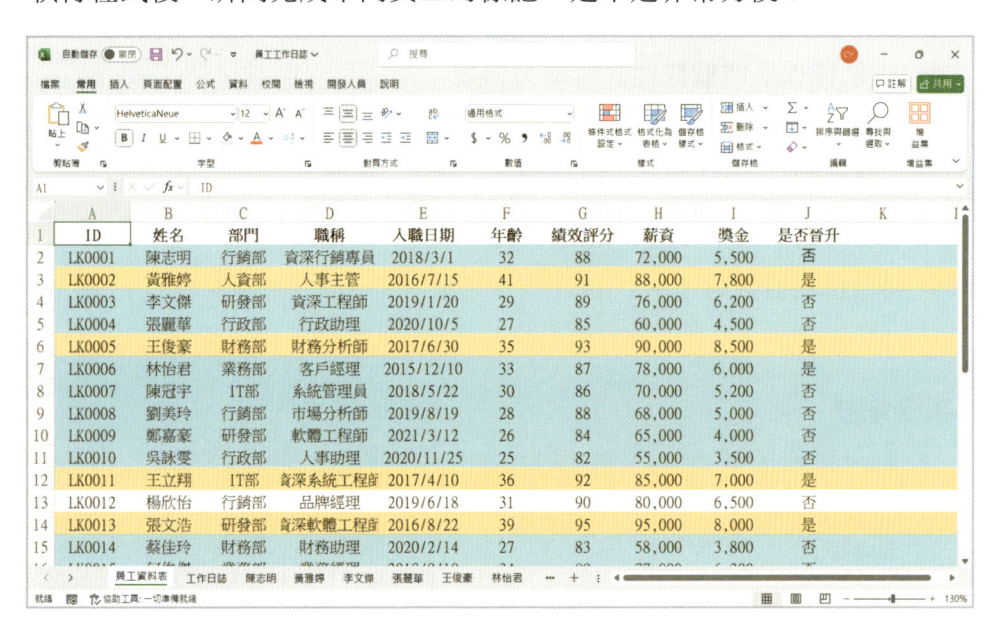

6-4

AI 自訂 Excel 函數｜
自動根據條件計算獎金

💡 情境說明

　　我們希望創造一個自訂的 Excel 函數，根據員工的「入職日期」和「績效評分」給予不同獎金倍數，並將自動計算結果。

🤖 AI 指令　P6-7（追問）

> 幫我做個 Excel 函數：= 計算獎金（入職日期, 績效評分, 原始獎金），依據以下四個條件計算獎金倍數：
> 1. 入職日期 <=2018 年、績效評分 >=90，倍數為 1.3
> 2. 入職日期 <=2018 年、績效評分 >=85，倍數為 1.2
> 3. 入職日期 <=2020 年、績效評分 >=80，倍數為 1.15
> 4. 其他情況倍數為 1.1

💡 指令秘訣

- 因為這個 VBA 會在 Excel 創造全新的函數「= 計算獎金」，因此不用特別指定工作表和儲存格範圍；使用這個函數時，在函數內打上範圍即可。

生成結果

```
Function 計算獎金(入職日期 As Date, 績效評分 As Double, 原始獎金 As Double) As Double
    Dim 倍數 As Double
    
    ' 判斷條件並設定獎金倍數
    If 入職日期 <= DateValue("2018-12-31") And 績效評分 >= 90 Then
        倍數 = 1.3
    ElseIf 入職日期 <= DateValue("2018-12-31") And 績效評分 >= 85 Then
        倍數 = 1.2
    ElseIf 入職日期 <= DateValue("2020-12-31") And 績效評分 >= 80 Then
        倍數 = 1.15
    Else
        倍數 = 1.1
    End If
```

↓

Step1 貼上 VBA 程式後，不用執行程式，就能直接在 Excel 儲存格中呼叫「=計算獎金」函數，並依照引數順序輸入對應的參照範圍，引數順序分別為：入職日期（E2）、績效評分（G2）、原始獎金（I2）。

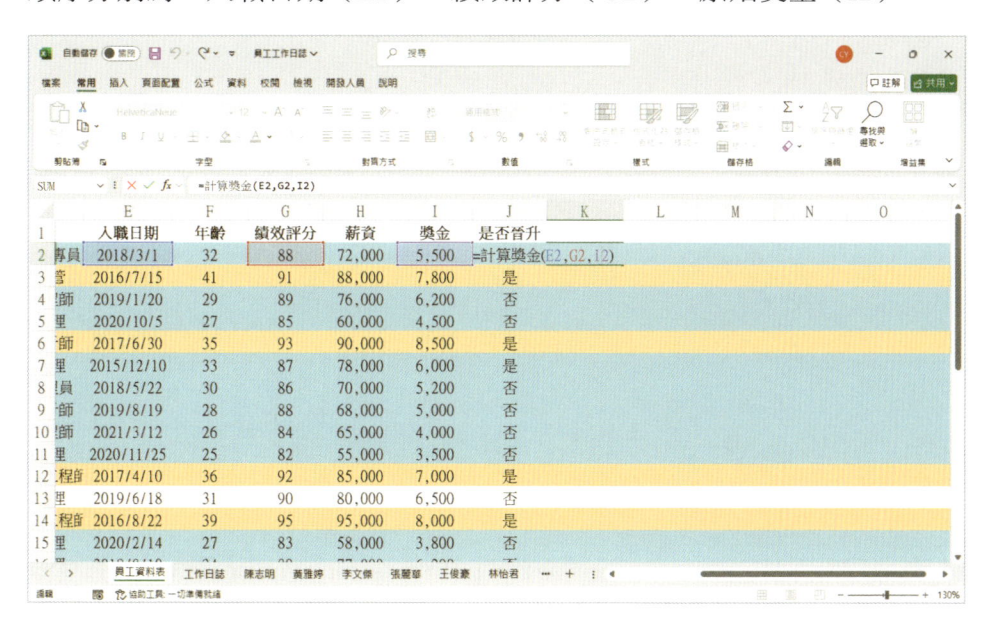

Step2 算出結果後，再往下複製公式，就會得到所有員工的最終獎金囉！

	E	F	G	H	I	J	K
1	入職日期	年齡	績效評分	薪資	獎金	是否晉升	最終獎金
2	2018/3/1	32	88	72,000	5,500	否	6600
3	2016/7/15	41	91	88,000	7,800	是	10140
4	2019/1/20	29	89	76,000	6,200	否	7130
5	2020/10/5	27	85	60,000	4,500	否	5175
6	2017/6/30	35	93	90,000	8,500	是	11050
7	2015/12/10	33	87	78,000	6,000	是	7200
8	2018/5/22	30	86	70,000	5,200	否	6240
9	2019/8/19	28	88	68,000	5,000	否	5750
10	2021/3/12	26	84	65,000	4,000	否	4400
11	2020/11/25	25	82	55,000	3,500	否	4025
12	2017/4/10	36	92	85,000	7,000	是	9100
13	2019/6/18	31	90	80,000	6,500	否	7475
14	2016/8/22	39	95	95,000	8,000	是	10400
15	2020/2/14	27	83	58,000	3,800	否	4370

6-5 AI 自動插入時間戳記
快速記錄每次更新時間

情境說明

我們在「員工資料表」L 欄新增「出缺勤紀錄」,並手動輸入上班天數。我們希望在 L 欄輸入或修改內容時,M 欄自動插入當前的日期和時間,方便記錄每次數據的變更時間。

AI 指令 P6-8

> 範圍&動作:在「員工資料表」M 欄自動插入當前日期和時間
> 觸發點[1] L 欄內容變更時

指令秘訣

[1] 指定「觸發點」為「當 L 欄變更時」。

生成結果

```
Private Sub Worksheet_Change(ByVal Target As Range)
    ' 檢查是否在 L 欄發生變更
    If Not Intersect(Target, Me.Columns("L")) Is Nothing Then
        Dim cell As Range
        Application.EnableEvents = False  ' 禁用事件,防止遞迴

        ' 迭代每一個變更的儲存格
        For Each cell In Intersect(Target, Me.Columns("L"))
            ' 在對應的 M 欄插入當前日期和時間
            cell.Offset(0, 1).Value = Now
        Next cell

        Application.EnableEvents = True  ' 重新啟用事件
```

Step1 因為這個函數會「自動觸發」，因此是以 Private Sub 開頭；看到 Private Sub 時，建議也讀一下 ChatGPT 生成的說明文字，因為會需要將程式貼到特別的模組。

以這個函數為例，ChatGPT 告訴我們要在 VBA 視窗的「專案瀏覽器」（實際名稱是「專案總管」），雙擊「員工資料表」，再貼上程式。

您可以使用以下 VBA 程式碼，當「員工資料表」的 `L` 欄內容變更時，自動在對應的 `M` 欄插入當前日期和時間。這段程式碼應該放在工作表的事件中，以便監控 `L` 欄的變更。

步驟：

1. 在 Excel 中按 `Alt + F11` 開啟 VBA 編輯器。
2. 在左側的專案瀏覽器中找到您的工作簿，展開 **Microsoft Excel Objects**。
3. 找到並雙擊您的「員工資料表」名稱。
4. 將以下程式碼貼到編輯區中。

Step2 貼上程式後，函數就已建立好，不用另外點擊執行。

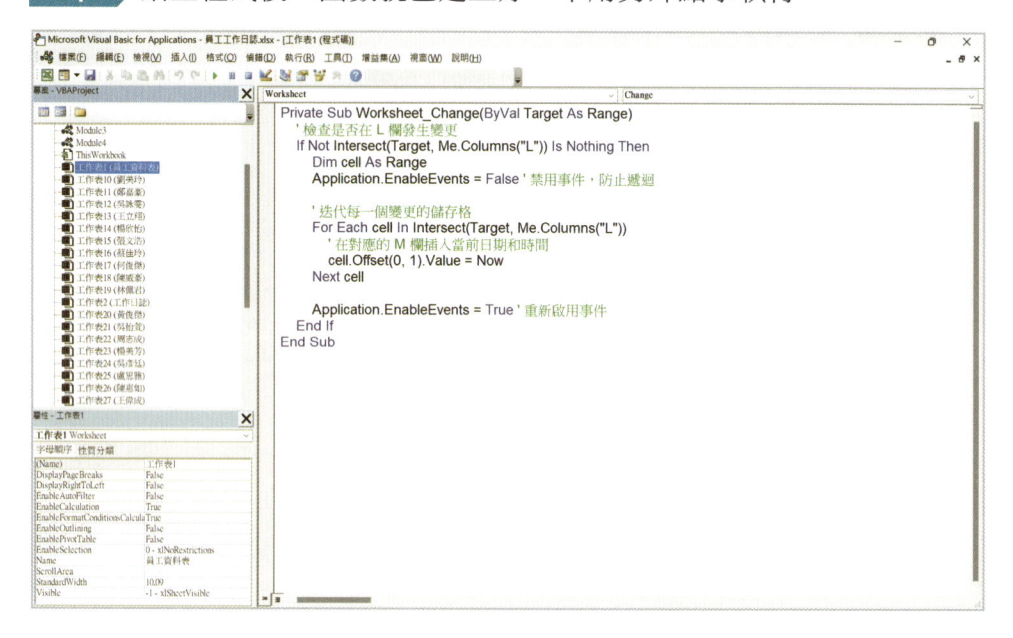

```
Private Sub Worksheet_Change(ByVal Target As Range)
    ' 檢查是否在 L 欄發生變更
    If Not Intersect(Target, Me.Columns("L")) Is Nothing Then
        Dim cell As Range
        Application.EnableEvents = False ' 禁用事件，防止遞迴
        
        ' 迭代每一個變更的儲存格
        For Each cell In Intersect(Target, Me.Columns("L"))
            ' 在對應的 M 欄插入當前日期和時間
            cell.Offset(0, 1).Value = Now
        Next cell
        
        Application.EnableEvents = True ' 重新啟用事件
    End If
End Sub
```

130

Step3 我們回到「員工資料表」，在 L 欄輸入數字，就會看到 M 欄自動跳出一串 # 符號，這是因為儲存格內的文字過長。

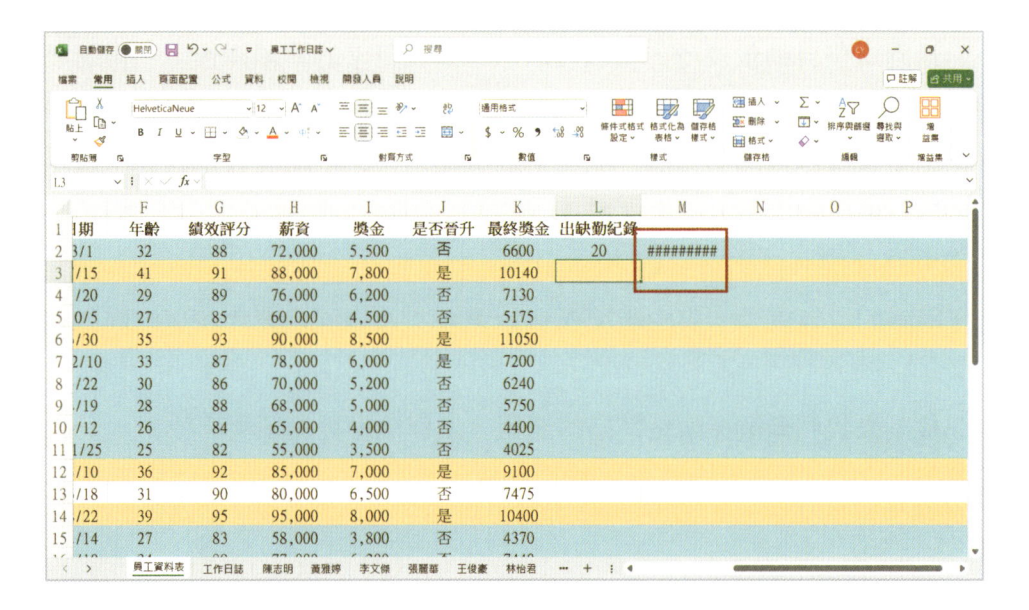

Step4 只要把欄位寬度拉長，正確的數字就會顯示出來了。

雙擊 M 欄和 N 欄之間的線條，即可展開 M 欄，完整顯示時間！

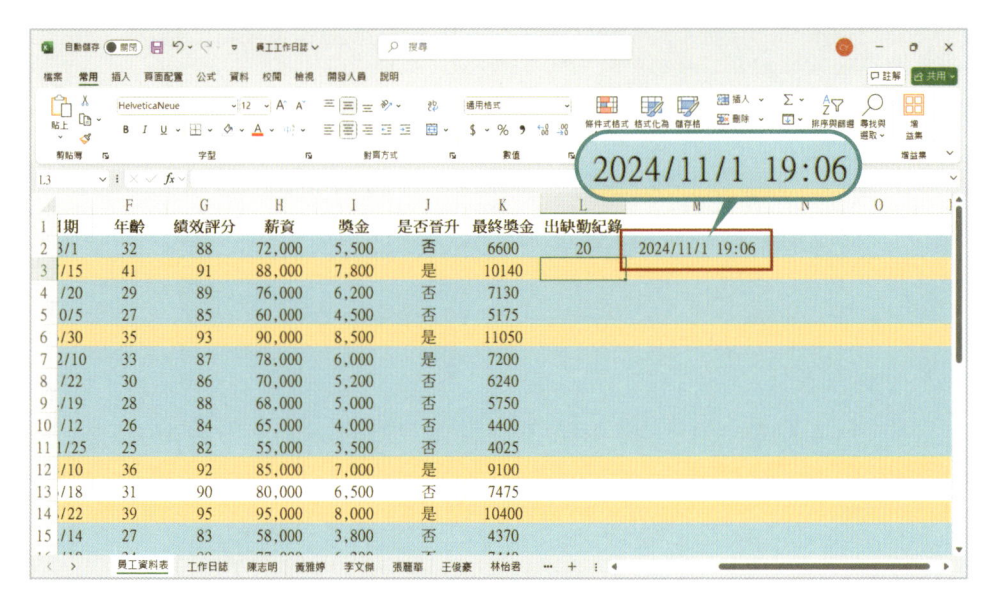

◉ 恭喜你完成一次完整的 AI 程式生成流程！

用 AI 生成程式，是不是比你想像中簡單得多呢？

透過這些自動化技巧，我們可以徹底擺脫日常的繁瑣操作，不再需要手動處理那些重複性的任務。

本章是這本書的第一個「完整」實戰案例，所以前面教學會完整展示幾乎所有操作圖片，方便你掌握 AI 程式生成的完整脈絡。

後續章節，我們會省略「ChatGPT 生成程式」的圖片，將程式放在隨書附贈的試算表中；書中版面保留給更多工作表展示圖片和更細節的說明。

接下來我們繼續探索更進階的應用，工作流程更加順暢高效！

Chapter 7

VBA 高速數據視覺化：
自動生成樞紐分析與圖表

實戰案例　大量訂單數據自動生成分析圖表

在大量訂單數據管理與分析的工作中，手動製作樞紐分析表和圖表可能耗時又容易出錯。透過 ChatGPT 生成 VBA 程式，我們能自動化處理數據，一鍵設定好樞紐表和圖表的欄位、格式，超快速完成這些繁瑣的功能操作！

本章重點

適用對象	銷售業務、專案主管、財會秘書常需分析大量數據資料製作銷售業務、專案主管、財會秘書常需分析大量數據資料，並製作樞紐分析表和統計圖表。
實戰教學	**7-1** AI 快速建立樞紐分析表　　**7-2** AI 快速建立圖表 **7-3** AI 建立可自動更新圖表　　**7-4** AI 建立自動產出圖表按鈕
效益	• 加速分析製作：自動生成樞紐分析表，依據訂單數據快速整理、計算總和及平均值。 • 彈性客製欄位：自訂樞紐表的欄位名稱和格式，並翻譯英文欄位為中文。 • 數據視覺化：自動生成區域銷售圖表，實現銷售數據的視覺呈現。

獲取本章案例模板

案例模板檔案下載練習
https://chatgptaiwan.pse.is/vba07

AI 指令表、Excel VBA 程式碼複製
https://chatgptaiwan.pse.is/vbabook

特別說明：本書內圖文教學針對如何對 ChatGPT 下指令，若想獲得完整正確的 VBA 程式碼可透過上方檔案。

7-1

AI 快速建立樞紐分析表｜
自動調整圖表格式確保不出錯

　　皓頂貿易公司定期需要從 ERP 系統匯出大量訂單數據，這些數據包含訂單編號、客戶名稱、銷售區域、數量與價格等資訊。過去，人員需要手動製作樞紐分析表與圖表，但是這種方式不僅耗時，還容易因操作失誤影響分析結果。

　　為了提高效率，公司希望透過 VBA 自動化生成樞紐表與直條圖，並一次性完成所有格式設定。

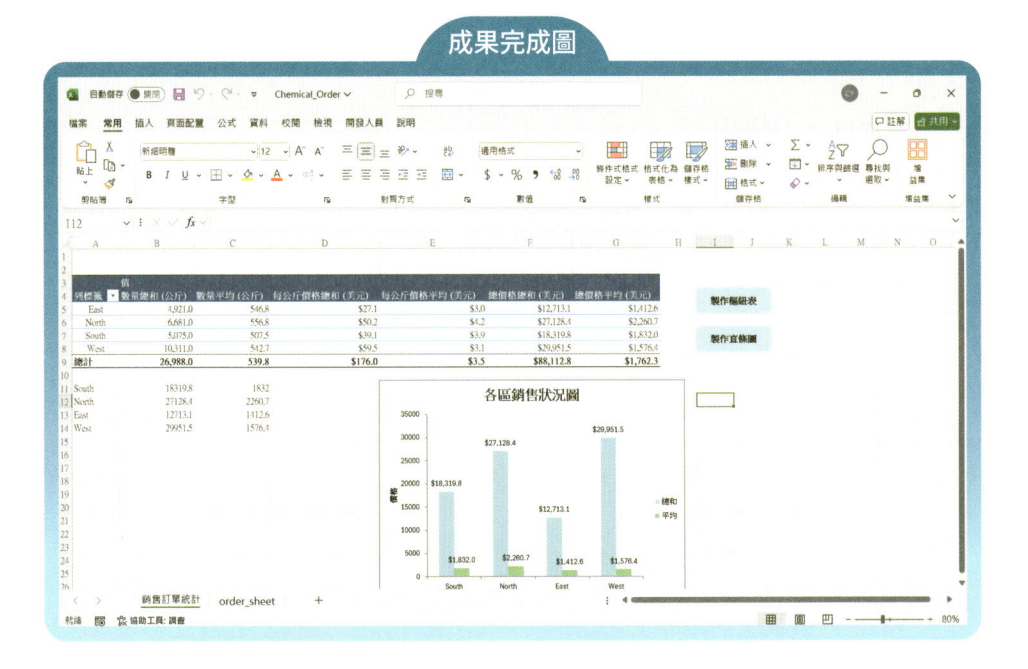

成果完成圖

AI 建立基本樞紐表

情境說明

公司有使用 ERP 系統，每隔一段時間都要從系統下載資料來進行分析。我們希望每次下載資料後，都能快速製作樞紐分析表，直接設定好所有欄位，避免每次都要重新製作樞紐表。

AI 指令　P7-1（新開聊天室）

扮演 VBA 大師

以下是「order_sheet」工作表欄位[1]

Order No.[2]

Customer Name

Material

Region

Quantity (kg)

Price per kg (USD)

Total Price (USD)

Order Date

Delivery Date

製作樞紐分析表，根據不同 Region 去計算對應的 E:G 欄總合及平均

指令秘訣

[1] 樞紐表會使用到欄位名稱，因此直接貼上欄位名稱最方便，也能提高程式正確的機率。

[2] 因為欄位名稱都是英文，單字之間有「空格」；直接複製貼上所有欄位名稱到 ChatGPT 的話，容易辨識錯誤，因此建議在 ChatGPT 對話框中把每個名稱都換行——同時按 Shift+Enter 即可換行。

根據 AI 生成的程式碼，貼上 VBA，執行程式後，樞紐分析表瞬間完成！（為了簡化重複的基本步驟，所以本章開始，減少一樣的 VBA 基本操作畫面，想了解的朋友，可以參考 Ch6。）

樞紐表被放在新的工作表「PivotTable_Summary」，選取樞紐表中任一格，你會看到右邊出現「樞紐分析表欄位」，代表這真的是一個你可以自由調整的樞紐表，不只是個普通表格而已。

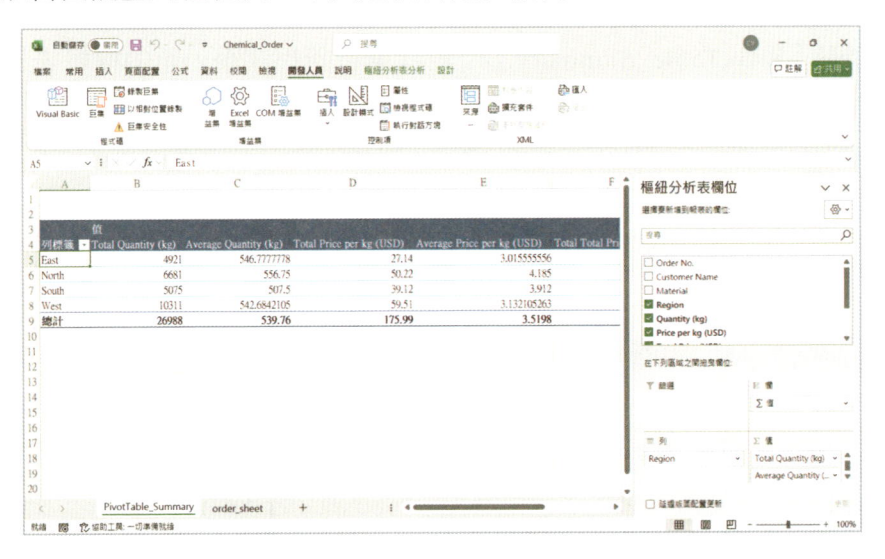

AI 優化樞紐表欄位

情境說明

從 ERP 系統下載資料時，欄位都是英文，每次都要手動修改成中文非常麻煩。因此，我們不只要建立樞紐表，也希望用 VBA 建立樞紐表時，能直接指定中文欄位名稱。

AI 指令　P7-2（追問）

很好！但我希望樞紐表的<mark>欄位名稱用中文</mark>[1]，幫我直接翻譯成適當欄位

137

💡 指令秘訣

1 VBA 本身是不能翻譯的；這個指令其實是運用 ChatGPT 的翻譯能力，請它翻譯欄位名稱後（前面有貼給它看），再把中文欄位名稱寫入 VBA 程式。

如同 Ch6 提到的，要修正原本 VBA 產出的工作表，最好先刪除原本的工作表「PivotTable_Summary」；再次執行新程式後，新的樞紐表欄位名稱都改為中文，工作表名稱也被改為「銷售訂單統計」。

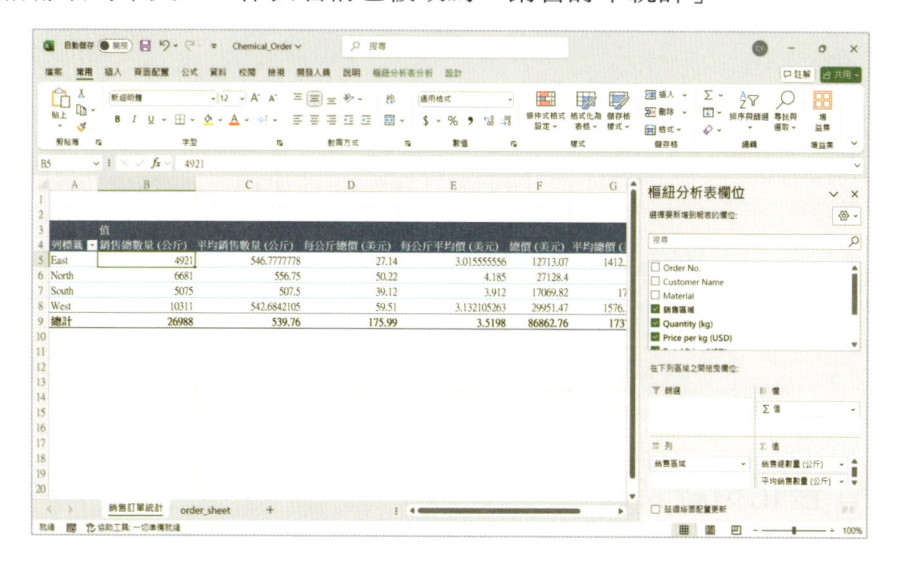

➡ AI 優化樞紐表格式

💡 情境說明

修改好欄位名稱後，我們想進一步修改樞紐表的文字和數字格式，符合公司同仁慣用的格式。

🤖 AI 指令 P7-3（追問）

> 很好！我希望樞紐表建立後，所有文字置中、數字部分置右、取小數點後一位，價格相關數字都加上美元符號

同樣的，先刪除原本的樞紐表，避免工作表名稱重疊導致出錯；執行程式後，順利修改所有格式！

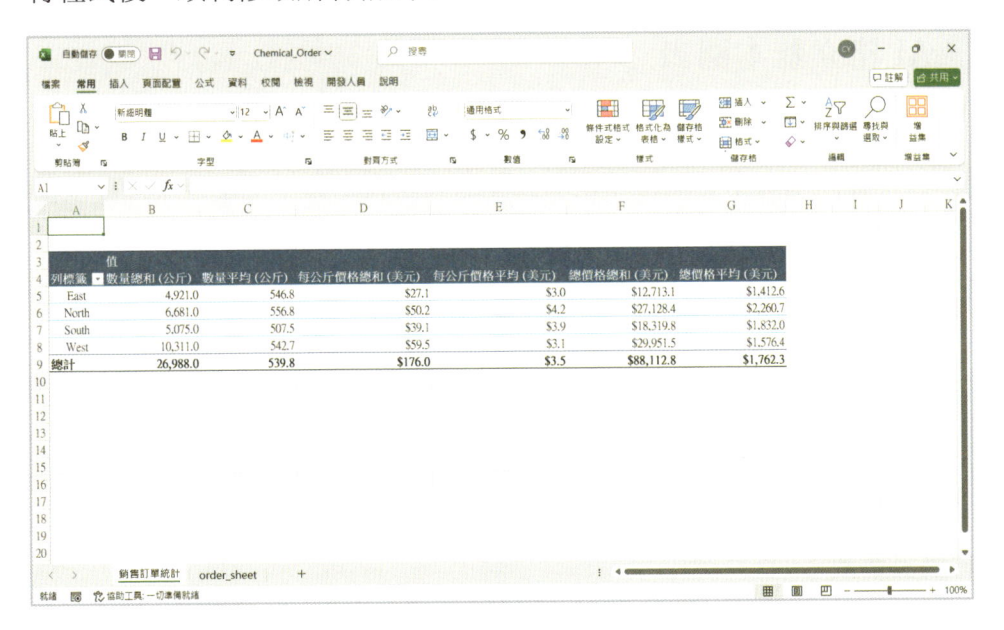

列標籤	數量總和 (公斤)	數量平均 (公斤)	每公斤價格總和 (美元)	每公斤價格平均 (美元)	總價格總和 (美元)	總價格平均 (美元)
East	4,921.0	546.8	$27.1	$3.0	$12,713.1	$1,412.6
North	6,681.0	556.8	$50.2	$4.2	$27,128.4	$2,260.7
South	5,075.0	507.5	$39.1	$3.9	$18,319.8	$1,832.0
West	10,311.0	542.7	$59.5	$3.1	$29,951.5	$1,576.4
總計	26,988.0	539.8	$176.0	$3.5	$88,112.8	$1,762.3

以上三個情境是透過不斷追問來一步步樞紐表、優化格式；如果一開始就能確定樞紐表的格式，也可以將所有指令一次交給 ChatGPT 生成程式，有錯誤的話再透過「除錯技巧」調整。

7-2

AI 快速建立圖表｜
用程式製作精準分析圖表

🔄 AI 建立基本圖表

💡 情境說明

除了樞紐表外，我們也想生成圖表來將資料視覺化，欄位是四個區域的「總價」和「平均」。圖表跟樞紐表放在同一個「銷售訂單統計」工作表中，並直接設定好各種圖表格式。

🤖 AI 指令 `P7-4（追問）`

> 根據「order_sheet」D、G 欄資料[1]，在「銷售訂單統計」[2] 工作表 A11 製作圖表[3]
> 圖表類型[4]：直條圖
> 標題：各區銷售狀況圖
> X 軸名稱：區域（D）
> Y 軸名稱：價格（G 欄分別計算四區域總和及平均）
> 顏色：總和用淺藍色、平均用淺綠色
> 資料標籤：貨幣

💡 指令秘訣

[1] 如果直接根據樞紐分析表製作直條圖，會把樞紐表所有欄位都放入圖表中，無法只顯示銷售總合及平均。因此，這個指令要求

140

ChatGPT 直接從 order_sheet 抓原始資料來製作圖表。

2 這個工作表名稱來自上一個指令生成的程式，ChatGPT 自動幫我們設定名稱。記得修改為你的工作表名稱。

3 Excel 中的所有「圖」，都一定要對應的「表」。原始欄位中沒有「銷售總價平均」的資料，VBA 需要先在「銷售訂單統計」工作表中製作表格，再根據表格去做直條圖。因此，要特別指定圖表放在 A11，表格才不會覆蓋到原本的樞紐表而導致錯誤。

4 撰寫 AI 指令生成 VBA 圖表程式時，可以參考這個格式，列出你想調整的變數。這樣不只清晰好懂，以後要生成圖表程式時，只要複製並修改這個指令，就能快速生成各種圖表程式！

執行程式後，就順利做出圖表囉！

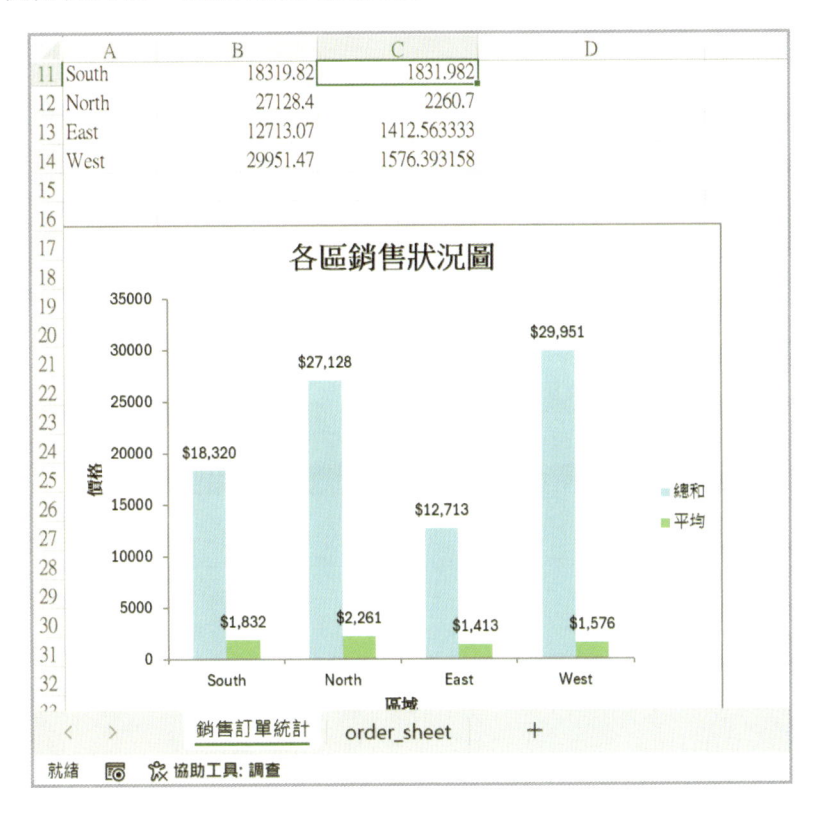

7-3

AI 建立可自動更新圖表
讓數據欄位更新時也更新圖表

➡ AI 優化圖表格式

💡 情境說明

新表格是放在 A11:C14，沒有覆蓋到上面的樞紐分析表，直條圖則被放到 A17；但這樣無法一次看到「樞紐表」跟「直條圖」，我們來修改圖表位置，並優化圖表格式。

🤖 AI 指令　P7-5（追問）

> 很好！直條圖幫我放在 E11，所有數字計算到小數點後一位。

執行程式後順利得到新直條圖！通常 ChatGPT 生成的 VBA 都不會自動刪除原有圖表，我們先手動刪除上一次生成的 A11 直條圖，在下一個指令請 ChatGPT 自動清除舊圖表。

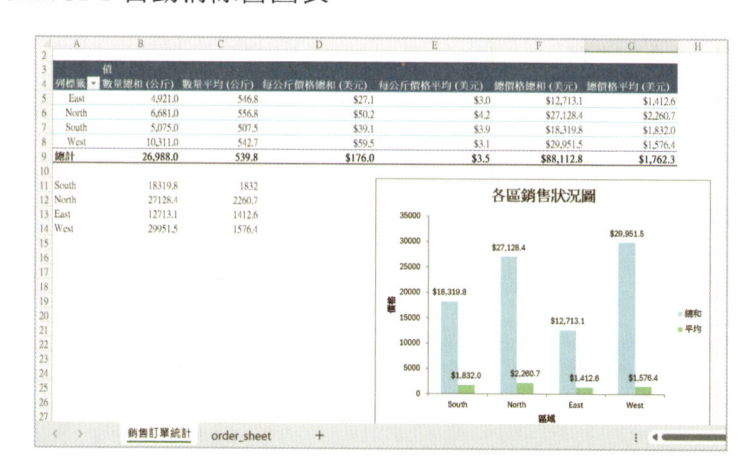

142

AI 自動清除 & 製作新圖表

情境說明

要特別注意的是，各區銷售狀況的表格（A11:C14）是用 VBA 去抓「order_sheet」資料。當「order_sheet」的資料更新時，這個表格不會跟著改變，圖表也因此不會自動更新。

例如，我們將「order_sheet」G2 改為 1,000,000，回到「銷售訂單統計」會發現圖表並沒有出現改變。

這樣每次更新資料、執行程式後，都會一直保留於上一個圖表。我們繼續追問 ChatGPT 來生成新程式，讓程式能自動清除、製作新圖表。

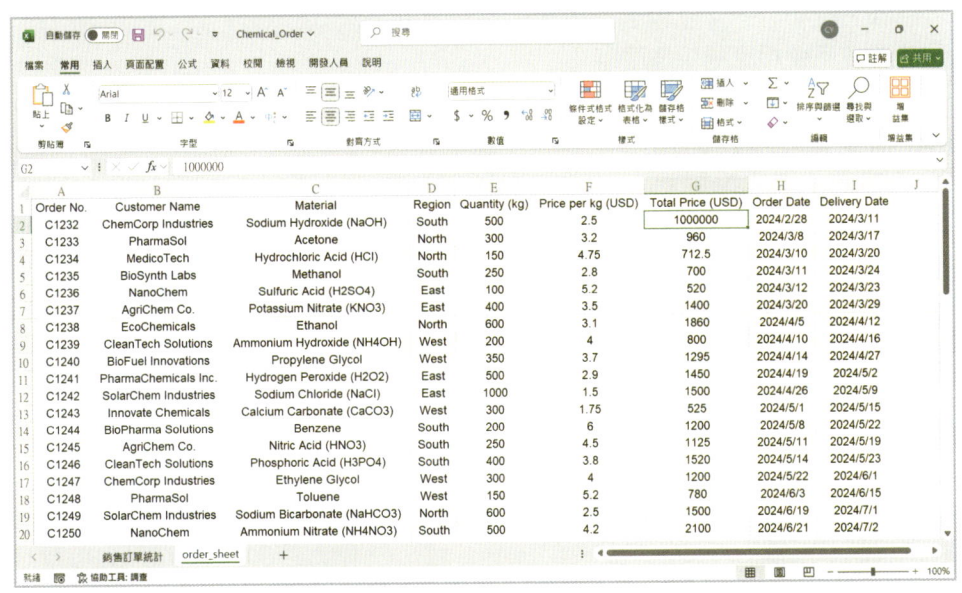

▲ 調整了 G2 資料。

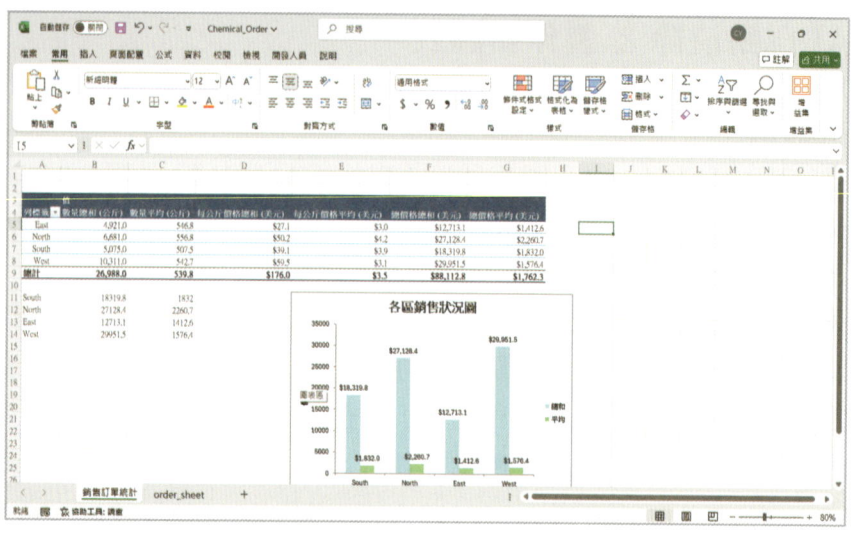

▲ 圖表不會相應更新怎麼辦？

🤖 AI 指令　P7-6（追問）

> 很好！我希望每次執行時，先清除之前的圖表，再重新製作

Step1 我們沿用剛剛修改的數字來執行程式，你會發現「South」的直條變得非常長，因為它是根據新數字（1,000,000）來生成圖表，這代表程式有成功清除舊圖表、製作新圖表。

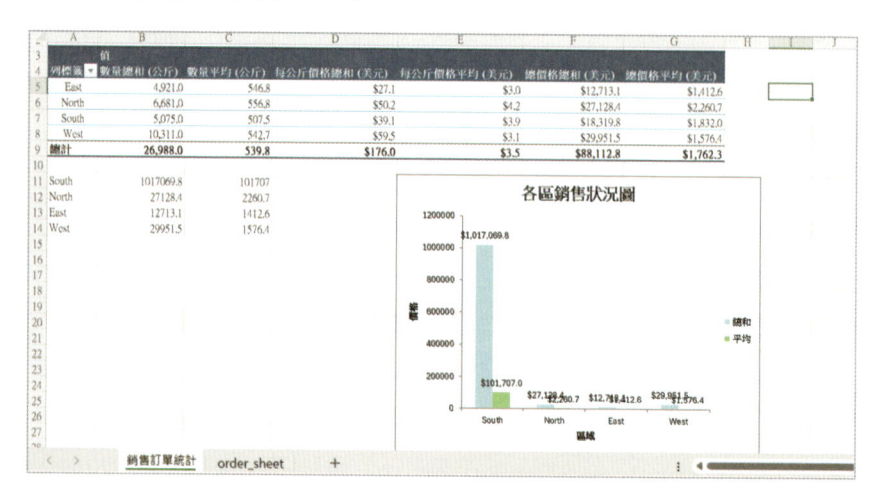

144

Step2 記得把 G2 的價格改回公式：=E2*F2，再跑一次程式，就能得到正確結果，同時清除上一個圖表囉！

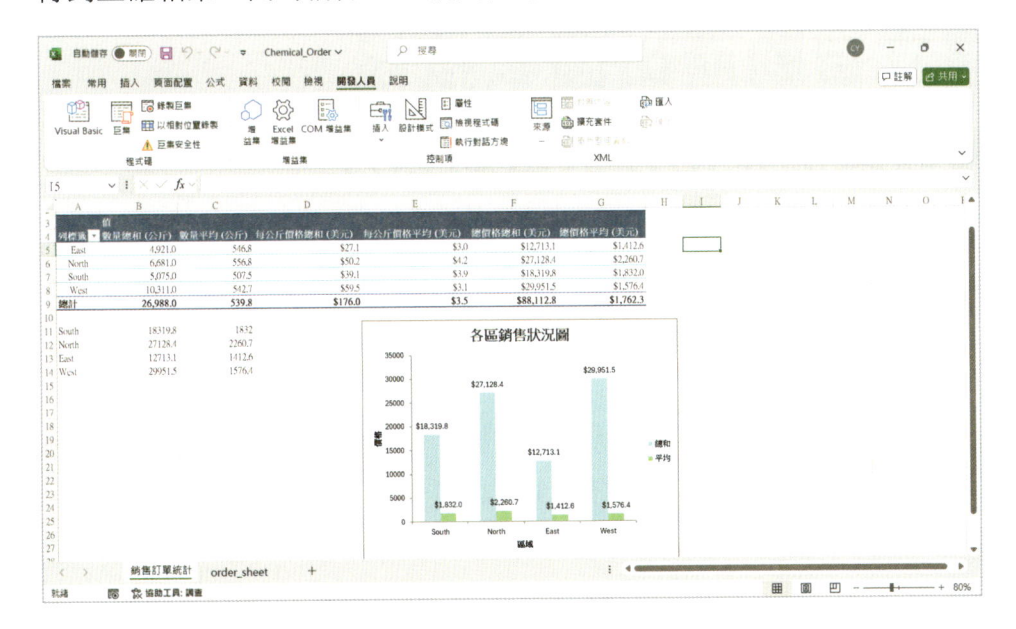

7-4

建立自動產出圖表按鈕
讓數據視覺化分析自動執行

➲ 製作自動化按鈕

💡 情境說明

　　如果每次要重新生成樞紐表和直條圖，都要到後台執行，這樣太麻煩了。我們直接在「銷售訂單統計」工作表製作兩個按鈕，點擊後就能自動執行程式！

Step1 點擊「插入」→「圖例」→「圖案」，任選一個喜歡的圖案。

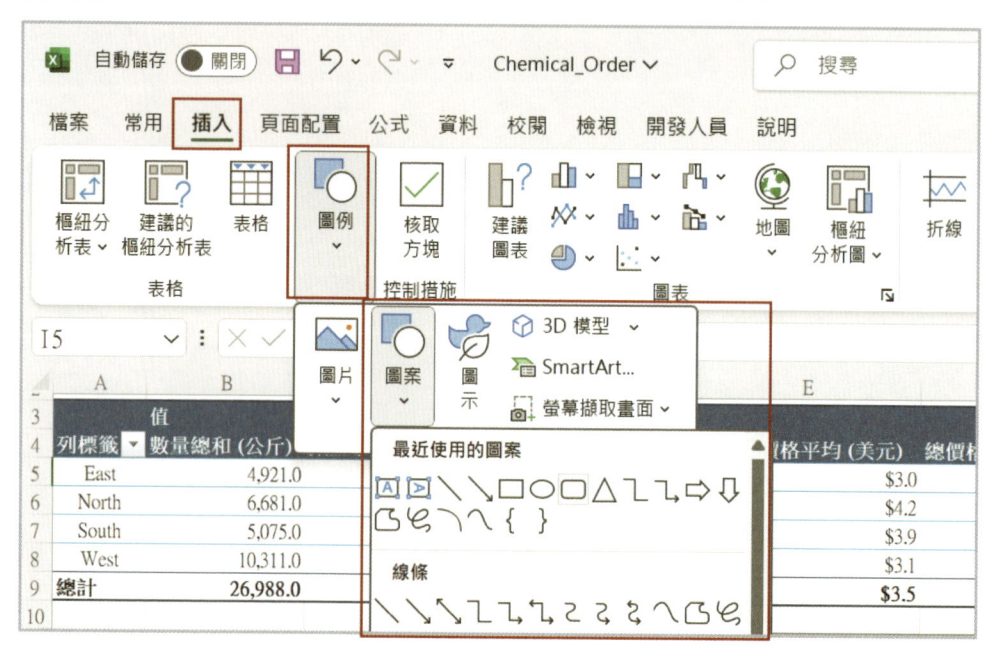

Step2 在樞紐表右邊拖移游標製作圖案。

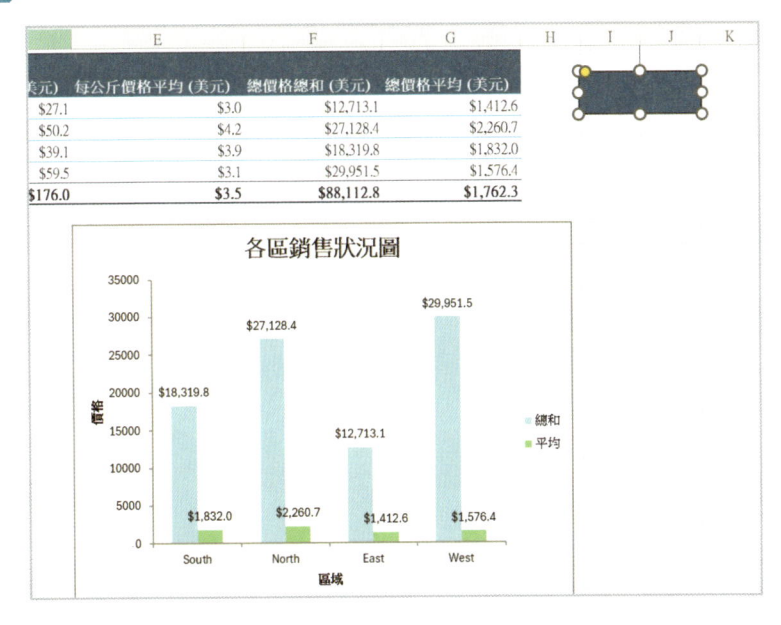

Step3 選取圖案後修改格式，例如填滿、外框等，調整成喜歡的格式即可。

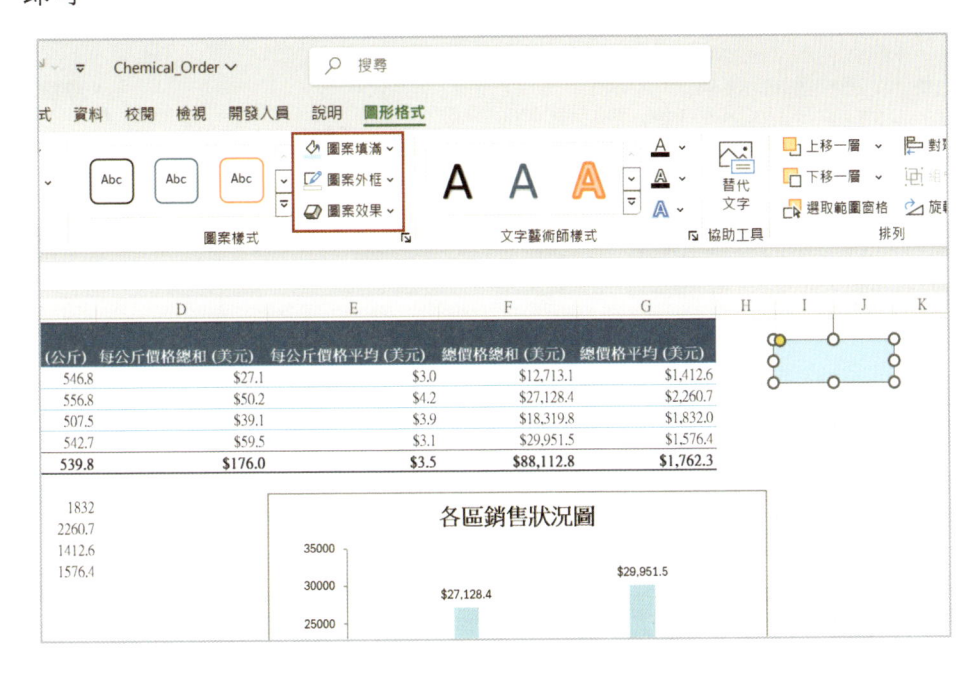

147

Step4 點擊「常用」→「置中對齊」和「置中」，文字顏色改為黑色。

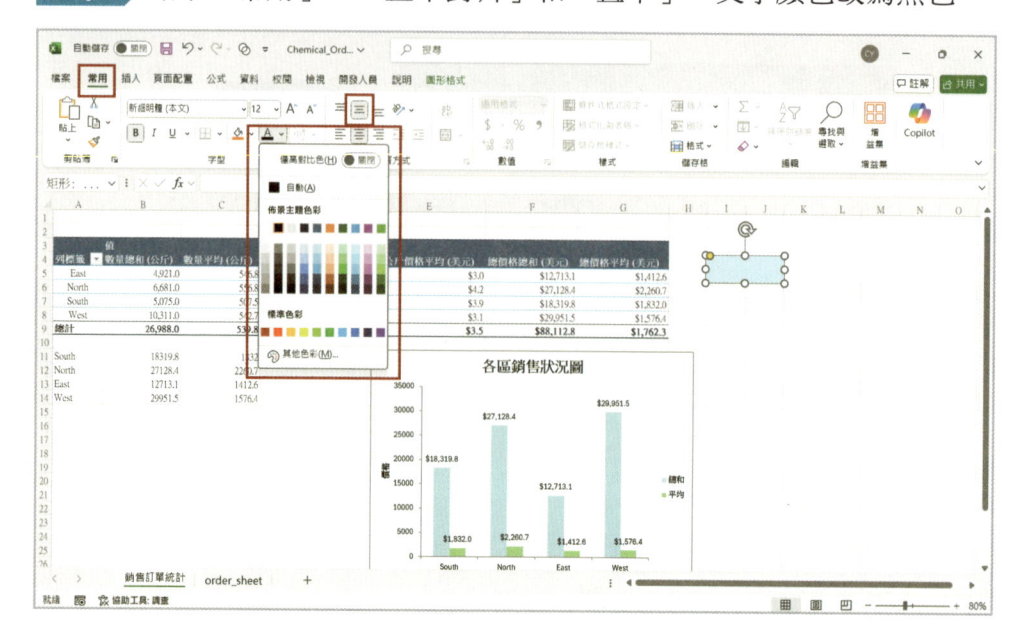

Step5 左鍵點擊圖案，同時按著 Ctrl 和 Shift 鍵往下拉圖案，複製一個新圖案。

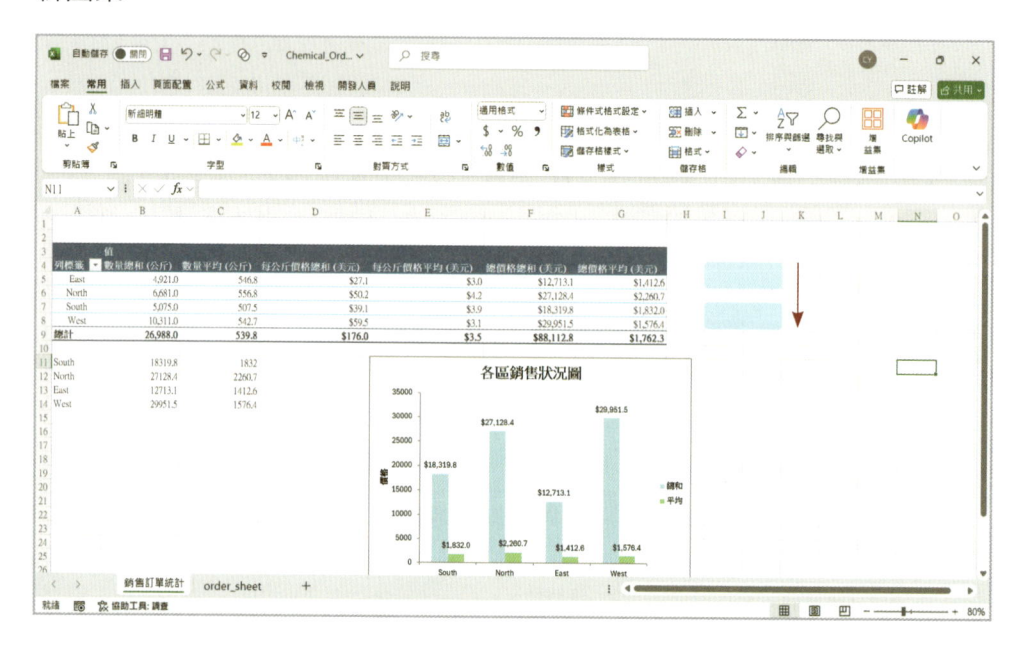

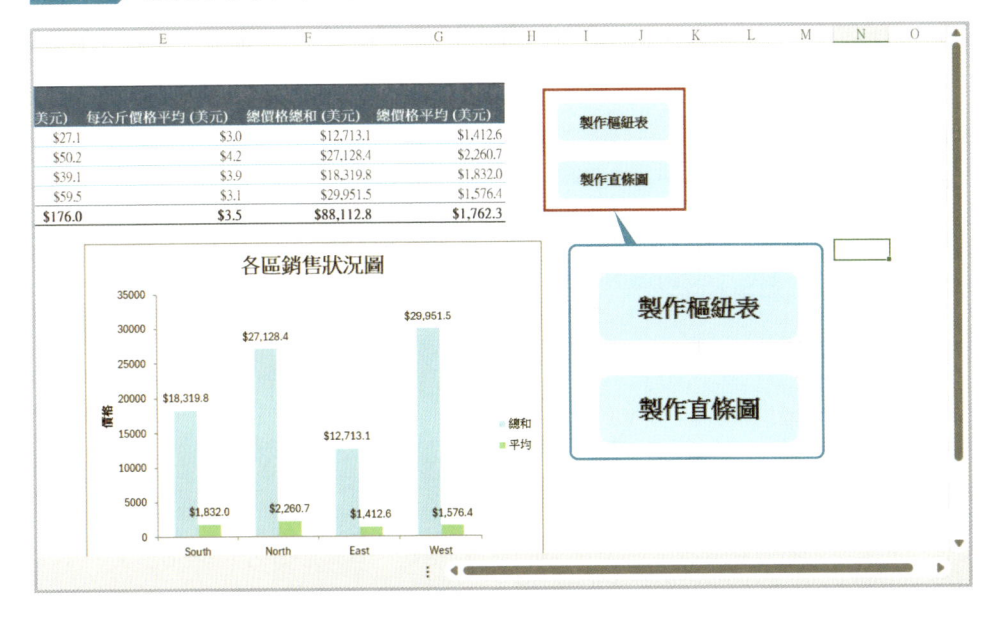

Step6 在兩個圖案中，分別打上程式功能名稱，方便辨識。

Step7 選取第一個圖案，點擊右鍵，點選「指定巨集」。

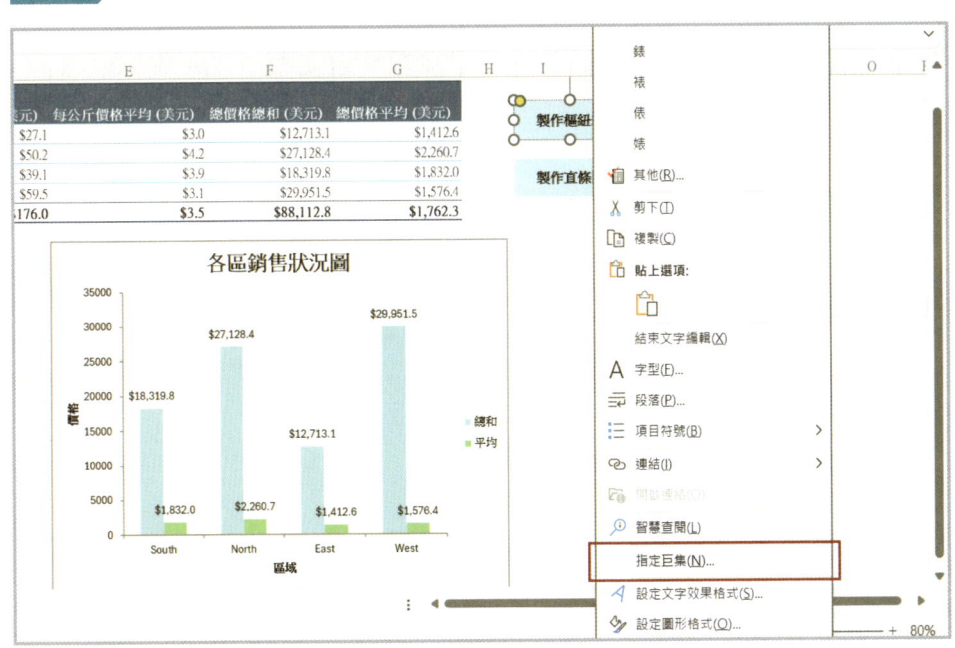

149

Step8 在視窗中選擇製作樞紐表的函數名稱「CreatePivotTable」，點擊確定。

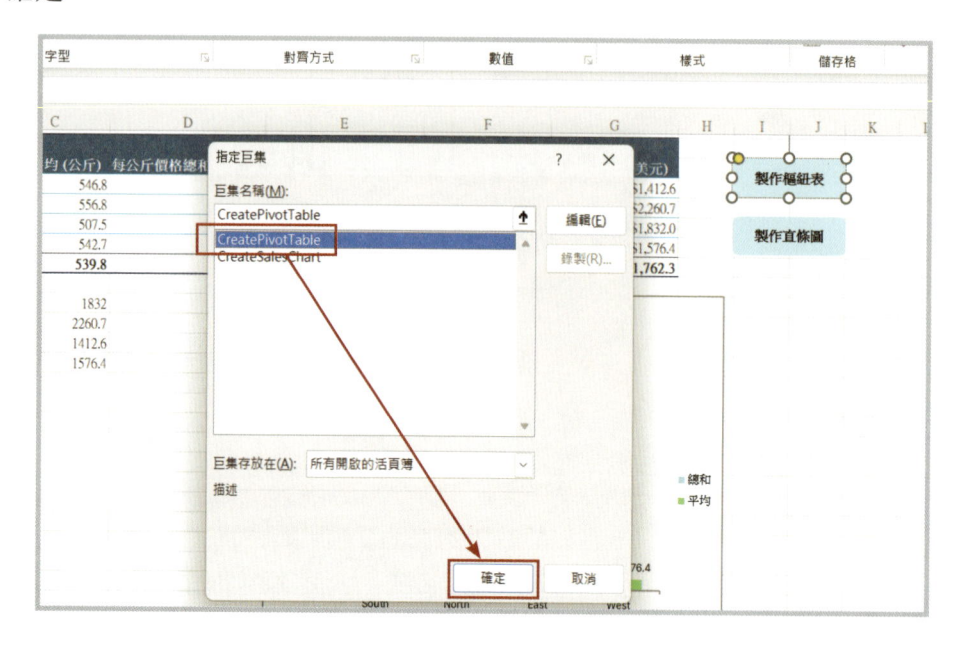

Step9 對第二個圖案重複第 7-8 步，這次選擇另一個函數名稱。

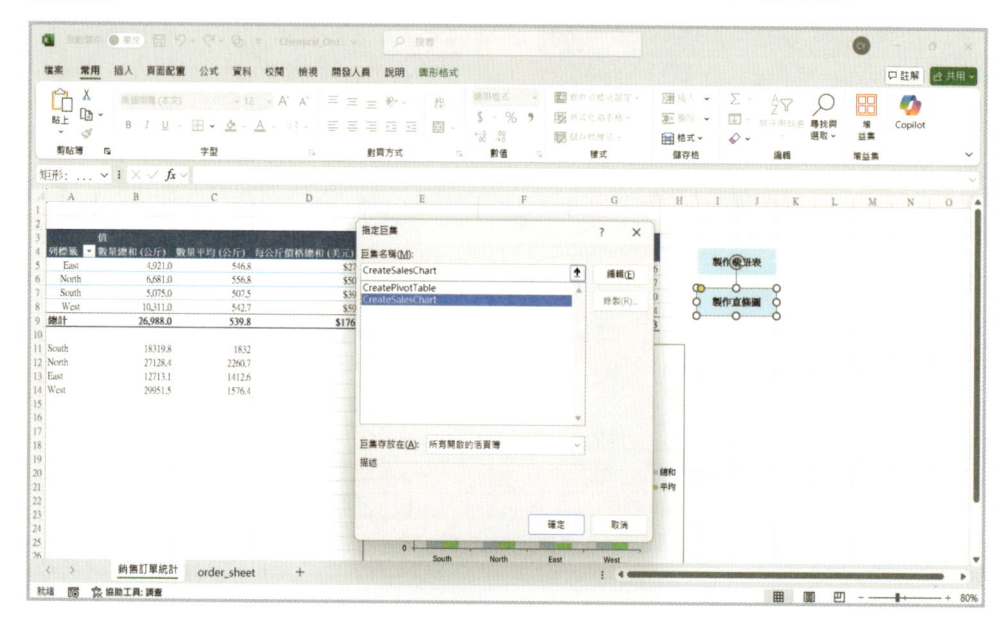

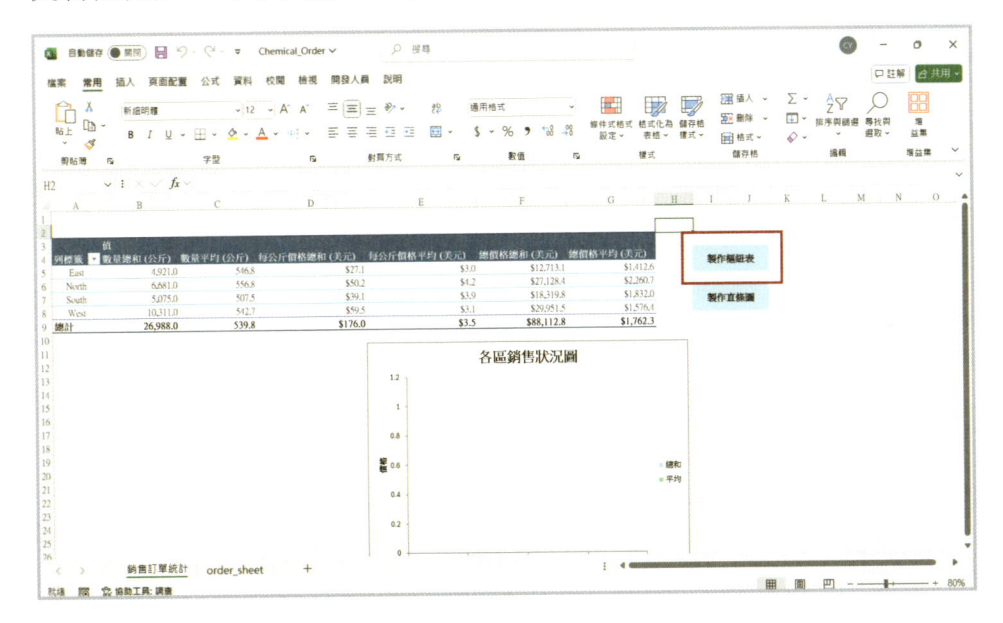

Step10 這樣以後只要原始資料有更新，點擊「製作樞紐表」按鈕就能更新樞紐表，同時會清空下方的表格和圖表。

Step11 再點擊「製作直條圖」按鈕，就能更新直條圖囉！

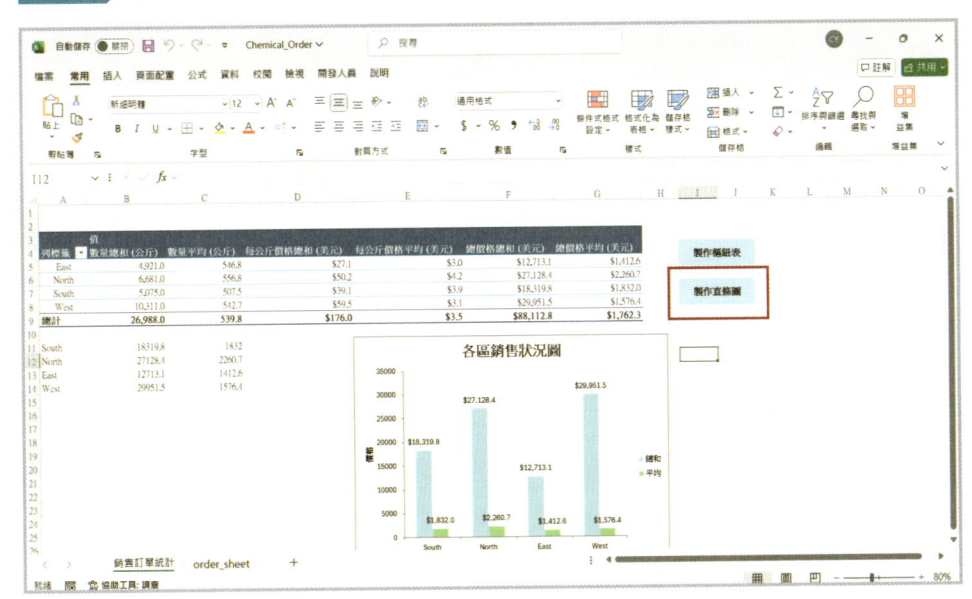

善用「FIRE 自動化決策架構」評估自動化需求

情境說明

樞紐分析表跟圖表都能手動完成，而且非常方便快速，因此也常有學員看到 VBA 製作樞紐表的案例時會問：「不是手動就好了嗎？」

要回答這個問題，可以參考〈第一章、AI 自動化全攻略〉介紹的「FIRE 自動化決策架構」，判斷製作樞紐表這項任務，對你來說是否符合「高頻、複雜、穩定」三大原則，並評估是否符合「總自動化時間＜總手動時間」標準。

這個案例最初來自一個科技大廠的學員，他們公司有導入 ERP，但是每次都需要下載上萬筆，而且有超過二十個欄位，每次製作樞紐表都非常麻煩。有了這些 VBA 程式後，他只要點擊按鈕，所有分析就自動完成！

對他來說，這個任務完全符合「FIRE 自動化決策架構」的所有標準，當然要自動化囉！

Chapter 8

VBA 打造專屬互動視窗：
快速查找、篩選、複製資料

實戰案例　訂單表交期根據你的需求自動提醒

　　本章會以「訂單表交期提醒」為案例，分享兩種 VBA 互動視窗／自訂表單功能，輔助你自動篩選和處理資料，並且能設定多種條件、特定格式，打造專屬的客製化互動介面。另外還會分享不同的程式觸發點，包含點擊執行、從圖案執行、開啟／關閉檔案時，讓你快速執行程式！

本章重點

適用對象	業務、財務、專案管理者，常需快速篩選不同任務時程和資料。
實戰教學	**8-1** AI 製作資料查找互動視窗　　**8-2** AI 指定日期回傳資料 **8-3** AI 製作可複製表單　　**8-4** AI 設定按鈕調整日期 **8-5** AI 自動彈出提醒視窗
效益	• 自動篩選資料：快速找到符合條件的數據並以視窗呈現。 • 增強互動性：透過自動彈出視窗與按鈕簡化操作，無需進入 VBA 編輯器進行調整。 • 提高工作效率：減少手動篩選和資料處理的時間，提升自動化水準。

獲取本章案例模板

案例模板檔案下載練習
https://chatgptaiwan.pse.is/vba08

AI 指令表、Excel VBA 程式碼複製
https://chatgptaiwan.pse.is/vbabook

特別說明：本書內圖文教學針對如何對 ChatGPT 下指令，若想獲得完整正確的 VBA 程式碼可透過上方檔案。

8-1

AI 製作資料查找互動視窗｜
一鍵回傳符合條件資料

啟欣是一家大型零售公司，部分訂單會使用 Excel 管理。他們需要一個互動的資料查找功能，能快速篩選交付日期超過今天的訂單，並在工作表中即時彈出一個視窗展示結果。

由於管理層經常需要不同日期的交付狀況，視窗還需要支援自訂日期查詢，並提供方便的複製功能，讓查詢結果能直接分享到郵件或報表中。

成果完成圖

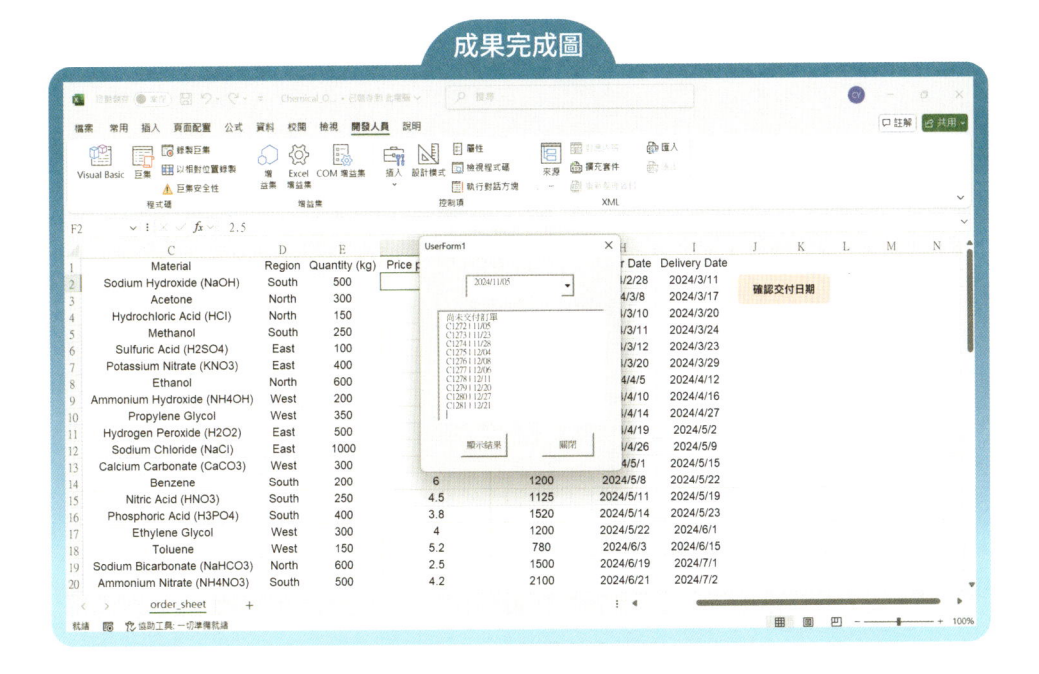

AI 製作資料查找視窗

情境說明

我們希望每次執行程式後，都能彈出一個視窗，回傳所有交付日期大於今天的訂單編號。

AI 指令　P8-1（新開聊天室）

扮演 VBA 大師，範圍 & 動作：回傳「order_sheet」工作表 I 欄
1 日期大於等於今天的 A 欄及 I 欄，日期格式如：2024/3/11 **2**
互動視窗：用視窗回傳 **3**

指令秘訣

1 清楚寫出工作表名稱及範圍。

2 透過 # 具體舉例，讓 AI 撰寫 VBA 時了解明確格式。

3 強調使用視窗回傳，ChatGPT 就會生成對應程式。

把 AI 生成的程式碼，貼上 VBA，執行程式後，工作表上就會彈出一個視窗，回傳所有日期大於等於今天的 A 欄和 I 欄！

（為了簡化重複的基本步驟，所以本章減少一樣的 VBA 基本操作畫面，想了解的朋友，可以參考 Ch6。）

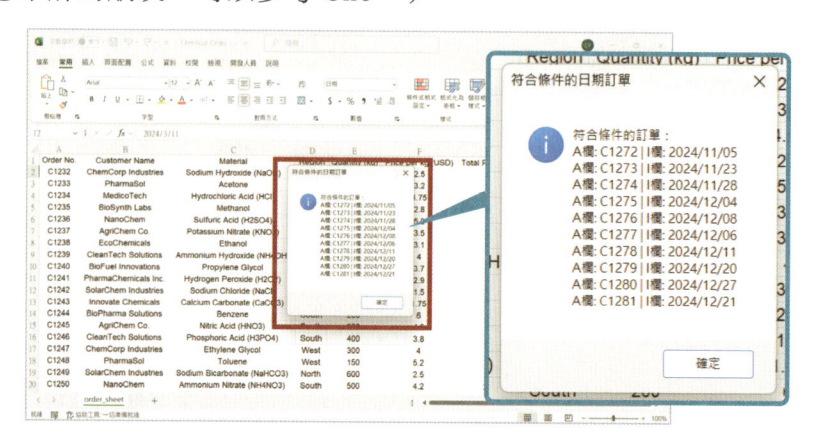

AI 優化視窗資料格式

情境說明
視窗中的資料顯示格式有點雜亂，我們希望修改格式，讓它更符合我們的需求。

AI 指令　P8-2（追問）

很好！**修改視窗中的資料格式**[1] 如下：
1. 視窗標題改為「交付檢查」
2. 「符合條件的訂單：」改為「尚未交付訂單」
3. 每一列改為「XXXXX | mm/dd」[2]

指令秘訣
[1] 只要是視窗上的文字，例如標題和內文，都可以寫程式來修改。
[2] 運用 # 具體舉例來優化格式時，不一定要寫出確切編號和日期資料。

執行程式後，就順利改為更符合需求的格式囉！

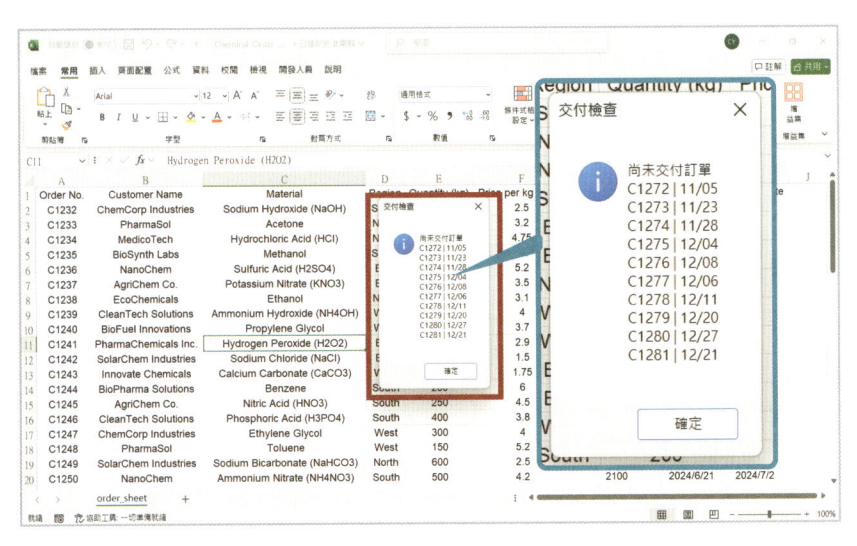

8-2

AI 指定日期回傳資料｜
改過濾條件不用重寫 VBA

💡 情境說明

前面的情境都是直接指定條件為「大於等於今天」，但我們希望能增加一個「自訂日期」的選項，這樣就不用每次都到 VBA 編輯器修改日期。

🤖 AI 指令　P8-3（追問）

> 彈出視窗後，先問我「今天」還是「指定日期」兩個選項[1]
> 若選擇「今天」，回傳大於等於今天的訂單
> 若選擇「指定日期」，讓我輸入特定日期後回傳大於等於該日的訂單，格式如 mm/dd

💡 指令秘訣

[1] 指令中保留「今天」的選項，並另有指定日期的選項。

Step1 執行程式後會彈出一個視窗，詢問是否要指定日期。

Step2 點擊「否」後，輸入符合格式的日期條件，例如2024/10/15。（指令中沒有寫到年分，ChatGPT 仍在 VBA 視窗中加入年分；若需要修改也可繼續追問。）

Step3 輸入日期後點擊確定，就會顯示所有「大於等於該日期」的訂單囉！

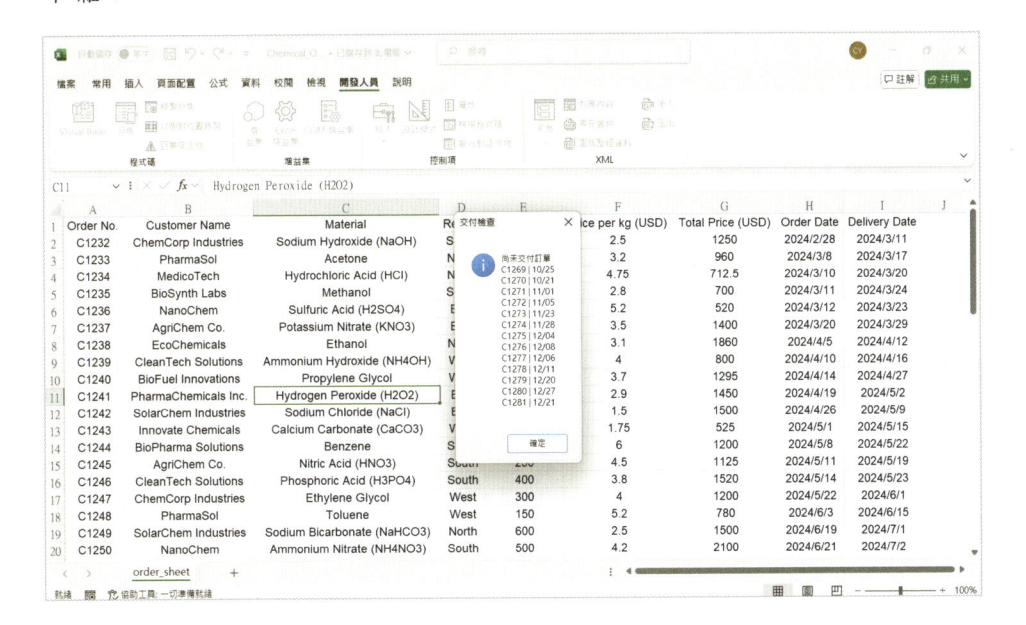

159

8-3

AI 製作可複製表單 ︳
快速剪貼過濾後資料

💡 情境說明

　　視窗內的文字無法被複製，如果要傳給其他同仁看，就要再次回到工作表中篩選資料再複製，非常麻煩。

🤖 AI 指令　P8-3（追問）

> 很好！我希望彈出的視窗文字能直接複製，使用 自訂表單[1] 功能完成

💡 指令秘訣

[1] 直接在指令中指定要用「自訂表單」的功能，不然 ChatGPT 容易失誤，生成程式製作出的視窗，常常還是無法複製文字；ChatGPT 也可能另外建立一個工作表放入資料，讓我們自行複製，這些都不是我們要的功能。

　　自訂表單功能需要手動操作，ChatGPT 會非常貼心地列出詳細步驟，我們就跟著它的指示完成吧！

步驟：
1. 建立 UserForm：
   - 在 VBA 編輯器中（Alt + F11），插入一個新的 UserForm（Insert > UserForm）。
   - 命名該 UserForm 為 UserFormResults。
   - 新增一個 TextBox 控件，將其命名為 txtResults，設置 MultiLine 屬性為 True 並將 Locked 設置為 False 以允許複製。
   - 新增一個 CommandButton，命名為 btnClose，標籤為「關閉」。
2. 程式碼實作：
   - 在標準模組中撰寫程式碼，將搜尋結果顯示在 UserForm 中。

Step1 插入自訂表單（Userform）。

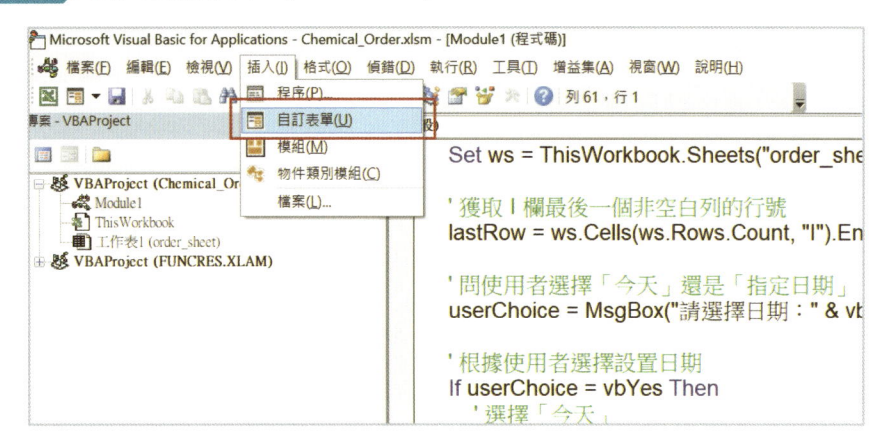

Step2 在左下角的屬性視窗中，把表單名稱改為 UserFormResults（依照 ChatGPT 給你的指示修改名稱）。

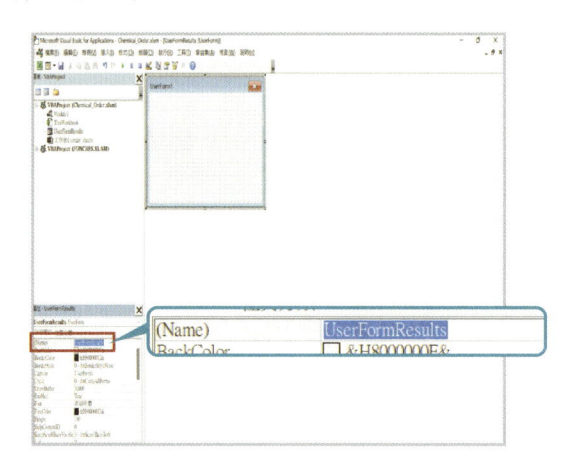

Step3 點選表單視窗，會再次彈出「工具箱」，選擇上排第三個「文字方塊」（TextBox）。

Step4 並在自訂表單中拖移至適當大小。

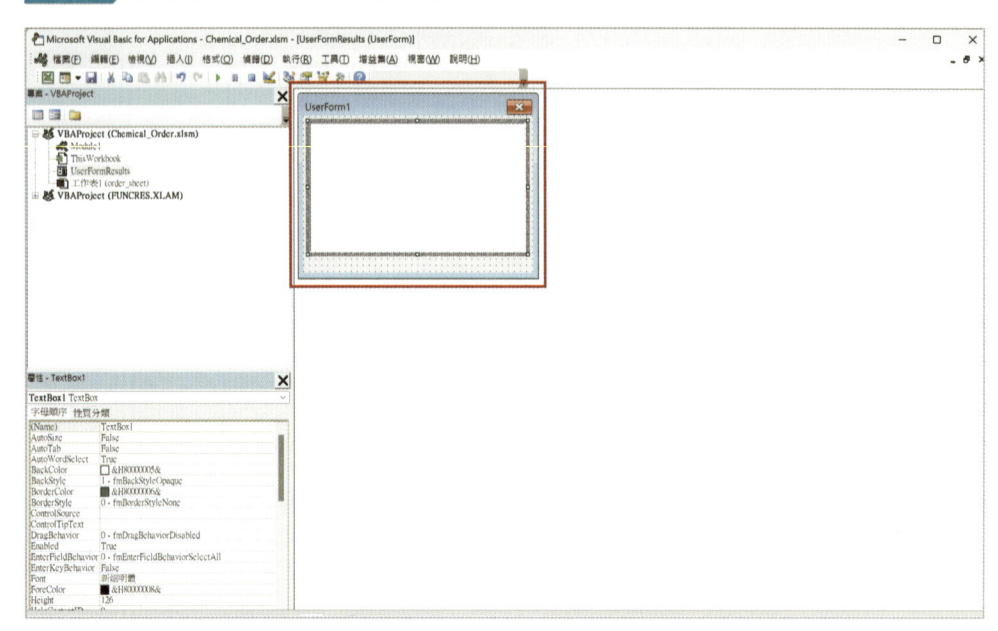

Step5 在左下角「屬性視窗」中，將「MultiLine」屬性改為 True，再把「Locked」屬性設置為 False。

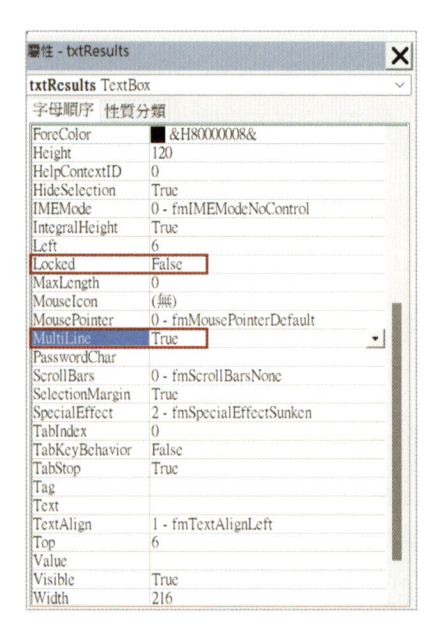

Step6 選擇「工具箱」第二排第二個「命令按鈕」（CommandButton），在自訂表單中拖移至適當大小。

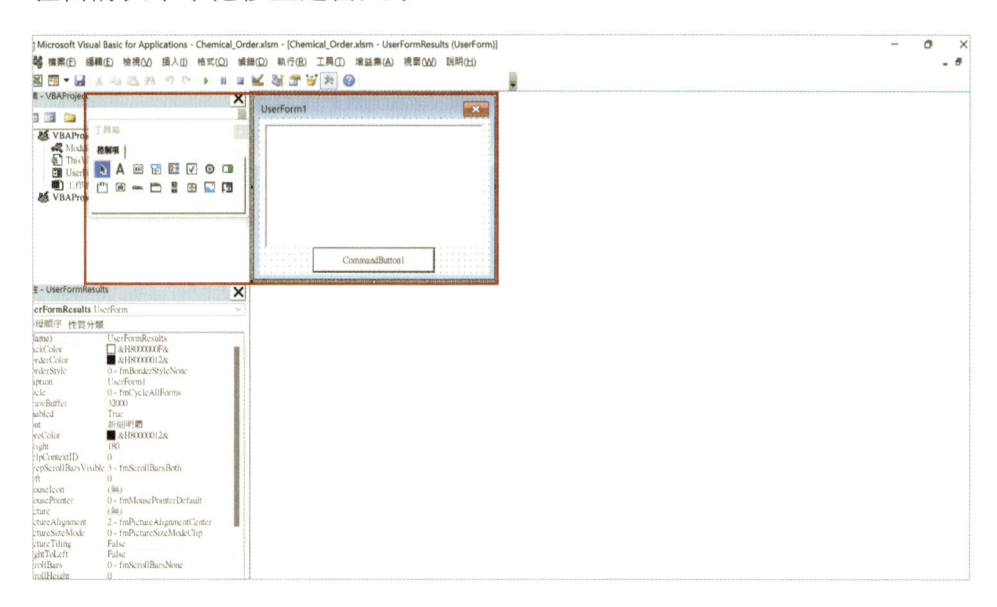

Step7 點擊按鈕中的文字一次，將文字標籤改為「關閉」，或在左下角屬性視窗的「Caption」中修改，另外也將按鈕名稱改為「btnClose」（依照 ChatGPT 給你的指示修改名稱）。

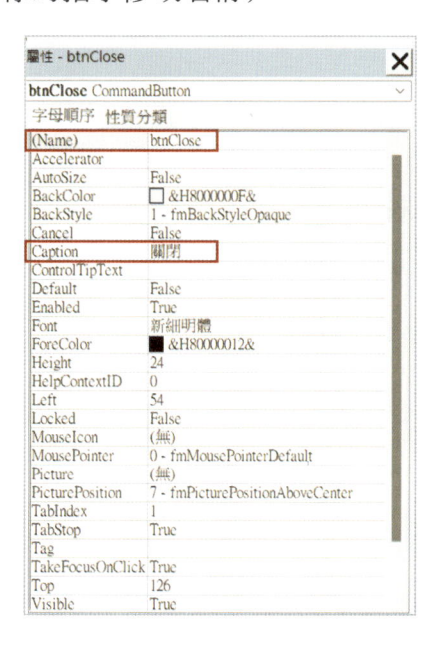

Step8 雙擊「專案總管」中的 Module1 →回到原本的程式視窗→貼上 ChatGPT 新生成的程式。

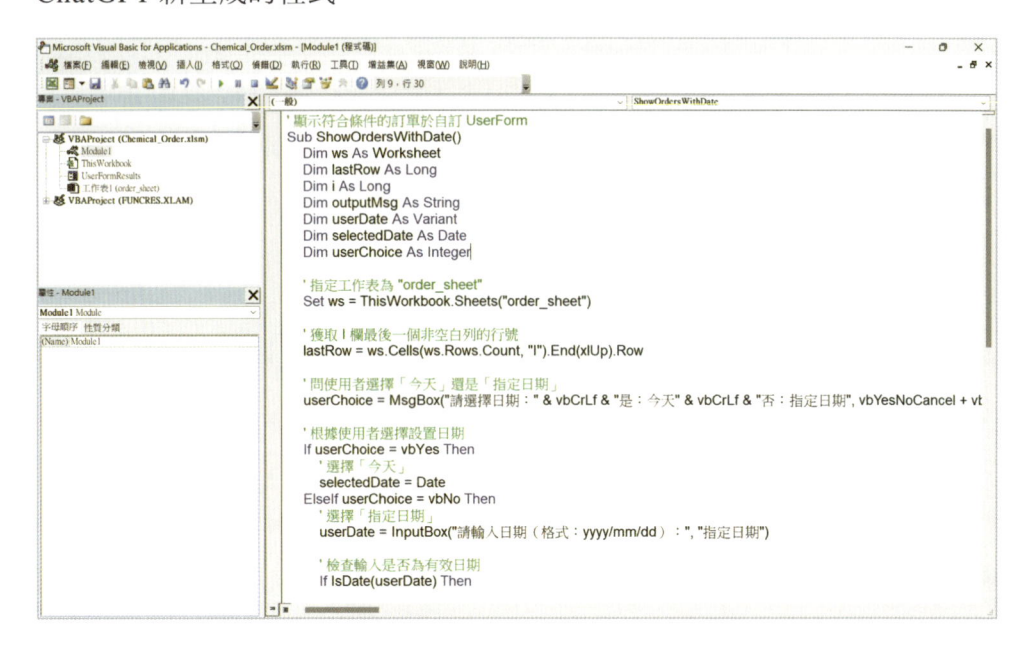

```vba
' 顯示符合條件的訂單於自訂 UserForm
Sub ShowOrdersWithDate()
    Dim ws As Worksheet
    Dim lastRow As Long
    Dim i As Long
    Dim outputMsg As String
    Dim userDate As Variant
    Dim selectedDate As Date
    Dim userChoice As Integer
    
    ' 指定工作表為 "order_sheet"
    Set ws = ThisWorkbook.Sheets("order_sheet")
    
    ' 獲取 I 欄最後一個非空白列的行號
    lastRow = ws.Cells(ws.Rows.Count, "I").End(xlUp).Row
    
    ' 問使用者選擇「今天」還是「指定日期」
    userChoice = MsgBox("請選擇日期：" & vbCrLf & "是：今天" & vbCrLf & "否：指定日期", vbYesNoCancel + vt
    
    ' 根據使用者選擇設置日期
    If userChoice = vbYes Then
        ' 選擇「今天」
        selectedDate = Date
    ElseIf userChoice = vbNo Then
        ' 選擇「指定日期」
        userDate = InputBox("請輸入日期（格式：yyyy/mm/dd）：", "指定日期")
        
        ' 檢查輸入是否為有效日期
        If IsDate(userDate) Then
```

Step9 依照 ChatGPT 指示完成以上步驟後，在 ChatGPT 聊天室繼續往下滑，你會看到另一段指示提到「在 UserFormResults 的程式碼區添加以下代碼……」，而且程式是 Private Sub 開頭，就代表不是要貼到一般模組中。

UserForm 控件代碼：

在 `UserFormResults` 的程式碼區中添加以下代碼來實現關閉按鈕功能：

```vba
Private Sub btnClose_Click()
    Unload Me
End Sub
```

Step10 雙擊「專案總管」的 UserFormResults 回到自訂表單→雙擊「命令按鈕」圖形進入程式視窗→貼上 ChatGPT 提供的程式。

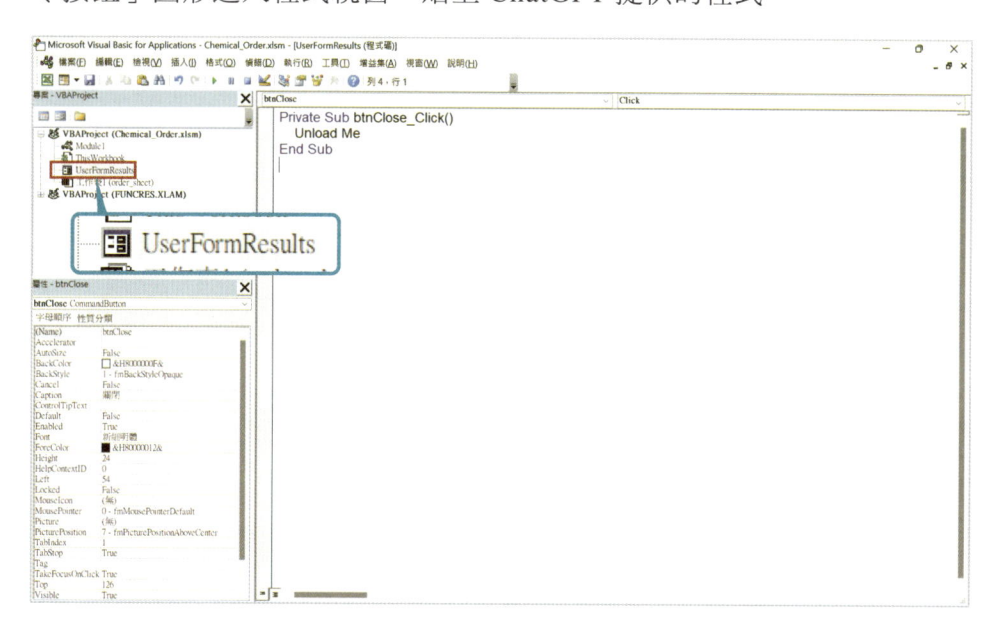

Step11 雙擊回到原本的 Module1，執行程式後，同樣會彈出視窗詢問日期條件。（不要在自訂表單中執行程式）

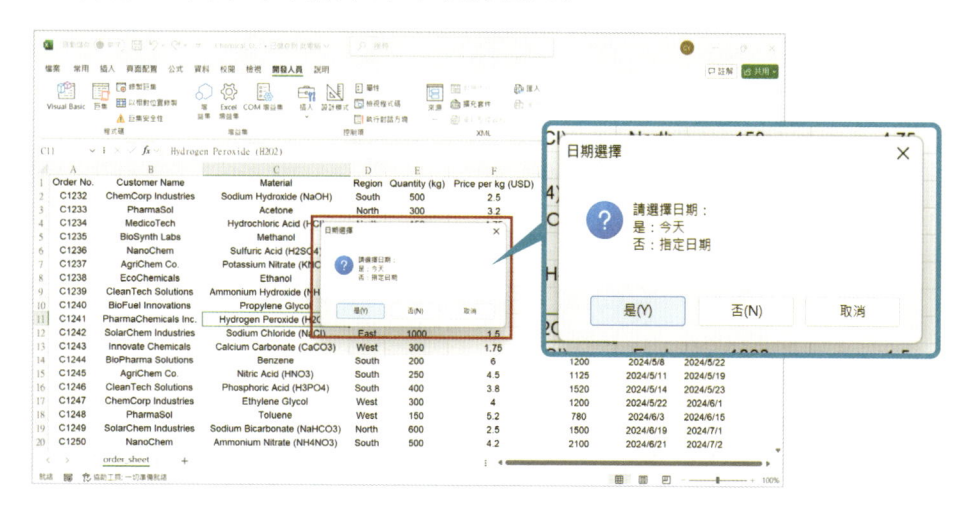

Step12 輸入日期並完成篩選後，視窗文字就能被複製囉！

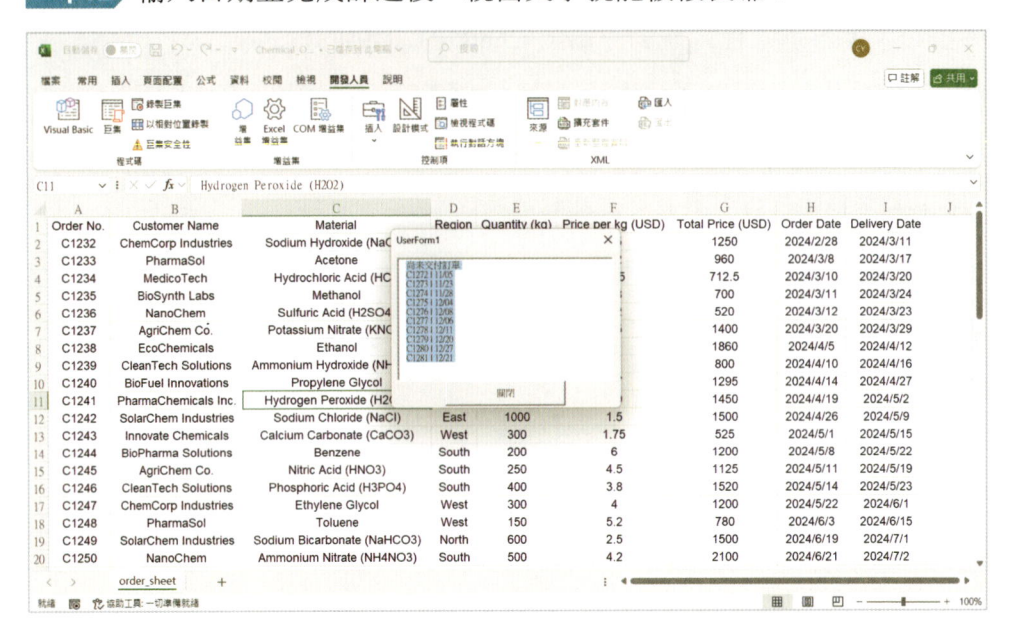

8-4

AI 設定按鈕調整日期
讓互動輸入操作更便利

🔄 AI 設定下拉日期選單

💡 情境說明

我們希望把原本的互動視窗做得更完整，加入一個下拉選單，讓我們能手動選擇日期，省下輸入文字的麻煩。

🤖 AI 指令 P8-5（追問）

> 很好！[1] 我希望日期條件能用選項來讓我選擇，==包含今天以前和以後 14 天的所有日期==[2]，這樣就不用輸入文字

💡 指令秘訣

[1] 下拉選單同樣需要用到「自訂表單」功能，不過因為上一個指令已經提過，追問指令可不用再提。

[2] 選單不需要提供一整年的日期，只要有前後 14 天日期的選項即可。

ChatGPT 同樣會提供完整的操作步驟，我們依序完成。

步驟：
1. 建立 UserForm：
   - 在 VBA 編輯器中，建立一個 UserForm，命名為 UserFormResults。
   - 添加一個 ComboBox 控件，命名為 cmbDatePicker。
   - 添加一個 TextBox 控件，命名為 txtResults，設置 MultiLine 為 True 並 Locked 為 False。
   - 添加一個 CommandButton，命名為 btnShowResults，標籤為「顯示結果」。
   - 添加另一個 CommandButton，命名為 btnClose，標籤為「關閉」。

Step1 在原本的自訂表單中,調整版面,並插入工具箱上排第四個的「下拉式方塊」(ComboBox)。

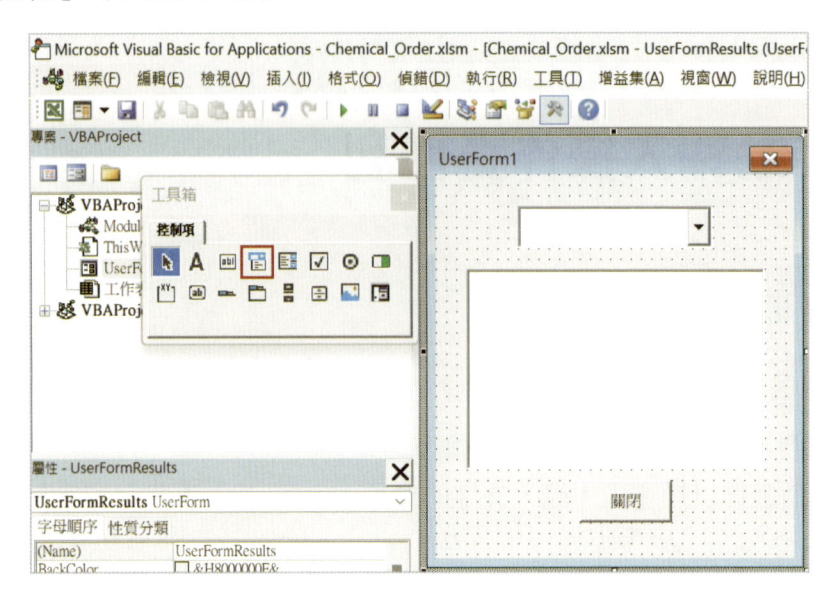

Step2 插入「命令按鈕」(CommandButton),命名為 btnShowResults,標籤文字(Caption)改為「顯示結果」。

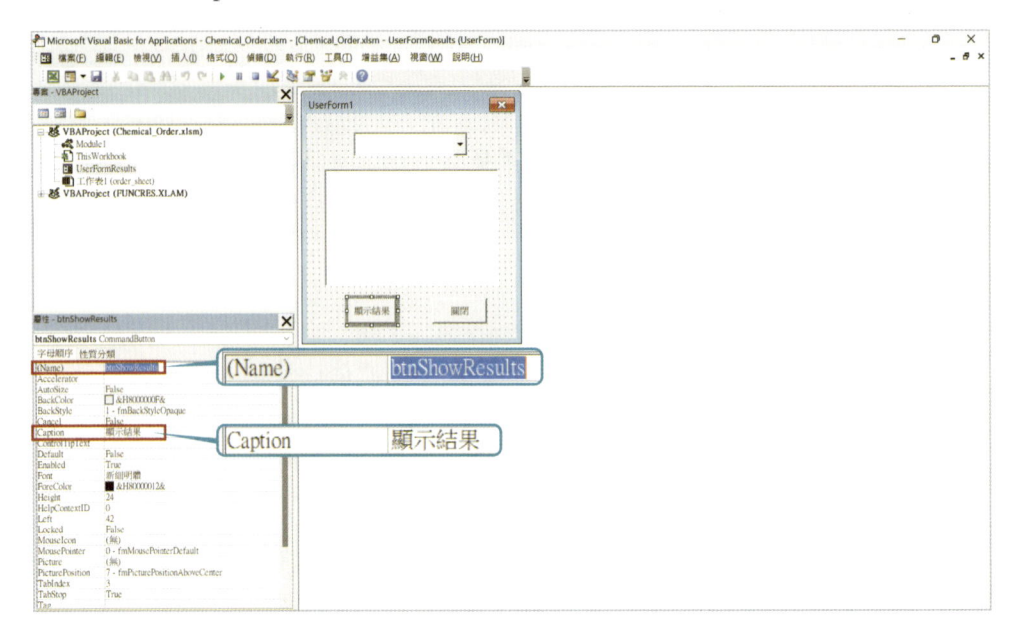

Step3 雙擊表單視窗，貼上 ChatGPT 生成的程式。

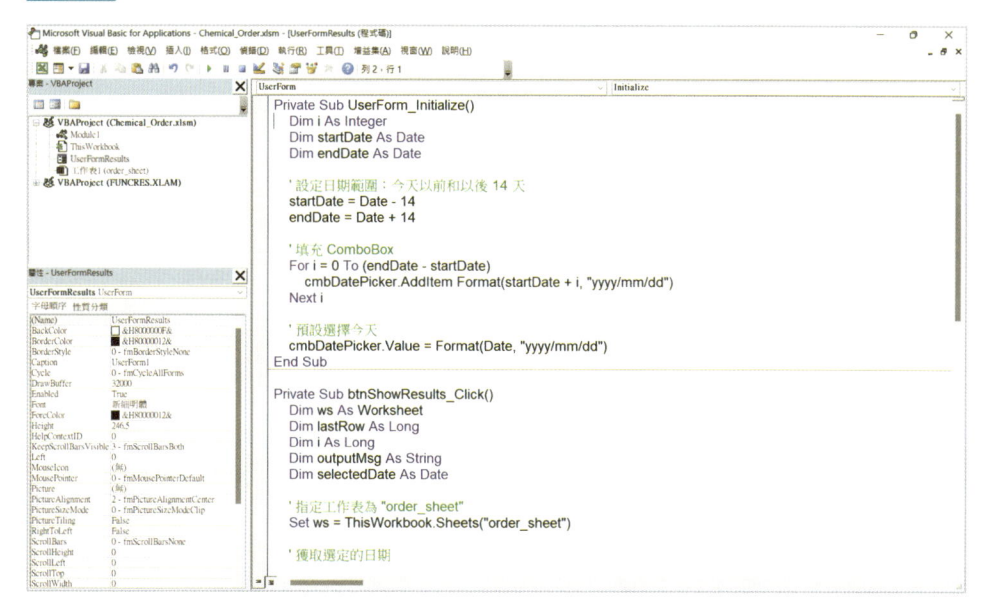

```vba
Private Sub UserForm_Initialize()
    Dim i As Integer
    Dim startDate As Date
    Dim endDate As Date
    
    ' 設定日期範圍：今天以前和以後 14 天
    startDate = Date - 14
    endDate = Date + 14
    
    ' 填充 ComboBox
    For i = 0 To (endDate - startDate)
        cmbDatePicker.AddItem Format(startDate + i, "yyyy/mm/dd")
    Next i
    
    ' 預設選擇今天
    cmbDatePicker.Value = Format(Date, "yyyy/mm/dd")
End Sub

Private Sub btnShowResults_Click()
    Dim ws As Worksheet
    Dim lastRow As Long
    Dim i As Long
    Dim outputMsg As String
    Dim selectedDate As Date
    
    ' 指定工作表為 "order_sheet"
    Set ws = ThisWorkbook.Sheets("order_sheet")
    
    ' 獲取選定的日期
```

Step4 執行程式後，互動視窗中就會包含下拉選單。

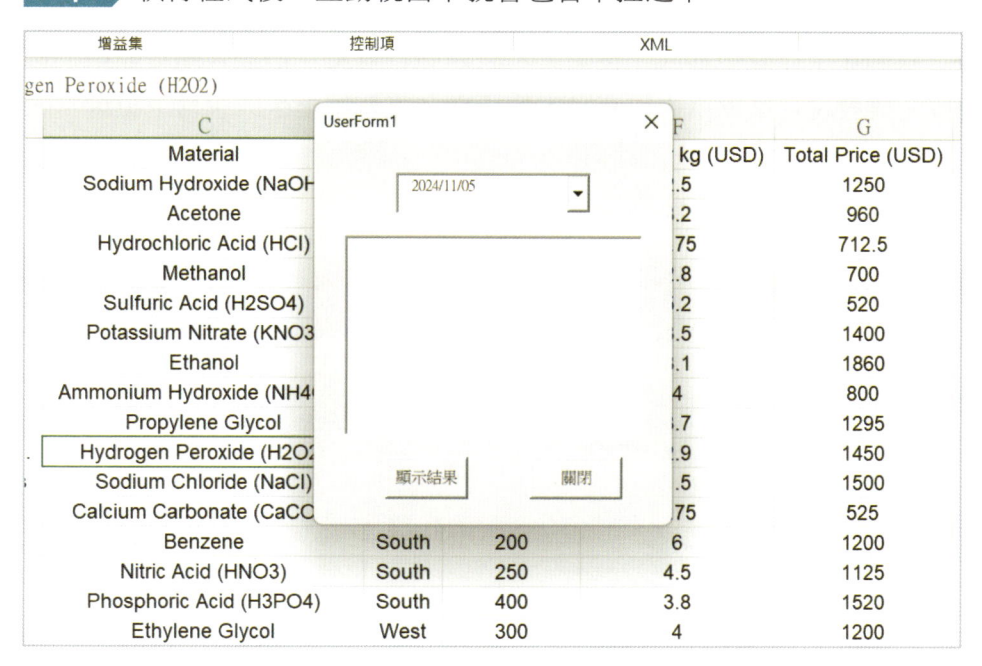

Material			kg (USD)	Total Price (USD)
Sodium Hydroxide (NaOH)	2024/11/05		.5	1250
Acetone			.2	960
Hydrochloric Acid (HCl)			75	712.5
Methanol			.8	700
Sulfuric Acid (H2SO4)			.2	520
Potassium Nitrate (KNO3)			.5	1400
Ethanol			.1	1860
Ammonium Hydroxide (NH4)			4	800
Propylene Glycol			.7	1295
Hydrogen Peroxide (H2O2)	顯示結果	關閉	.9	1450
Sodium Chloride (NaCl)			.5	1500
Calcium Carbonate (CaCO)			75	525
Benzene	South	200	6	1200
Nitric Acid (HNO3)	South	250	4.5	1125
Phosphoric Acid (H3PO4)	South	400	3.8	1520
Ethylene Glycol	West	300	4	1200

169

Step5 選擇日期後,再點擊「顯示結果」,就會顯示特定日期後的訂單囉!

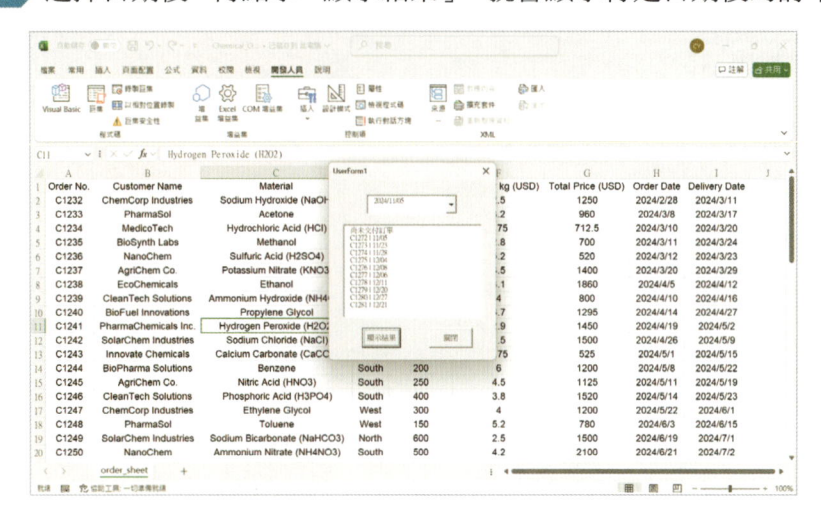

AI 從圖案執行巨集

情境說明

我們在工作表中插入一個圖案,方便執行巨集;但插入圖案並指定巨集後,會發現巨集選單中只有原本的函數,沒有剛剛生成包含下拉選單的函數。我們不清楚原因,因此追問 ChatGPT(從圖案執行巨集的詳細做法,請參考〈Ch5 VBA 新手功能大全〉)

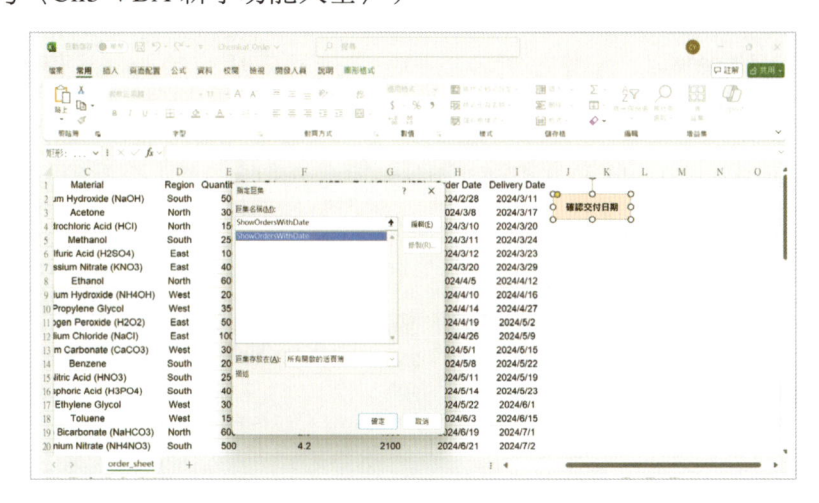

170

AI 指令　P8-6（追問）

> 我想指定巨集，但圖案的指定巨集選項中沒有這個函數

ChatGPT 先說明了原因：自訂表單中是 Private 函數，無法直接被指定巨集；接著提供詳細作法和程式。

> 當您嘗試將圖案指派到巨集時，可能出現無法在選項中看到特定函數的情況。這通常是因為該函數定義在 `UserForm` 裡或它是 `Private` 函數。要解決此問題，您需要將用於顯示 `UserForm` 的子程序寫在標準模組中，然後指定該子程序作為圖案的巨集。
>
> **步驟：**
>
> 1. **新增標準模組：**
>   - 在 VBA 編輯器中（Alt + F11），選擇 `Insert > Module`，並插入一個新的模組（例如，`Module1`）。
> 2. **在模組中建立公開的子程序：**
>   - 將用於顯示 `UserForm` 的子程序定義 ↓ 開，這樣在 Excel 中的「指定巨集」選項中就可以

我們跟著 ChatGPT 教我們的步驟，一步一步處理。

> **程式碼範例：**
>
> ```vba
> Public Sub ShowUserFormResults()
>     ' 顯示 UserForm
>     UserFormResults.Show
> End Sub
> ```
>
> **設定圖案的巨集：**
>
> 1. 回到 Excel 工作表。
> 2. 右鍵點擊圖案，選擇「指定巨集」。　↓

Step1 插入新模組，並貼上程式。

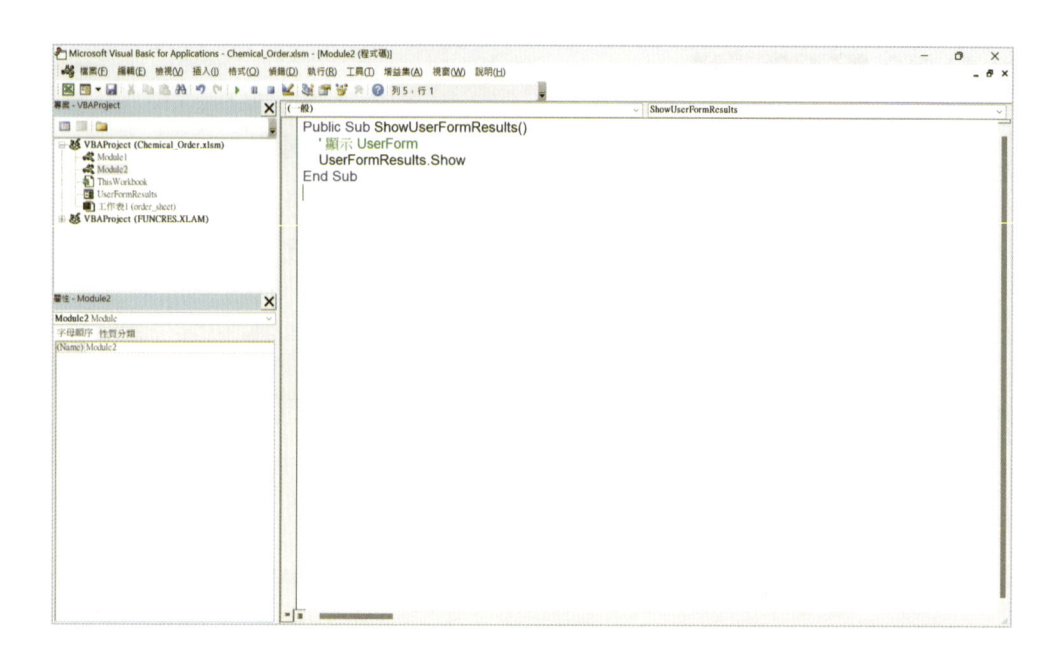

Step2 回到工作表中，再次對圖案點擊右鍵→指定巨集。

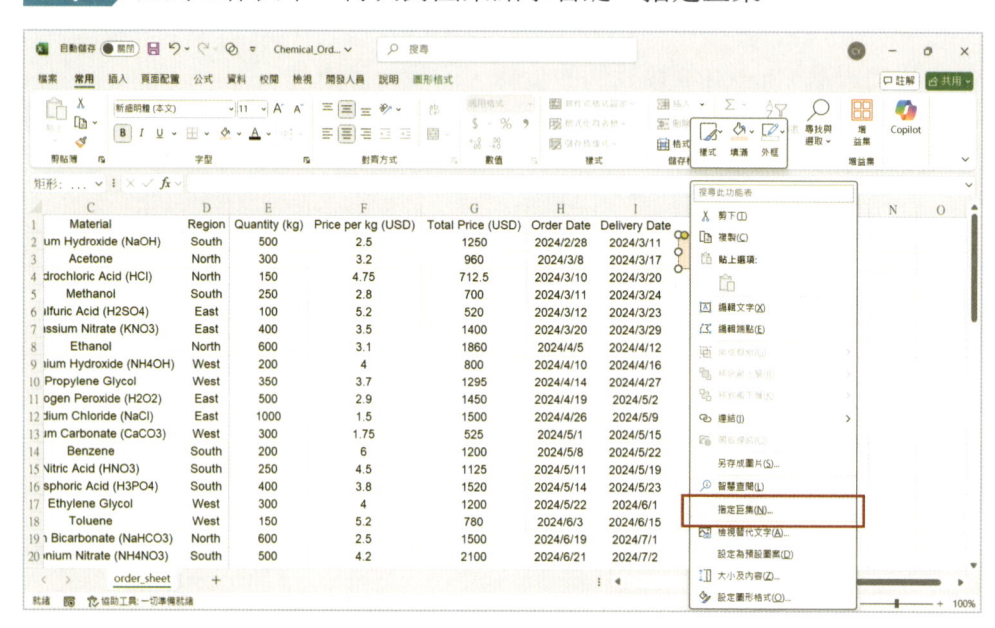

Step3 點選「ShowUserFormResults」函數→點擊確定。

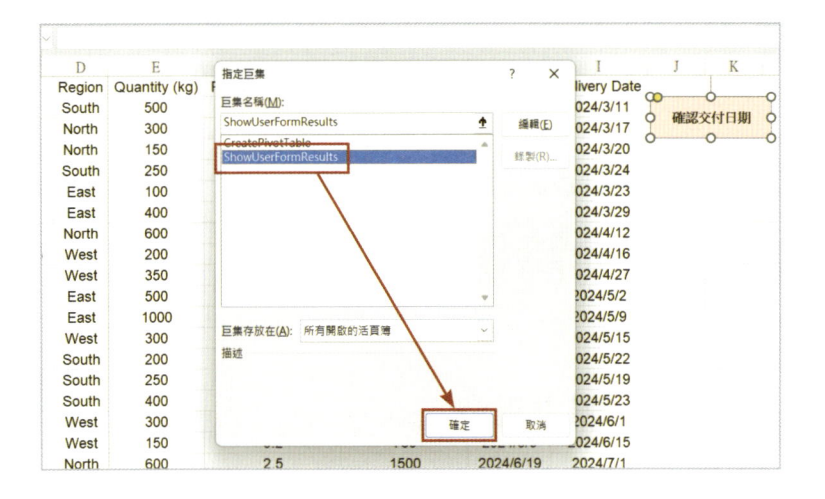

Step4 點擊圖案，就能直接執行程式囉！

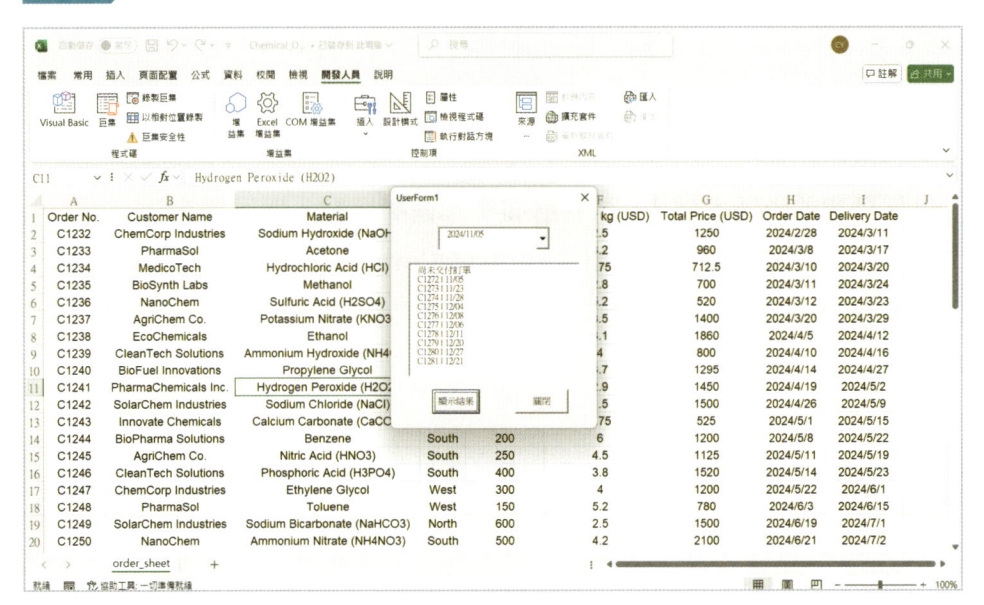

8-5

AI 自動彈出提醒視窗｜
省下自己手動篩選資料時間

▶ AI 檔案開啟後彈出視窗

💬 情境說明

　　我們希望能在開啟檔案後，自動彈出視窗列出大於等於今天的訂單，也就是執行本章第一個函數：Module1 的「ShowOrdersWithDate」。

🤖 AI 指令 P8-7（追問）

> 以下是我的函數名稱[1]，幫我增加[2]一個觸發點「開啟檔案時」
> （貼上函數名稱即可，例如：ShowOrdersWithDate）

💡 指令秘訣

[1] 雖然本章的指令都在同一聊天室，但因為已有多次對話，為避免 ChatGPT 搞錯程式，直接貼上完整函數名稱是最好的做法。

[2] 這邊強調是「增加」一個觸發點，而非設定開啟檔案為「唯一觸發點」，這樣還是能透過執行原本的函數來觸發。

　　觸發點設為「開啟檔案」時，跟直接插入模組、貼上程式的做法不同，函數開頭則是「Private Sub」，因此 ChatGPT 會特別說明操作步驟。

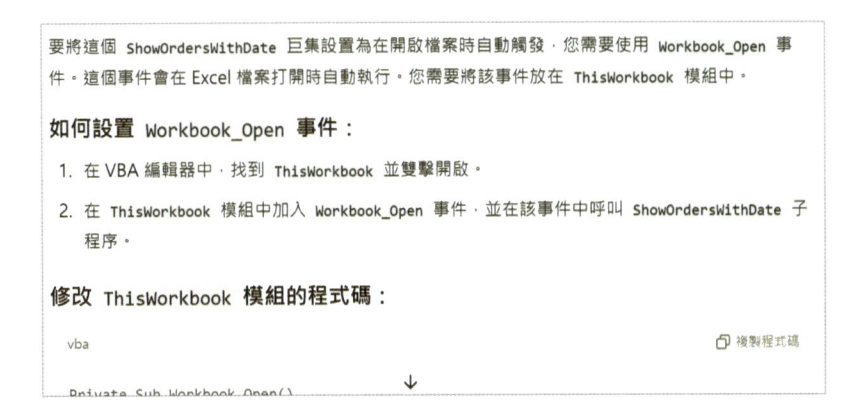

要將這個 `ShowOrdersWithDate` 巨集設置為在開啟檔案時自動觸發，您需要使用 `Workbook_Open` 事件。這個事件會在 Excel 檔案打開時自動執行。您需要將該事件放在 `ThisWorkbook` 模組中。

如何設置 `Workbook_Open` 事件：

1. 在 VBA 編輯器中，找到 `ThisWorkbook` 並雙擊開啟。
2. 在 `ThisWorkbook` 模組中加入 `Workbook_Open` 事件，並在該事件中呼叫 `ShowOrdersWithDate` 子程序。

修改 `ThisWorkbook` 模組的程式碼：

```vba
Private Sub Workbook_Open()
```

Step1 雙擊專案總管中的「ThisWorkbook」，並貼上程式。

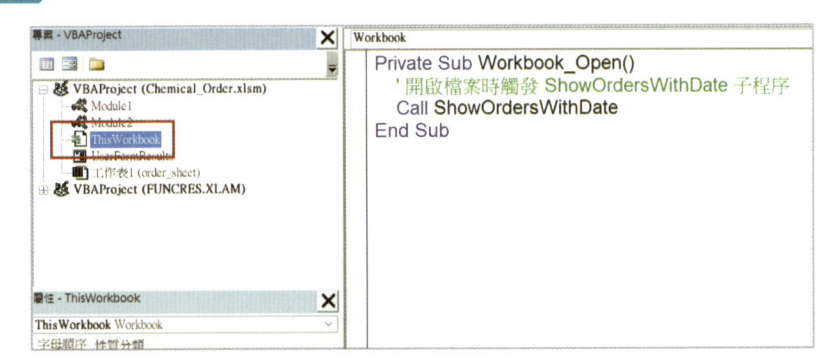

```vba
Private Sub Workbook_Open()
    '開啟檔案時觸發 ShowOrdersWithDate 子程序
    Call ShowOrdersWithDate
End Sub
```

Step2 回到工作表中按 Ctrl+S 儲存檔案後關閉檔案，打開檔案後就會自動執行程式、彈出視窗囉！（記得儲存為「啟用巨集的活頁簿」）

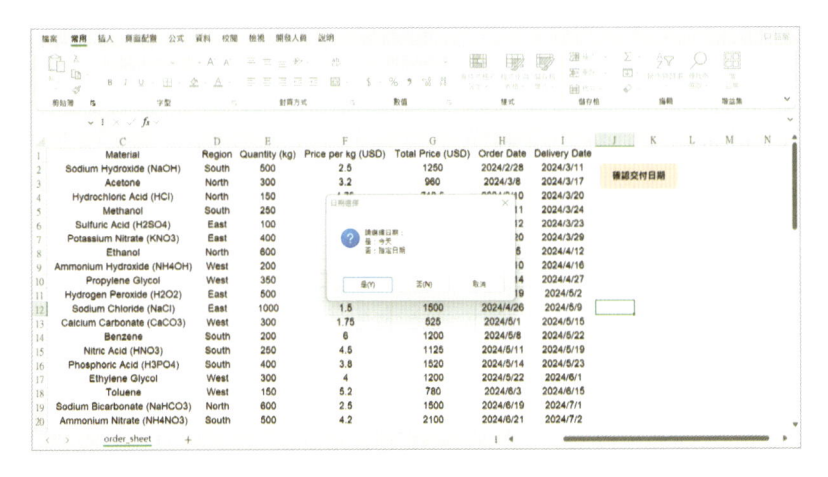

AI 檔案關閉前彈出視窗

情境說明

除了開啟檔案時觸發程式，我們也希望在關閉檔案前提醒交付日期，確保我們每次關閉檔案前都有再次確認。

AI 指令　P8-8（追問）

> 很好！再新增一個觸發點為「關閉檔案時」

ChatGPT 同樣會說明程式要貼在 ThisWorkbook 中，且同時生成了兩個 Private Sub：Workbook_Open、Workbook_BeforeClose，分別代表「開啟檔案」和「關閉檔案」兩個觸發點的程式，直接貼上程式即可。

修改 `ThisWorkbook` 模組的程式碼：

```vba
Private Sub Workbook_Open()
    ' 開啟檔案時觸發 ShowOrdersWithDate 子程序
    Call ShowOrdersWithDate
End Sub

Private Sub Workbook_BeforeClose(Cancel As Boolean)
    ' 關閉檔案時觸發 ShowOrdersWithDate 子程序
    Call ShowOrdersWithDate
End Sub
```

這樣關閉檔案時，就會再次跳出視窗囉！

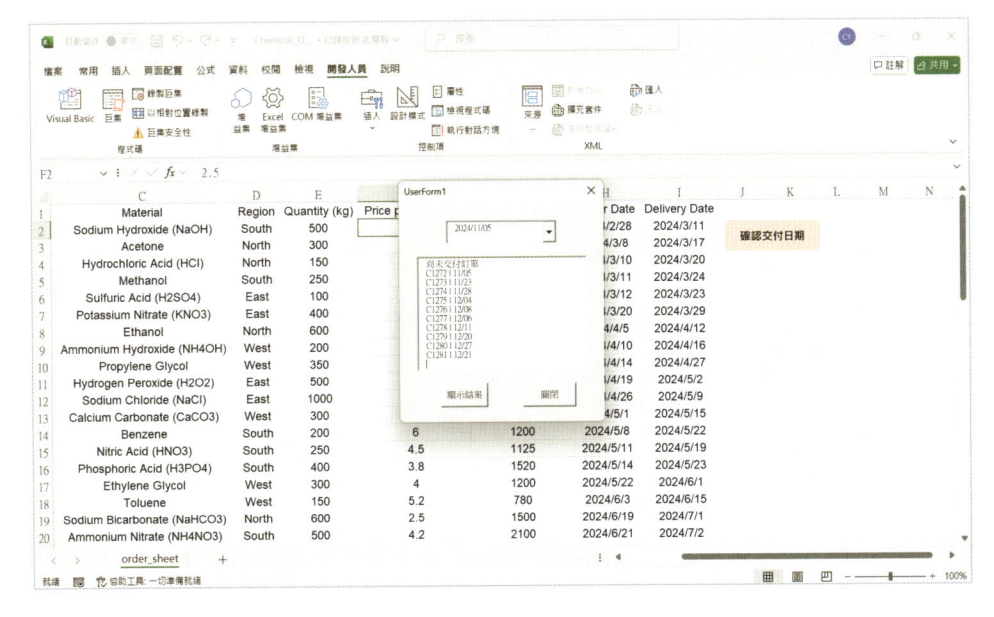

點擊關閉後，就會進入一般關閉檔案時的儲存變更環節。

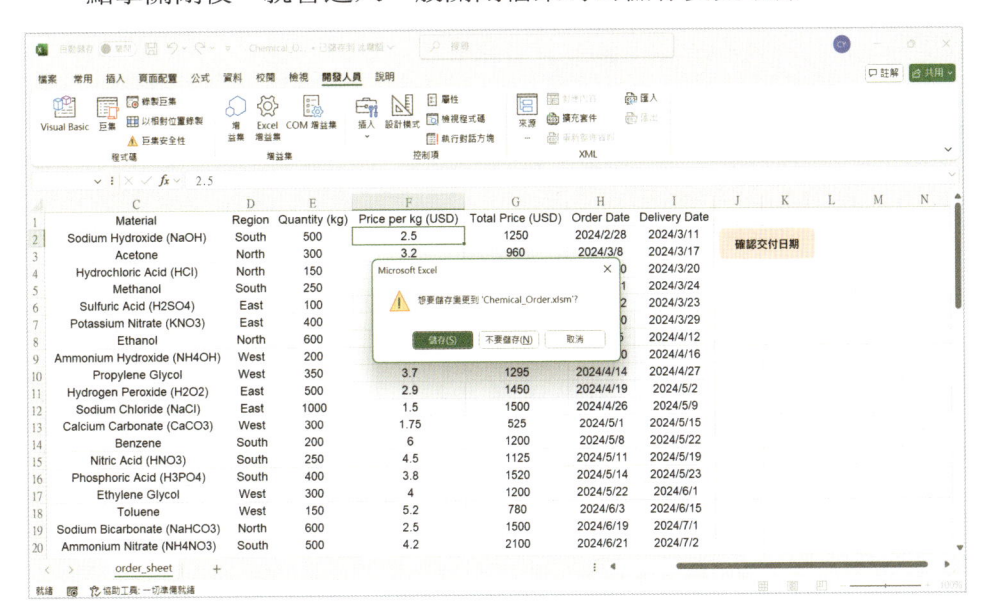

◆ 多樣化視窗應用，精準處理資料

本章展示了兩種互動視窗：用「文字方塊」複製文字、用「下拉式方塊」篩選日期，並設置了多個觸發點，例如點擊執行、從圖案執行、開啟 / 關閉檔案時等。

生成程式自動化這項任務到底值不值得？還是要回到「FIRE 自動化決策架構」思考、評估。不過，使用互動視窗還有兩個好處，第一是不用反覆手動操作，例如：原本若要手動完成第一個函數的所有任務，需要以下五步：

Step1 使用「篩選」功能，篩選特定日期

Step2 選取 A 欄編號和 I 欄日期

Step3 複製資料

Step4 貼上資料到 Word，修改資料格式

Step5 回到工作表取消篩選

但如果自動彈出視窗，只要一個步驟就完成。

另一個好處，就是不用動到原始欄位。每次篩選的資料都是呈現在互動視窗中，複製後即可關閉視窗，不需要手動「取消篩選」。

本章介紹了不少 VBA 的操作類功能，步驟比較繁瑣。別擔心！ChatGPT 會非常詳細告訴我們具體步驟，只要熟悉專案總管、屬性視窗、控制項等功能，相信以後遇到任何任務，你都能有信心做到！

Chapter 9

VBA 自動匯入銷售報表資料：
不同格式也能快速整合標準化

實戰案例 自動匯入多種數據並統一格式、生成報表

面對 Excel 表，我們往往會遇到很多需要輸入資料的狀況，如果資料龐大、工作表複雜，要花非常多時間打開一個個檔案、找到資料，再手動輸入。本章會分享從多個檔案中匯入資料，並進一步格式化、排序、分析。接著將原始資料帶入至報表模板中，掌握四種資料帶入方法：指定文字、指定儲存格、相對位置、和規律位置。最後，則是運用「呼叫多項函數」的技巧，一次完成所有自動化任務！

本章重點

適用對象	銷售與財務行政人員常需彙整多種通路產品數據，重新整理各種規格，製作統一格式的週月報表。
實戰教學	**9-1** AI 自動整合多檔案　　**9-2** AI 整理資料格式 **9-3** AI 一鍵帶入完整報表資料　　**9-4** AI 一鍵製作銷售圖 **9-5** AI 整合程式方便執行
效益	• 自動匯入檔案並統一格式：從多個來源檔案中匯入資料後，自動標準化格式，減少手動調整。 • 靈活處理各類資料需求：快速帶入、檢索和整理資料，輕鬆應對不同情境下的資料處理工作。 • 提升程式結構與可讀性：透過呼叫多項函數，拆解複雜流程，增加程式的穩定性。 • 高效生成自動化報表：快速完成資料格式化與統計，節省製作週報、月報的時間。

獲取本章案例模板

案例模板檔案下載練習
https://chatgptaiwan.pse.is/vba09

AI 指令表、Excel VBA 程式碼複製
https://chatgptaiwan.pse.is/vbabook

特別說明：本書內圖文教學針對如何對 ChatGPT 下指令，若想獲得完整正確的 VBA 程式碼可透過上方檔案。

9-1

AI 自動整合多檔案
不用再手動一個一個操作

易通是一家跨通路零售公司，需要整合多個銷售通路的數據，以便進行統一分析和報告。每月從銷售系統匯出的數據檔案分為三種：「官網銷售表」、「直播銷售表」、「門市銷售表」。由於不同通路的數據格式各異，過去需要手動調整並逐一匯入，非常耗時且容易出錯。

公司希望能自動化完成數據整合、格式標準化，並生成週報與視覺化銷售圖表。

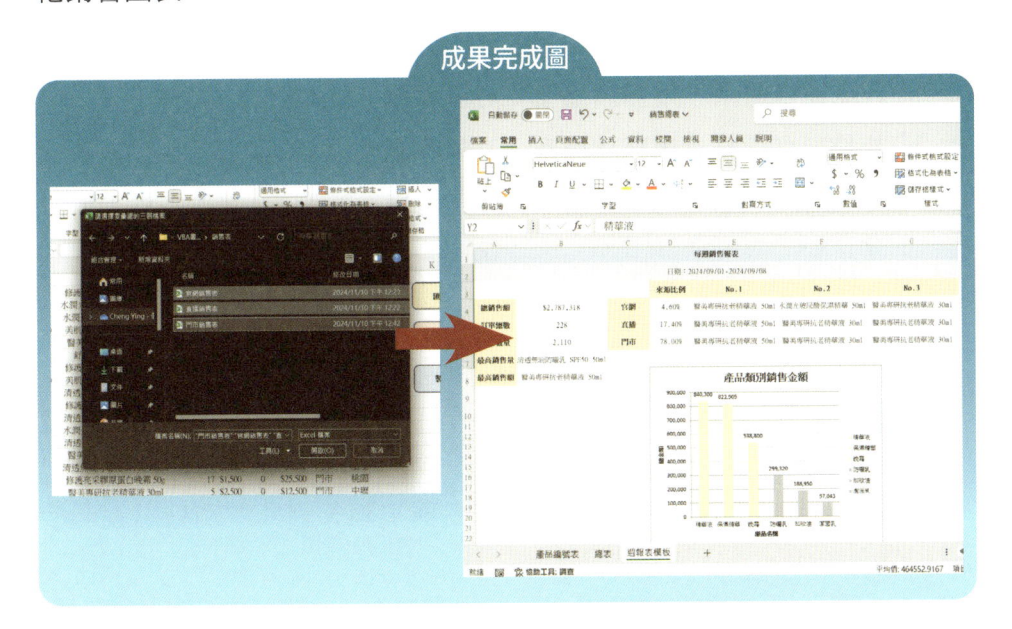

成果完成圖

181

AI 依檔名匯入資料

情境說明

公司分別有三個銷售通路：官網、直播、門市，定期會將資料從銷售系統中匯出，製作成三個個別的 Excel 銷售表，這三個檔案要全部匯入到「銷售總表」Excel 檔進行後續分析。過去只能一次匯入一個檔案，而且每個檔案的欄位都不同，需要手動調整。

AI 指令　P9-1（新開聊天室）

扮演 VBA 大師
1. 將桌面上的三個檔案的「工作表1」所有資料，都彙總到「總表」工作表中，檔案名稱：官網銷售表、直播銷售表、門市銷售表 [1]
2. 三個表中都有以下欄位，但不是都是這個順序：日期、產品編號、銷售數量、單價、折扣、總銷售額 [2]。依照這些欄位填入資料
3. 新增一欄「主來源」，分別寫上官網、直播、門市
4. 新增一欄「次來源」[3]：
   a. 若是從官網來，則抓該檔案「訂單來源」欄位
   b. 若是從直播來，則抓該檔案「直播平台」欄位
   c. 若是從門市來，則抓該檔案「門市名稱」欄位

指令秘訣

[1] 清楚描述範圍，包含檔案名稱、工作表名稱及檔案位置。

[2] 直接貼上標題欄位，幫助 ChatGPT 了解要匯入哪些欄位，並強調每個檔案的欄位順序不相同。

[3] 「次來源」在不同檔案中的欄位名稱不同，因此特別列點說明給 ChatGPT。

（為了簡化重複的基本步驟，所以本章減少一樣的 VBA 基本操作畫面，想了解的朋友，可以參考 Ch6。）

Step1 貼上 AI 提供的程式後，你會發現 VBA 視窗中有一條黑線，這是因為這段程式包含兩個函數，第二個函數的開頭是「Function」，這是會被主要程式（Sub 開頭）呼叫的函數。

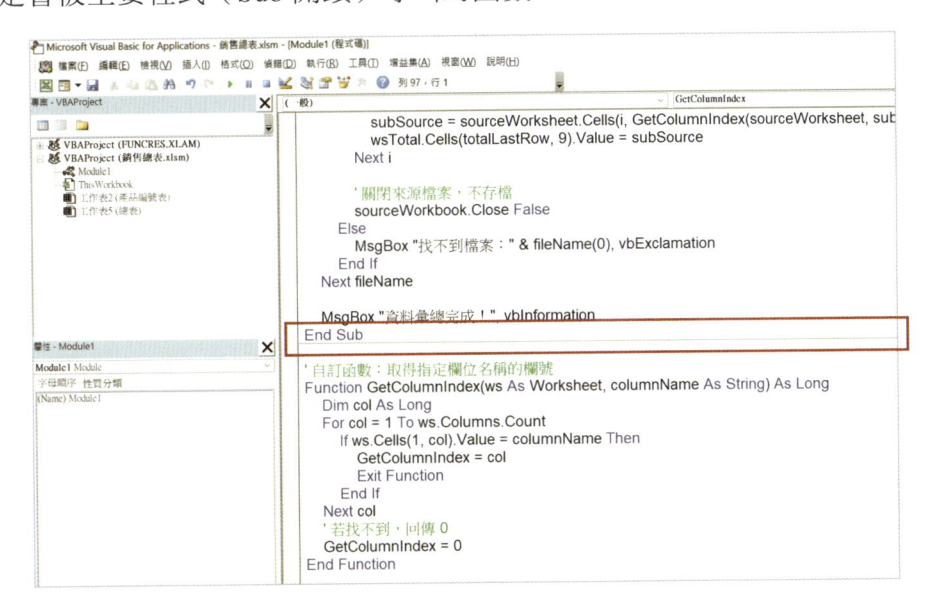

Step2 如果直接執行，會彈出視窗詢問你要執行哪個函數，點擊「執行」後一樣可以正常執行「ConsolidateData」函數。

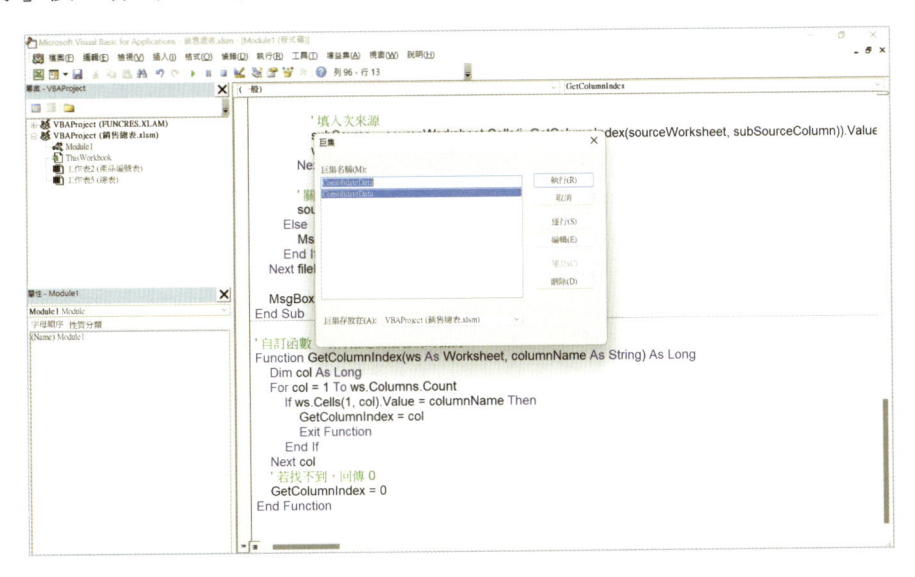

Step3 如果不想看到彈出視窗，而是要直接執行的話，就把游標移到黑線上方的任一處，你會看到右上角的函數名稱變為「ConsolidateData」，這樣即可直接執行。

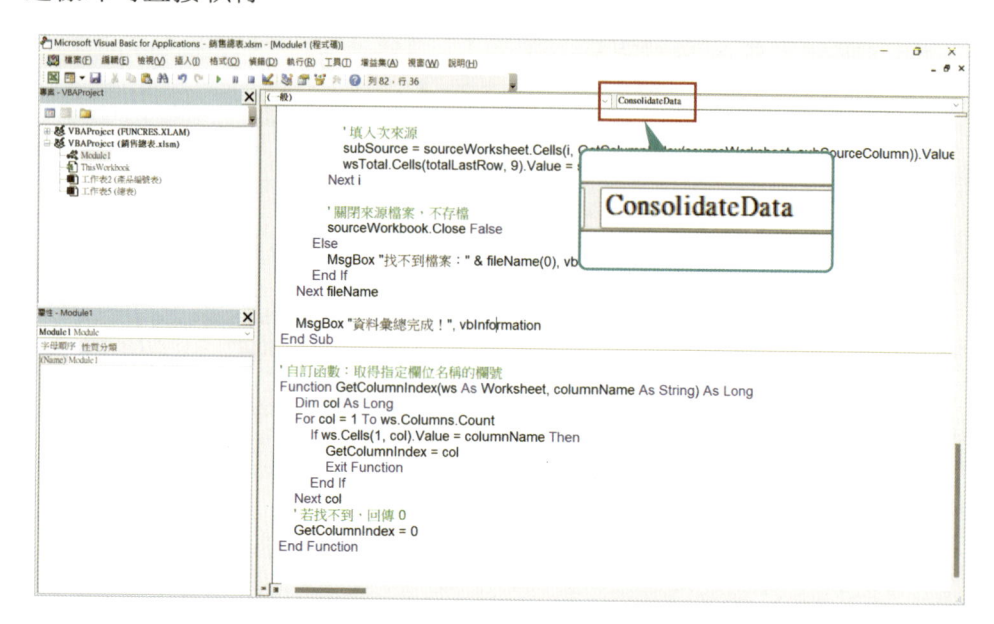

Step4 執行程式後，就自動把三個檔案的資料都整合到「總表」囉！

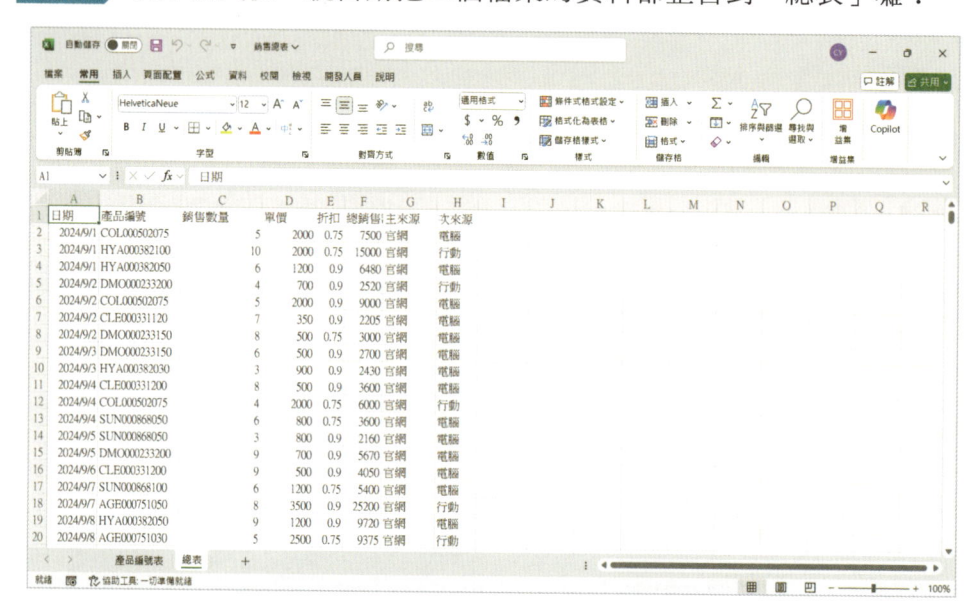

AI 從檔案選單匯入資料

三個銷售表檔案都是從系統下載的，因此我們不在原始檔案中個別修改欄位，而是在總表中統一欄位，確保以後下載新檔案後就能直接匯入。

情境說明

每次從系統下載三個通路的 Excel 檔後，每個名稱可能會跟前一次不同。例如，八月匯出的其中一個檔案名稱是「八月門市銷售表」，九月匯出時系統會自動改為「九月門市銷售表」。因此我們這次不指定「檔案名稱」，改用「檔案選單」的方式匯入資料，方便每次都能自由選擇要匯入的檔案。

AI 指令　P9-2（追問）

> 很好！現在改為執行程式後，彈出視窗問我要抓哪些檔案的資料，**讓我一起選三個檔案**[1]

指令秘訣

[1] 強調要能一次選擇三個檔案，否則可能會一次只能選一個。

執行程式後就會彈出檔案選單，可以一次連選三個檔案；按下確認後就一樣成功匯入資料囉！

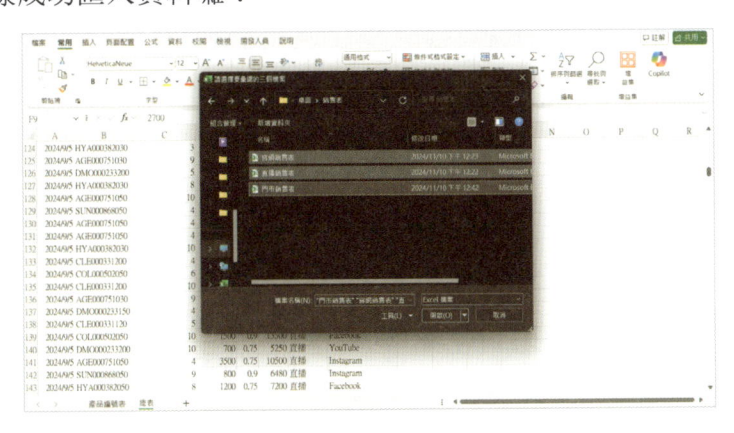

9-2

AI 整理資料格式｜
統一、新增、排序欄位一次搞定

🔄 統一數據資料格式

💡 情境說明

匯入資料後，我們希望能統一資料的格式，包含字體、位置、數字格式等，方便閱讀。

🤖 AI 指令　P9-3（追問）

> 很好！我希望匯入資料後，修改以下格式
> 標題列使用粗體
> 所有文字和日期都置中，數字則置右，金額欄加上 $，不要小數點

複製並執行程式後，新程式就能自動修改資料格式囉！

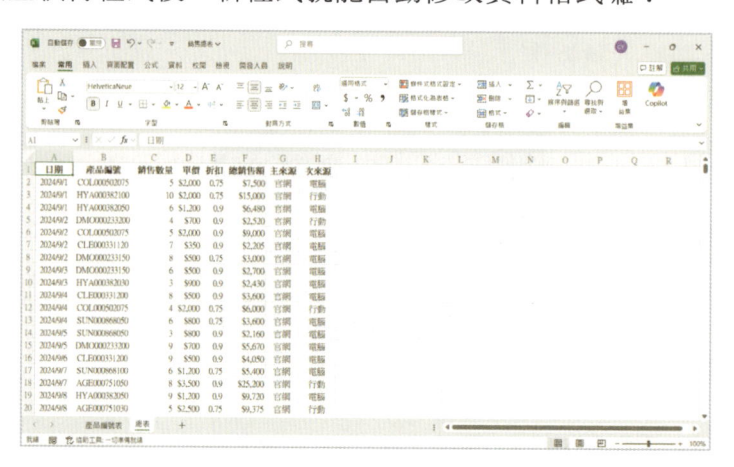

186

AI 依編號帶入產品名稱

情境說明

在整合銷售數據後，我們希望能在報表中新增一欄「產品名稱」，並根據既有的「產品編號」自動去找到對應的名稱，讓資料更直觀易懂。另外有一個「產品編號表」工作表，A 欄是產品編號、B 欄是產品名稱。

AI 指令　P9-4（追問）

很好！接著我希望「總表」C 欄插入新欄位「產品名稱」，**原有欄位全部往右一欄**❶，產品名稱是根據 B 欄，去找「**產品編號表**」❷ A 欄，回傳對應的 B 欄

指令秘訣

❶ 特別強調原有欄位要全部往右，避免程式不小心清除資料。
❷ 使用「」強調「產品編號表」，並說明彼此對應關係：產品編號在「總表」B 欄和「產品編號表」A 欄，產品名稱則在「產品編號表」B 欄。

執行 AI 修改的新程式後，順利在「總表」C 欄帶入產品名稱。

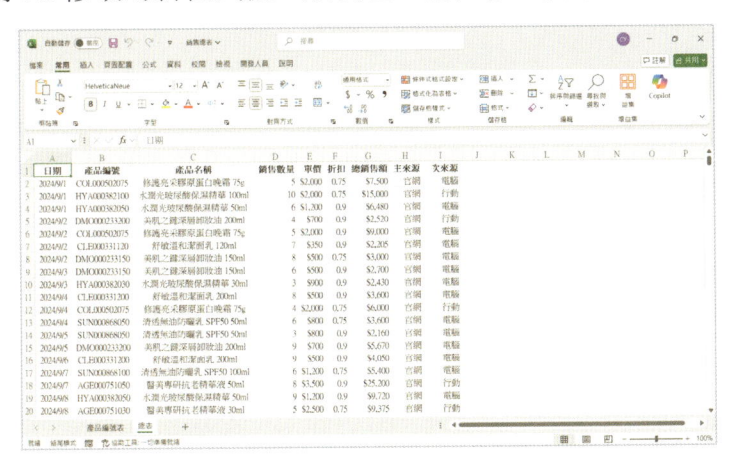

情境說明

不過 H 欄和 I 欄沒有置中，我們再追問一下。

AI 指令　P9-5（追問）

> 很好！H 欄和 I 欄記得要置中

執行程式後，所有資料格式都完成修改囉！

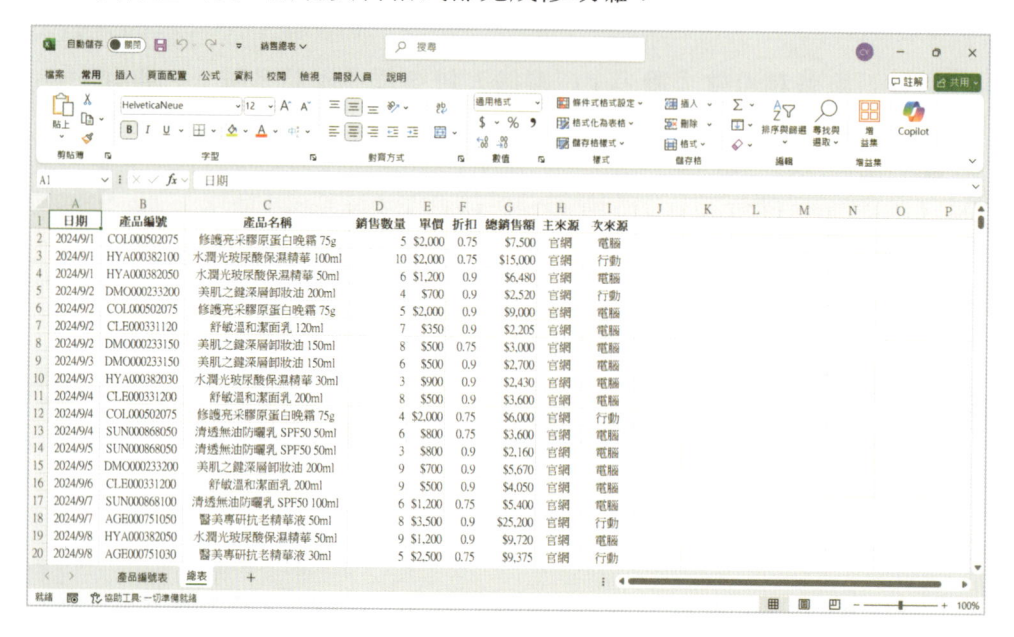

AI 依條件排序資料

情境說明

資料匯入後，我們希望能依照「日期」和「來源」進行排序：先按照日期由小到大排列，再根據銷售來源將順序設為官網、直播、門市，方便進一步分析。

🤖 AI 指令　P9-6（追問）

很好！再幫我排序資料，**依據 A 欄日期由小到大排序**[1]，**第二個排序條件是 H 欄**[2]，依序為官網、直播、門市

💡 指令秘訣

[1] 排序時可設定多個條件，例如日期、主來源等，都能直接下指令給 ChatGPT。

[2] 不同條件的排序也有順序性，先描述 A 條件（主要條件）、再描述 B 條件，ChatGPT 生成的程式就會將所有資料先依照 A 條件排序，再依照 B 條件排序。

程式成功依照日期和主來源排序，大功告成！

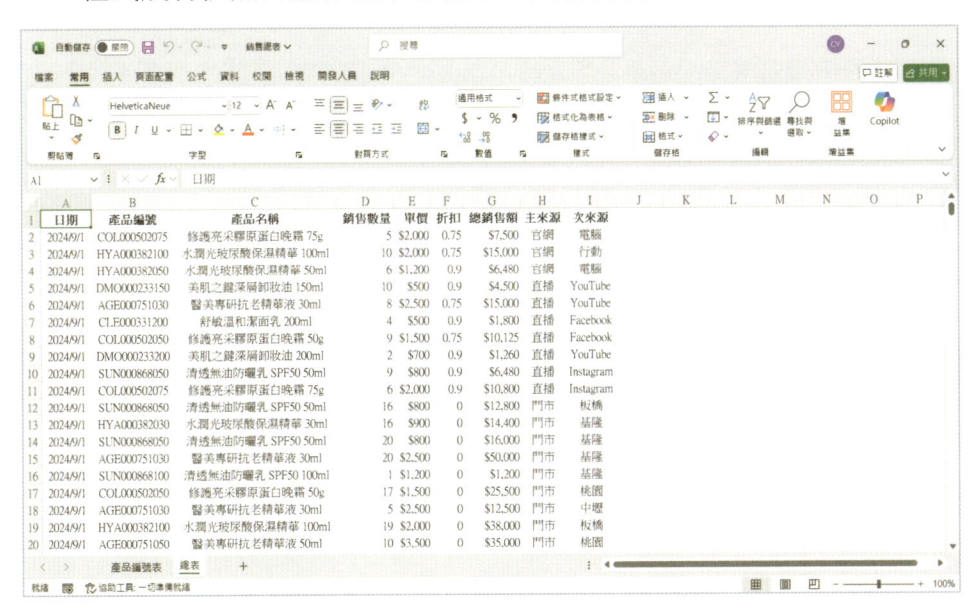

9-3

AI 一鍵帶入完整報表資料│
幫你自動統計每週銷售數據

◉ 設定 Excel 報表模板

❗ 情境說明

我們希望另外製作一個「週報表模板」工作表，統計重要的銷售數據，後續能根據各週資料自動帶入完成報表。

Step1 新建工作表，命名為「週報表模板」。

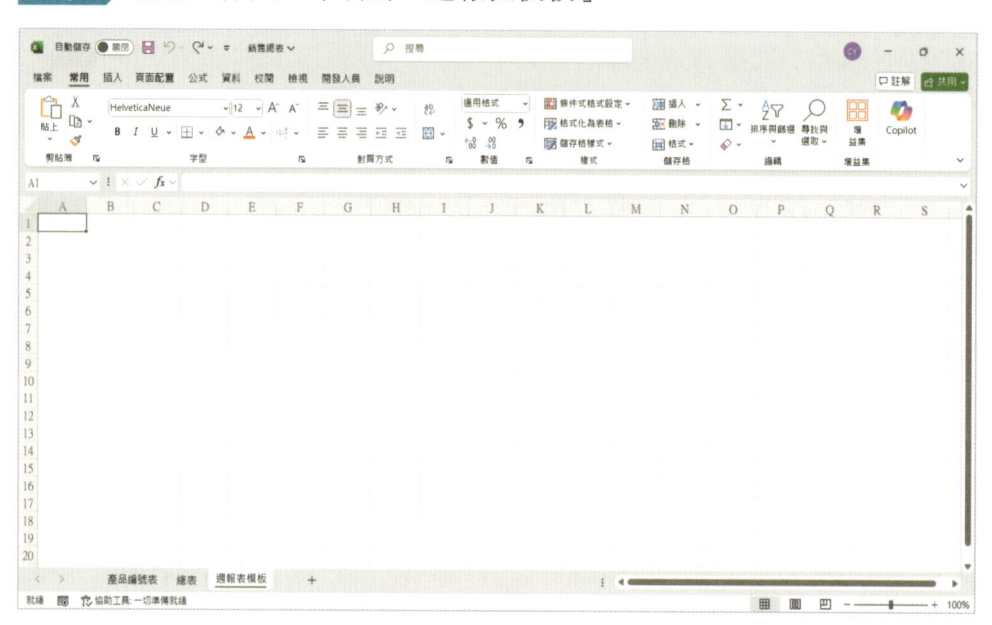

Step2 檢視→取消勾選格線。取消勾選格線能讓工作表整體簡潔。

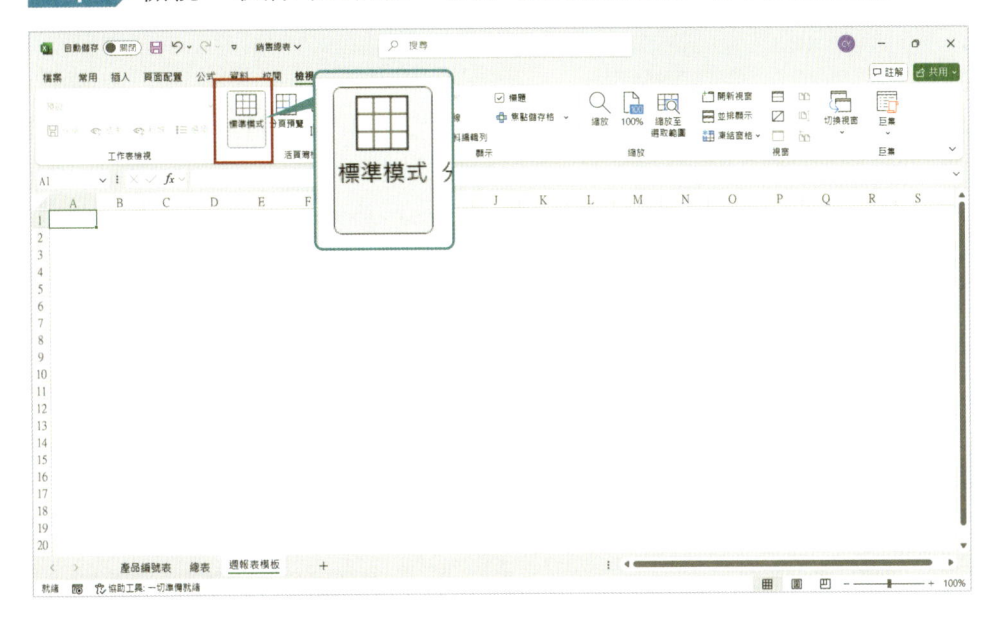

Step3 全選 A:G 欄,調整至合適寬度;全選 1:10 列,調整至合適高度。

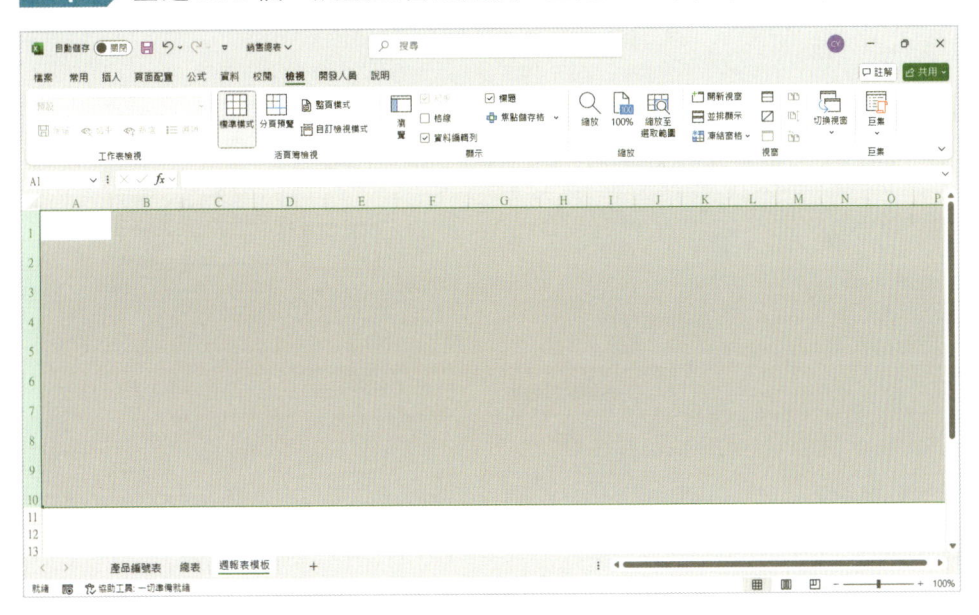

Step4 點擊常用→點擊「水平對齊」和「文字置中」。

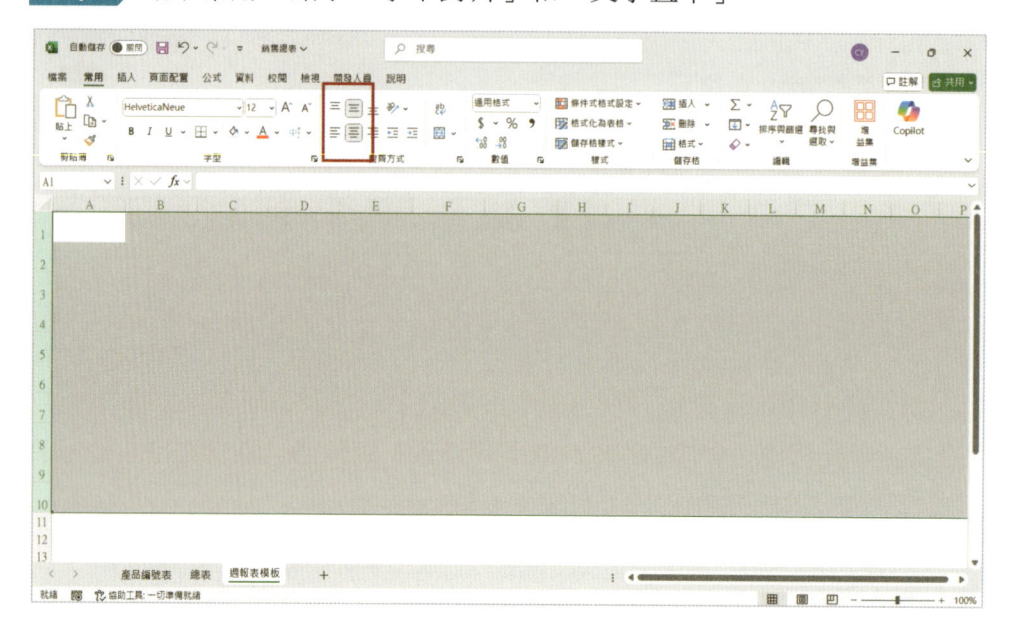

Step5 分別選取 A1:G1、A2:G2，點擊「跨欄置中」，並輸入文字、設定格式。

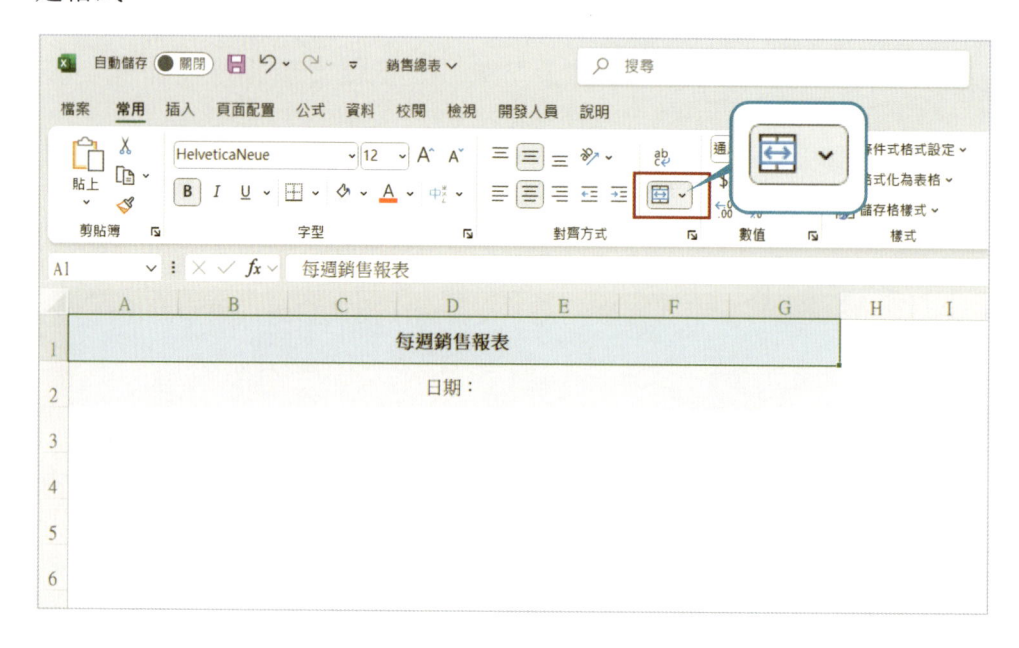

Step6 輸入文字、填滿顏色。

到這邊就設定好了基本報表模板，接著就開始生成程式、帶入資料吧！

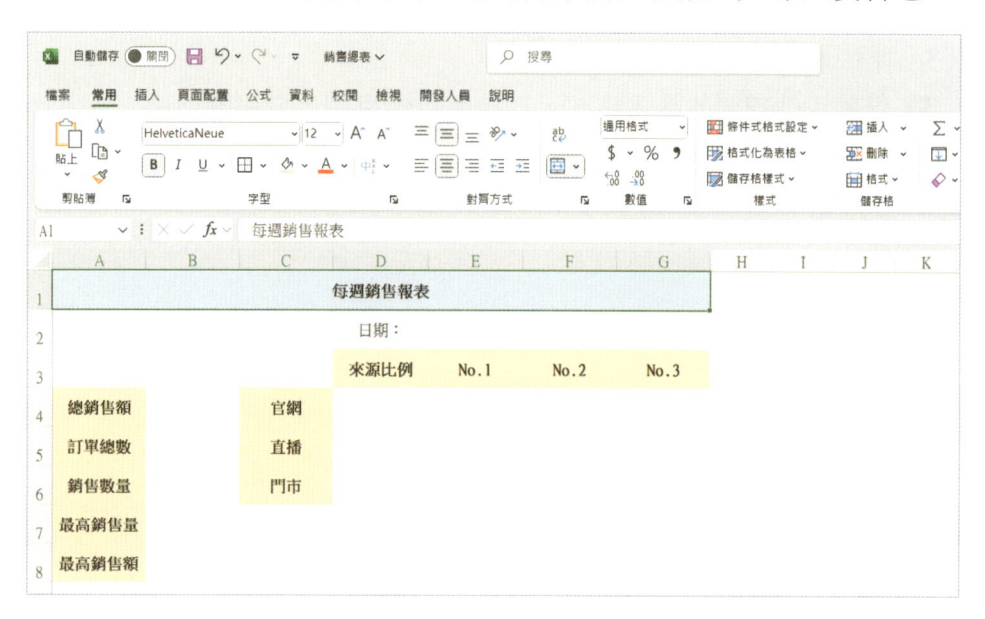

AI 帶入資料：指定文字

情境說明

每週製作週報時，我們需要快速設定報表的日期範圍。希望在執行程式後彈出一個視窗，讓我們輸入日期範圍，並自動將這段日期填入「週報表模板」中「日期：」的文字後。

AI 指令　P9-3（追問）

彈出一個視窗，詢問我日期範圍[1]，例如 2024/9/1-2024/9/8 [2]，把這個範圍填入「週報表模板」中「日期：」的文字後

💡 指令秘訣

1 在相同聊天室中繼續追問，這樣 ChatGPT 通常會記得「總表」的各項欄位，提高程式生成的正確率，也不用再次說明欄位，省下打字的麻煩。

2 根據我們想要的輸入格式，直接 #具體舉例日期範圍格式。

執行程式後會彈出視窗，輸入範圍、點擊確定後，就成功帶入日期資料囉！

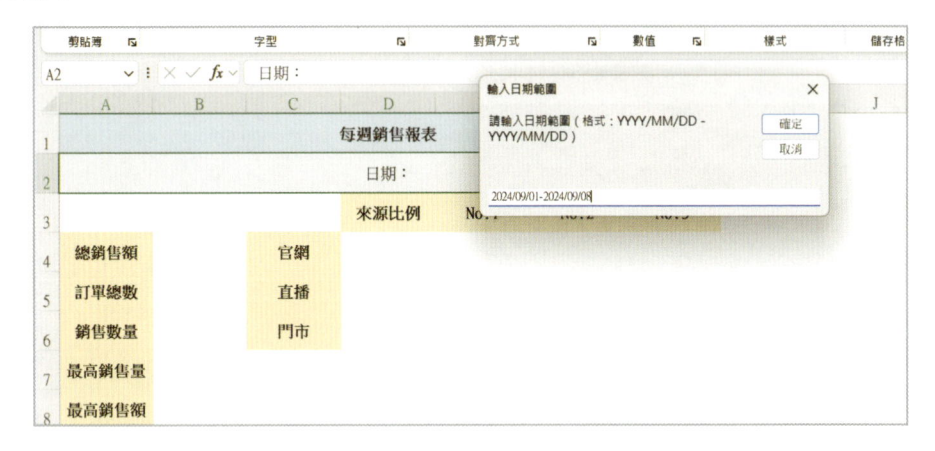

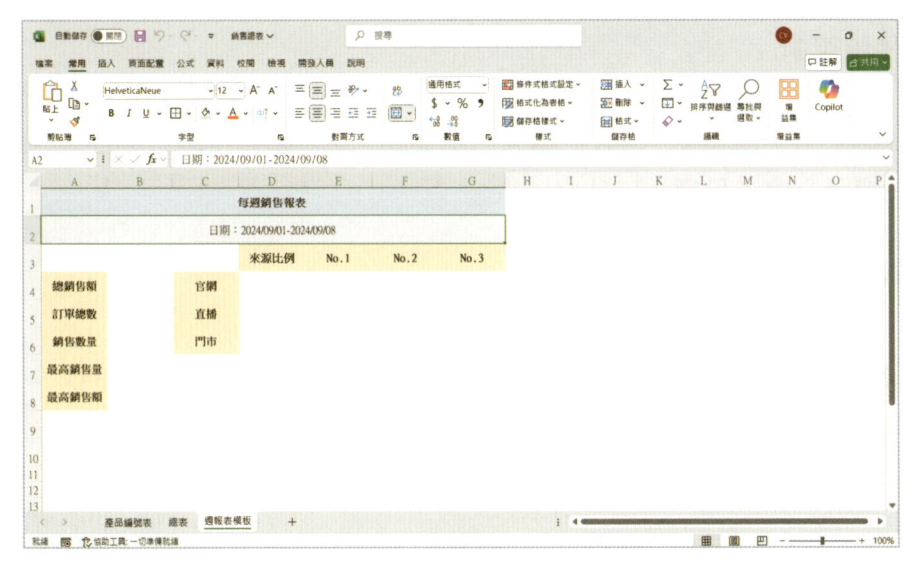

AI 帶入資料：指定儲存格

情境說明

除了帶入日期範圍的文字外，也要根據該範圍去從「總表」中篩選相關數據，並在「週報表模板」中填入統計結果，例如總銷售額、訂單總數等，讓週報一目瞭然。

AI 指令　P9-8（追問）

> 很好！根據我輸入的日期範圍，到「總表」工作表統計資料，放在「週報表模板」儲存格
> 日期：A 欄[1]
> 總銷售額：G 欄 ->[2] B4
> 訂單總數[3] ->B5
> 銷售數量：D 欄 -> B6
> 最高銷售量：比較 D 欄總數最高者，回傳對應的 C 欄 -> B7
> 最高銷售額：比較 G 欄總數最高者，回傳對應的 C 欄 -> B8

指令秘訣

[1] 告訴 ChatGPT 日期在 A 欄，是為了讓它根據日期範圍抓取對應資料。

[2] 直接用箭頭標示「資料欄位」和「指定儲存格」的對應關係，例如在「總表」G 欄的「總銷售額」，要放到「週報表模板」的 B4。因為指令的第一句話是寫把資料從「總表」放到「週報表模板」，因此把總表資料放在箭頭左邊，週報表模板資料放在右邊。當資料之間的對應關係很多時，非常建議使用箭頭寫指令。

[3] 「訂單總數」沒有特別指定欄位，因為 VBA 會自行計算符合日期範圍的「總列數」，也就是有多少筆資料就回傳對應數字。

執行程式並輸入日期範圍後，即會帶入銷售資料，確認後完全正確！

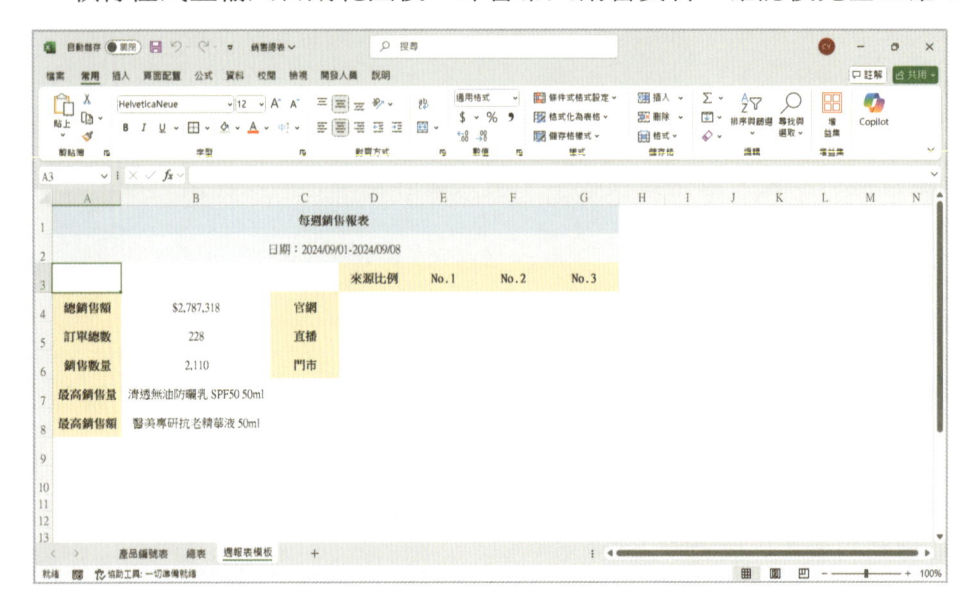

AI 帶入資料：相對位置 & 規律位置

情境說明

我們希望計算各個「主來源」中各產品的「總銷售額」百分比，找出總銷售額最高的前三名（回傳對應的產品名稱），將結果依序填入「週報表模板」對應儲存格。

AI 指令　P9-9（追問）

很好！**整合以上程式**[1]，加入以下功能

1. 總表 H 欄是「主來源」，G 欄是總銷售額
2. 我希望**根據「週報表模板」C4:C6 的文字**[2]，統計各項來源的總銷售額百分比，以及每項來源中總銷售額總計最高的前三名（回傳對應 C 欄）
3. 將以上資料，依序放在 C4:C6 右方的各個儲存格

💡 指令秘訣

1 上一個指令和這一個指令生成的程式都很長，因此特別強調「整合以上程式」，避免 ChatGPT 的程式只有新功能。若要分兩段程式執行，再透過「呼叫函數」的方式整合也可以，詳見本章的「AI 主函數呼叫多個函數」。

2 以 C4:C6 為定位點，依據相對位置（往右）和特定規律（一到三名）帶入資料。

　　程式後，成功匯入官網、直播和門市個別銷售額前三名的產品名稱！

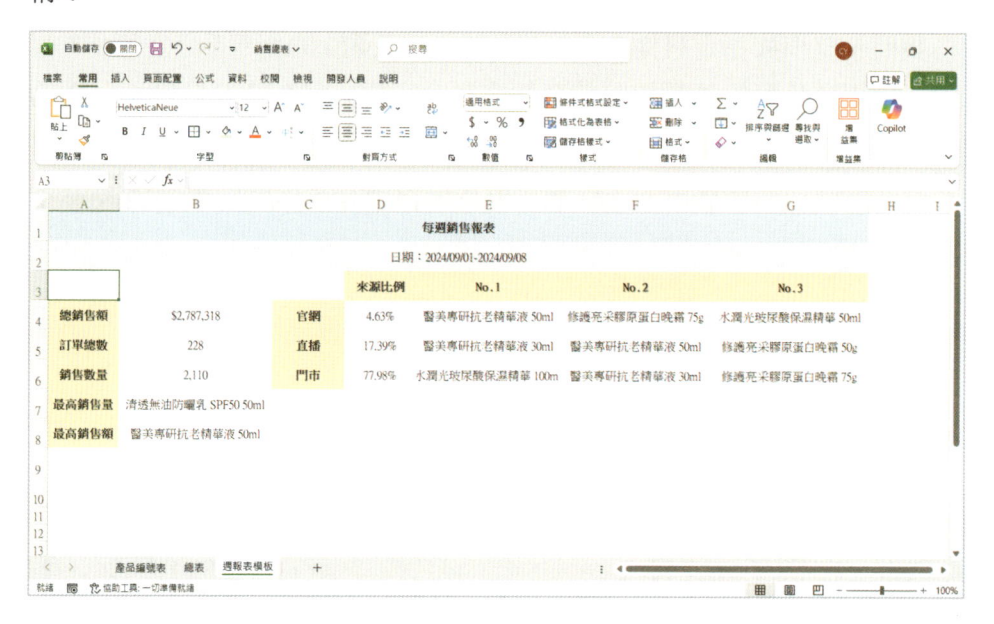

9-4

AI 一鍵製作銷售圖
根據條件格式自動畫出圖表

⮕ AI 製作基本銷售直條圖

💬 情境說明

我們希望根據指定日期範圍，統計不同「品類」的銷售額，並製作「直條圖」。相同品類的產品編號前三個字都會一樣，例如「卸妝油」品類的所有產品編號都是 DMO 開頭。

我們先在「產品編號表」C 欄，填入圖表中想呈現的品類名稱。

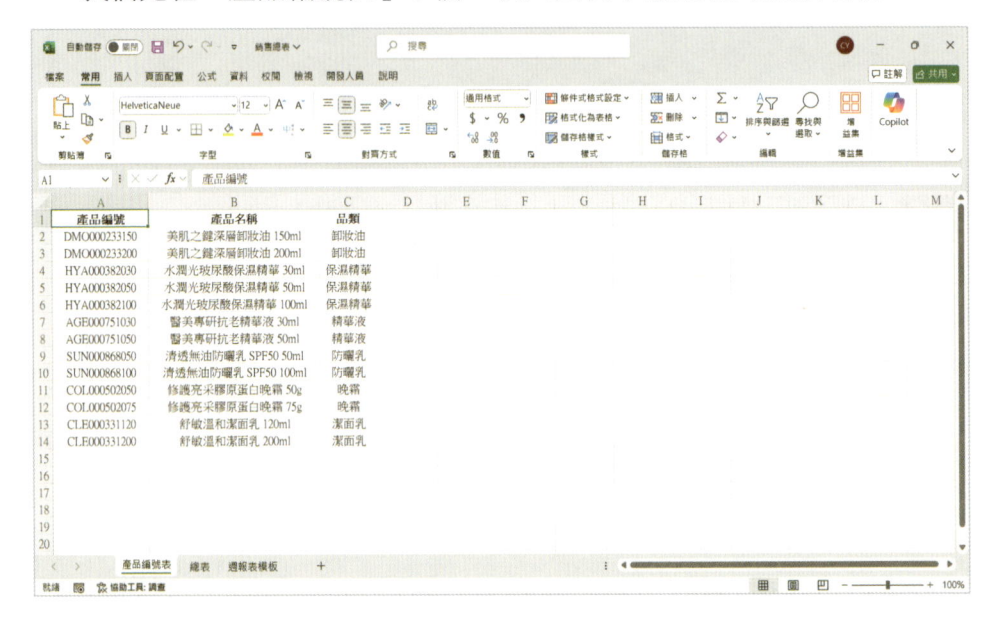

產品編號	產品名稱	品類
DMO000233150	美肌之鑰深層卸妝油 150ml	卸妝油
DMO000233200	美肌之鑰深層卸妝油 200ml	卸妝油
HYA000382030	水潤光玻尿酸保濕精華 30ml	保濕精華
HYA000382050	水潤光玻尿酸保濕精華 50ml	保濕精華
HYA000382100	水潤光玻尿酸保濕精華 100ml	保濕精華
AGE000751030	醫美專研抗老精華液 30ml	精華液
AGE000751050	醫美專研抗老精華液 50ml	精華液
SUN000868050	清透無油防曬乳 SPF50 50ml	防曬乳
SUN000868100	清透無油防曬乳 SPF50 100ml	防曬乳
COL000502050	修護亮采膠原蛋白晚霜 50g	晚霜
COL000502075	修護亮采膠原蛋白晚霜 75g	晚霜
CLE000331120	舒敏溫和潔面乳 120ml	潔面乳
CLE000331200	舒敏溫和潔面乳 200ml	潔面乳

AI 指令　P9-10（新開聊天室）

扮演 VBA 大師[1]
1. 彈出視窗詢問我日期範圍，例如：2024/09/01-2024/09/08
2. **根據「總表」B 欄產品編號前三個字**[2]，計算相同產品類別的 G 欄，製作直條圖，由大到小排序
3. 根據這前三個字，去找「產品編號表」A 欄編號前三個字，把對應的 C 欄名稱放入直條圖 X 軸
4. 直條圖放在「週報表模板」D8，**表格放在 Y1**[3]

指令秘訣

[1] 這段程式和上段程式都很長，因此新開聊天室避免 ChatGPT 混淆，或是程式過長導致生成結果不完整。

[2] 報表中相同產品類別的編號前三碼相同，因此使用前三個字去查找對應的 C 欄名稱。

[3] 製作圖時，一定會需要有對應的表格；若不想看到表格，可選擇放在遠方的儲存格，例如 Y1。

Step1 因為這是全新程式，我們插入一個新模組再貼入程式。執行程式後一樣會先彈出視窗，輸入想要的日期區間。

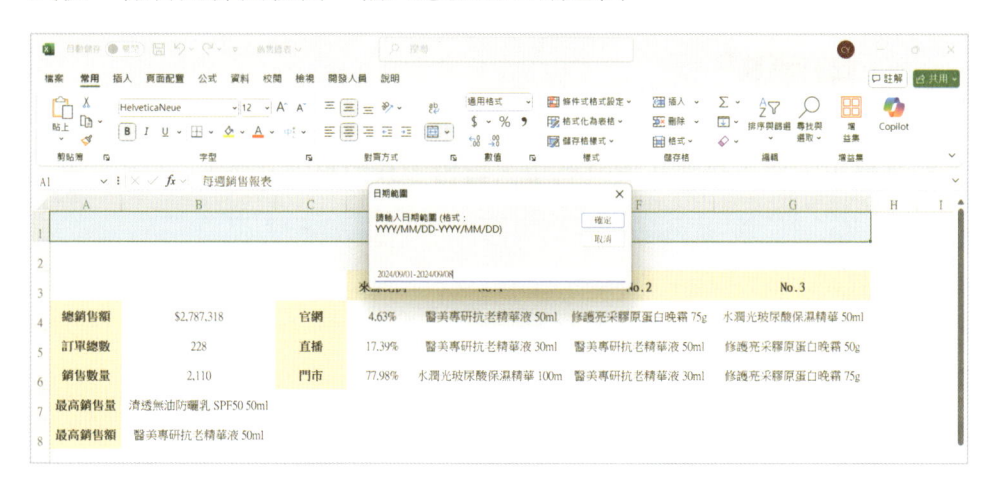

Step2 點擊確定後，圖表馬上完成，而且由大到小排序、起點是 D8，符合我們的指令！

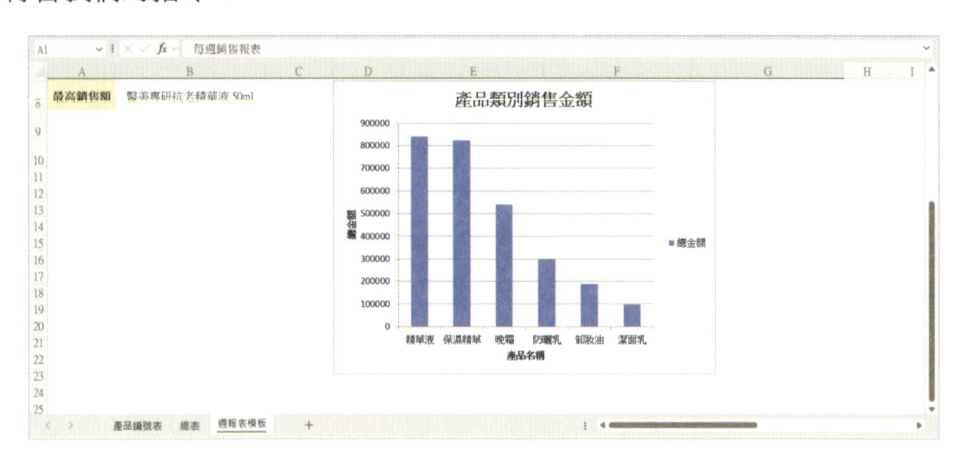

➔ AI 優化圖表格式

💡 情境說明

目前的圖表無法讓人一眼看出我們想表達的重點，因此我們希望優化圖表格式，讓銷售圖表更加一目了然。

🤖 AI 指令 P9-11（追問）

> 很好！有成功做出圖表，但請做以下修改
> 1. 加上**資料標籤**[1]
> 2. 資料標籤和 Y 軸數字都用千分位符號
> 3. 直條由大到小排序，**前三名用淡黃色，其他用淺灰色**[2]

💡 指令秘訣

[1] 資料標籤是指每一個直條對應的數字。

[2] 我們想強調銷售額前三名的品類，因此標為淡黃色；其他品類的資訊比較次要，因此標為淺灰色。

貼上並執行程式後，發現有錯，如果執行程式後出現錯誤，怎麼辦？我們可以直接回報 ChatGPT 這項錯誤。

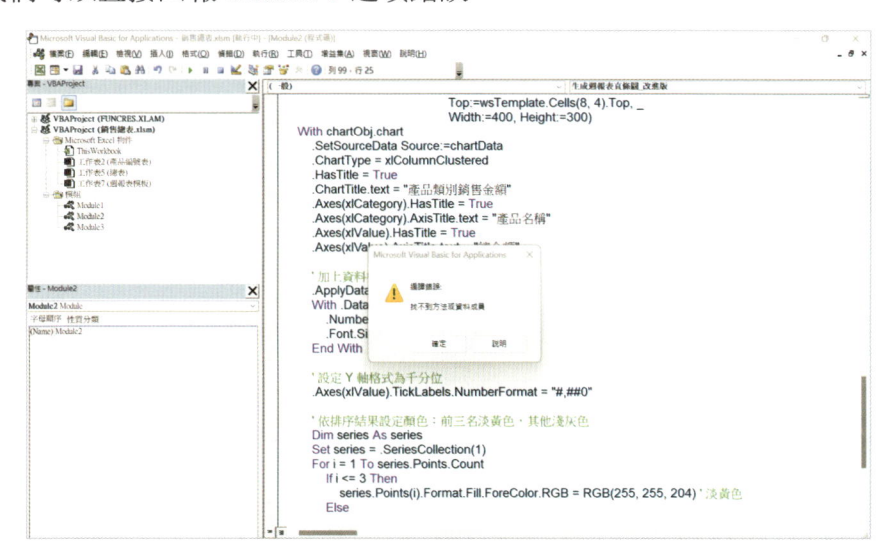

🤖 AI 指令　P9-12（追問）

> 找不到方法或資料成員

貼上新程式後再次執行，順利製作出理想的圖！

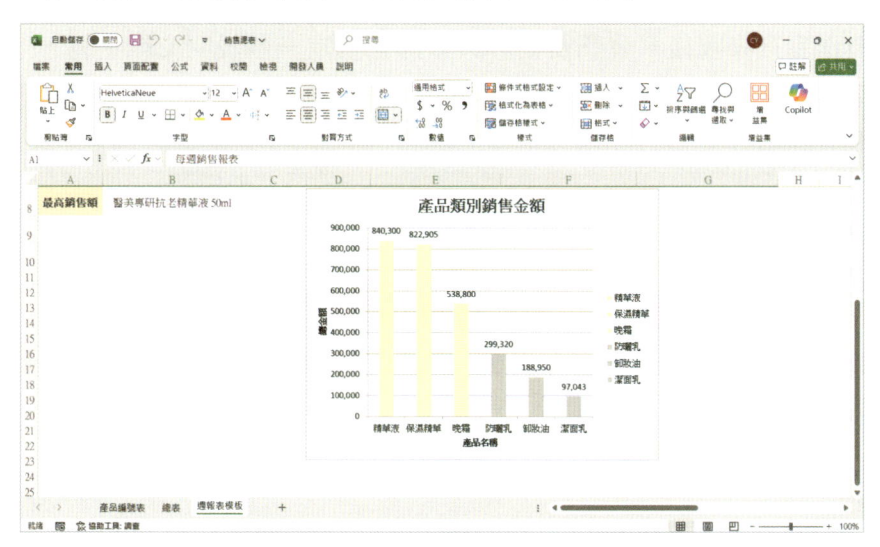

為了驗算圖表數字是否正確，我們利用篩選功能，計算 2024/09/01-2024/09/08 期間「精華液」的總銷售額，是 840,300 沒錯！

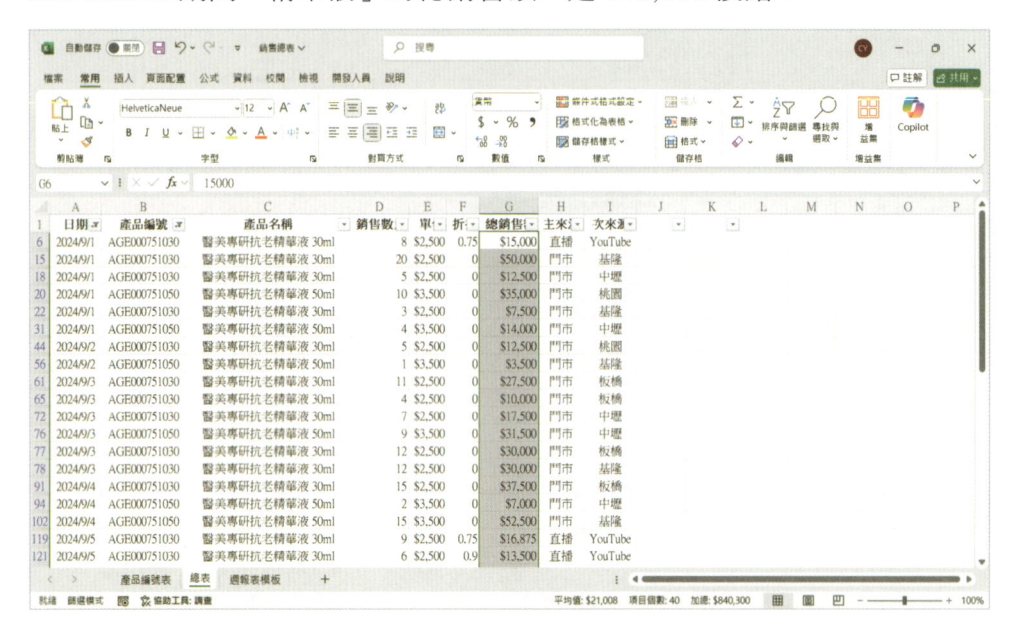

	A	B	C	D	E	F	G	H	I
1	日期	產品編號	產品名稱	銷售數	單(	折	總銷售	主來	次來源
6	2024/9/1	AGE000751030	醫美專研抗老精華液 30ml	8	$2,500	0.75	$15,000	直播	YouTube
15	2024/9/1	AGE000751030	醫美專研抗老精華液 30ml	20	$2,500	0	$50,000	門市	基隆
18	2024/9/1	AGE000751030	醫美專研抗老精華液 30ml	5	$2,500	0	$12,500	門市	中壢
20	2024/9/1	AGE000751050	醫美專研抗老精華液 50ml	10	$3,500	0	$35,000	門市	桃園
22	2024/9/1	AGE000751030	醫美專研抗老精華液 30ml	3	$2,500	0	$7,500	門市	基隆
31	2024/9/1	AGE000751050	醫美專研抗老精華液 50ml	4	$3,500	0	$14,000	門市	中壢
44	2024/9/2	AGE000751030	醫美專研抗老精華液 30ml	5	$2,500	0	$12,500	門市	桃園
56	2024/9/2	AGE000751050	醫美專研抗老精華液 50ml	1	$3,500	0	$3,500	門市	基隆
61	2024/9/3	AGE000751030	醫美專研抗老精華液 30ml	11	$2,500	0	$27,500	門市	板橋
65	2024/9/3	AGE000751030	醫美專研抗老精華液 30ml	4	$2,500	0	$10,000	門市	板橋
72	2024/9/3	AGE000751030	醫美專研抗老精華液 30ml	7	$2,500	0	$17,500	門市	中壢
76	2024/9/3	AGE000751050	醫美專研抗老精華液 50ml	9	$3,500	0	$31,500	門市	中壢
77	2024/9/3	AGE000751030	醫美專研抗老精華液 30ml	12	$2,500	0	$30,000	門市	板橋
78	2024/9/3	AGE000751030	醫美專研抗老精華液 30ml	12	$2,500	0	$30,000	門市	基隆
91	2024/9/4	AGE000751030	醫美專研抗老精華液 30ml	15	$2,500	0	$37,500	門市	板橋
94	2024/9/4	AGE000751030	醫美專研抗老精華液 30ml	2	$3,500	0	$7,000	門市	中壢
102	2024/9/4	AGE000751050	醫美專研抗老精華液 50ml	15	$3,500	0	$52,500	門市	基隆
119	2024/9/5	AGE000751030	醫美專研抗老精華液 30ml	9	$2,500	0.75	$16,875	直播	YouTube
121	2024/9/5	AGE000751030	醫美專研抗老精華液 30ml	6	$2,500	0.9	$13,500	直播	YouTube

AI 生成報表說明

情境說明

製作完直條圖後，我們需要針對直條圖撰寫一個說明交給主管，並強調「保濕精華」品類較上一期成長 15%（檔案中沒有成長率資料，是從其他檔案中得知）。

AI 指令 P9-13（追問）

（複製貼上 Excel 中的直條圖到 ChatGPT）[1]
撰寫 100 字說明[2]，對象是公司主管，特別強調保濕精華較上月成長 15%[3][4]

💡 指令秘訣

1. 免費版 ChatGPT 也能直接上傳圖片（每幾小時內有額度限制），並用圖像辨識能力看見圖中的文字和資料。
2. 直接在相同聊天室中追問，可省去需要解釋很多的麻煩，因為 ChatGPT 會參考之前的指令，並掌握資料的脈絡。
3. 生成報告的指令中，可提到想強調的重點，使內容更聚焦。
4. 若有資安疑慮，可去除重要資訊，待生成完成後再手動填入。

從生成結果中，你會發現 ChatGPT 有正確識別圖表前三名的品類文字，以及保濕精華的銷售額數字，並以此為基礎撰寫說明文字。

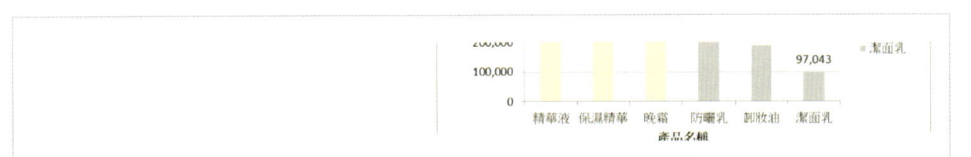

撰寫100字說明，對象是公司主管，特別強調保濕精華較上月成長15%

以下是本月產品類別銷售金額報告：

本月銷售前三名產品為「精華液」、「保濕精華」和「晚霜」，其中「保濕精華」的銷售金額達 822,905 元，較上月成長 15%。這顯示市場對保濕類產品需求顯著增加，特別是在季節轉換時期。建議持續強化保濕精華的推廣力度，並適時調整庫存，滿足消費者需求。

9-5

AI 整合程式方便執行｜
讓主函數呼叫多個函數

➡ 從圖案執行多個巨集

💡 情境說明

在前面的操作中，我們總共生成三個函數，分別用於匯入資料、製作週報表、製作圖表。因為常常需要執行這三個函數，我們希望將它們分別做成三個按鈕，方便執行（詳細操作步驟可參考〈第五章、VBA 新手功能大全〉）。

Step1 插入三個圖案，分別設為不同顏色和文字。

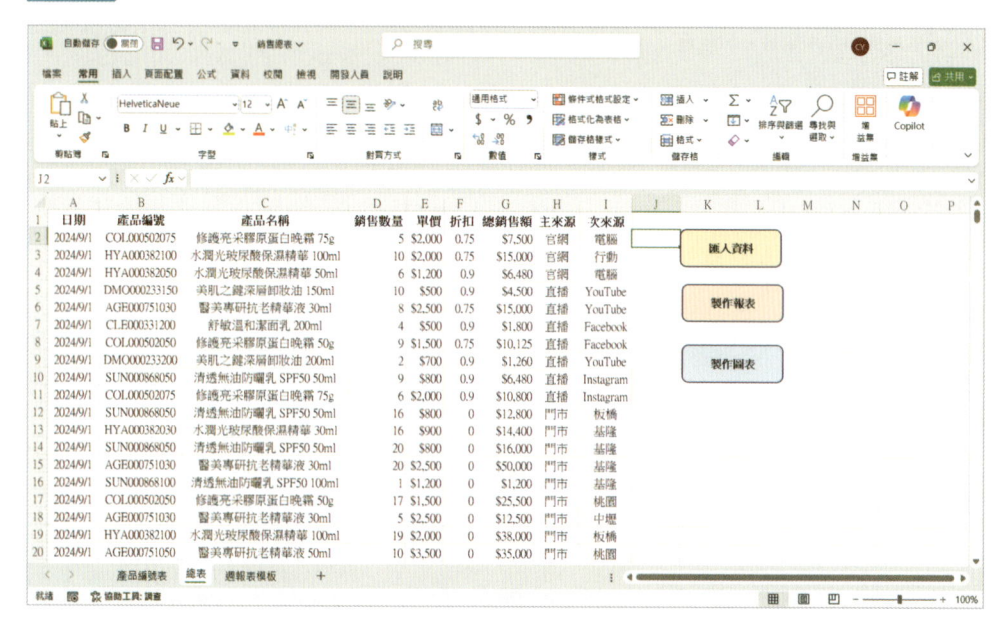

Step2 為每個圖案分別指定對應巨集。

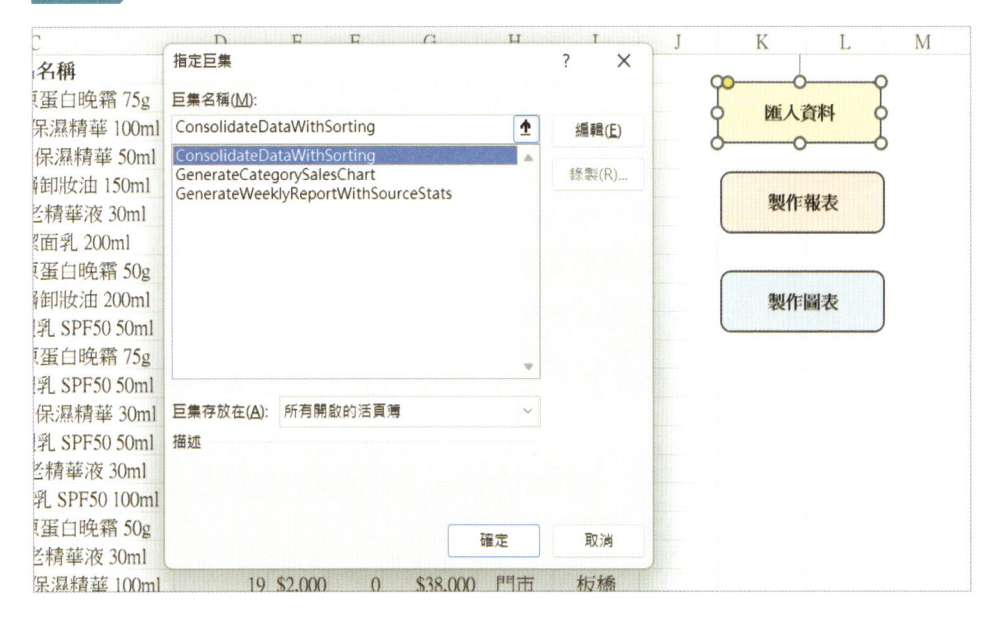

製作好這些圖案後，以後點擊第一個圖案，即可輕鬆匯入資料；再按其他兩個圖案、輸入日期範圍後，就能分別「製作報表」和「製作圖表」。所有任務都能簡單點個鍵就輕鬆完成！

AI 主函數呼叫多個函數

情境說明

上一個情境是製作三個圖案，分別點擊。我們也可以將三個函數整合為一個「主函數」，按一次執行即可依序完成匯入資料、製作報表和製作圖表等，實現全自動化操作。

AI 指令　P9-10（新開聊天室）

以下是目前的三個 VBA 函數[1]，我希望整合為同一個[2]，按一次執行就**依序執行**[3]

（貼上三個函數名稱）

💡 指令秘訣

1. 在原聊天室或新開聊天室生成都可以。
2. 在 VBA 中，一個函數可以被另一個函數「呼叫」。ChatGPT 不需要看到完整程式，只需要知道函數名稱即可生成一個主函數，一次呼叫並執行三個子函數。
3. 強調「依序執行」是因為這三個函數有順序性，一定要先執行第一個匯入資料後，才能執行其他兩個。VBA 會逐條執行程式，如果順序錯誤，程式會出錯或無法執行。

Step1 ChatGPT 生成的程式中，包含了我們給的三個函數名稱。

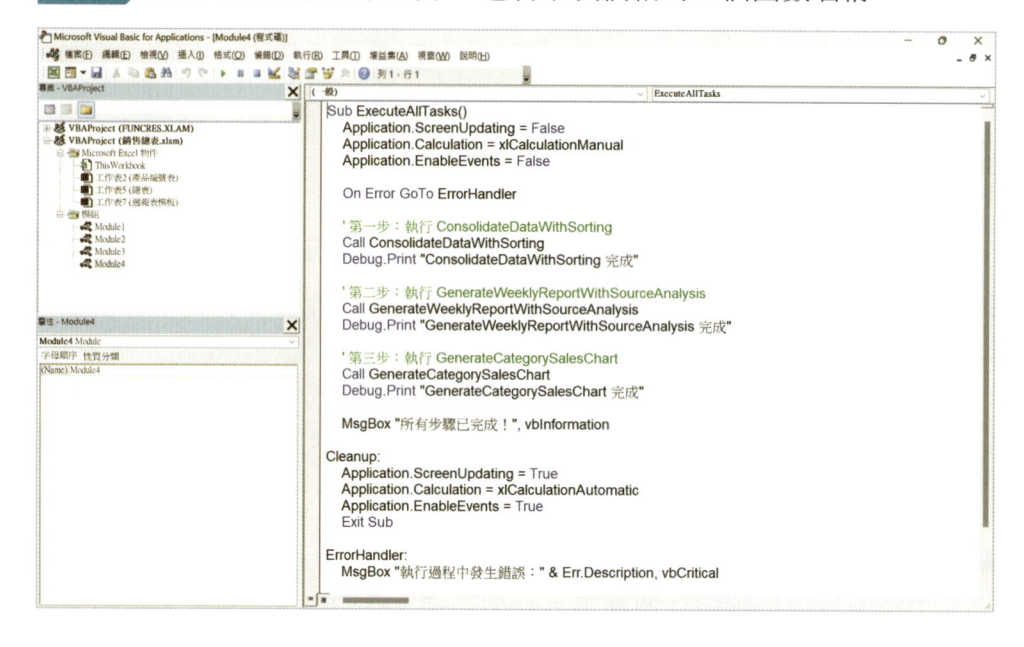

```vba
Sub ExecuteAllTasks()
    Application.ScreenUpdating = False
    Application.Calculation = xlCalculationManual
    Application.EnableEvents = False

    On Error GoTo ErrorHandler

    ' 第一步：執行 ConsolidateDataWithSorting
    Call ConsolidateDataWithSorting
    Debug.Print "ConsolidateDataWithSorting 完成"

    ' 第二步：執行 GenerateWeeklyReportWithSourceAnalysis
    Call GenerateWeeklyReportWithSourceAnalysis
    Debug.Print "GenerateWeeklyReportWithSourceAnalysis 完成"

    ' 第三步：執行 GenerateCategorySalesChart
    Call GenerateCategorySalesChart
    Debug.Print "GenerateCategorySalesChart 完成"

    MsgBox "所有步驟已完成！", vbInformation

Cleanup:
    Application.ScreenUpdating = True
    Application.Calculation = xlCalculationAutomatic
    Application.EnableEvents = True
    Exit Sub

ErrorHandler:
    MsgBox "執行過程中發生錯誤：" & Err.Description, vbCritical
```

Step2 執行程式後就會從第一個函數 ConsolidateDataWithSorting 開始執行，彈出視窗讓我們選取檔案，選取後輸入兩次日期，就跑完所有程式囉！

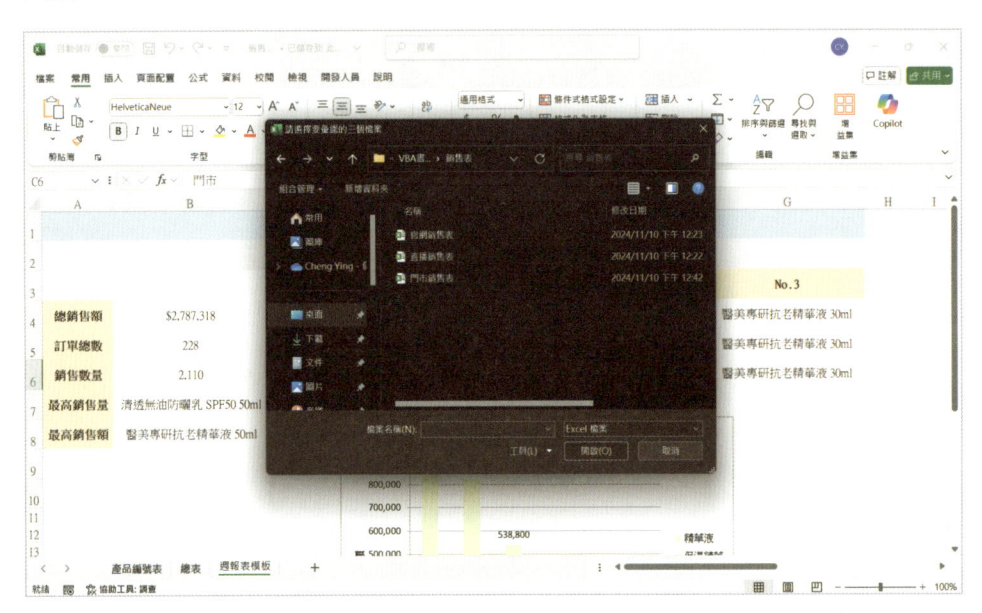

自動匯入報表資料，從此不再手動輸入！

本章主要介紹各種帶入資料的方法，包含指定文字、指定儲存格、相對位置和規律位置。掌握這四個方法，相信以後遇到各種帶入資料的情境都能輕鬆解決！

另外，本章用到三個複雜的函數，如果一次交給 ChatGPT 生成這三個函數，很容易因為太複雜導致出錯，我們也不容易釐清是哪裡出錯，改起來非常麻煩。

因此，這邊運用「分段追問」，一次生成一個函數，再生成一個主函數呼叫三個子函數，就能一鍵完成所有任務囉！

Chapter 10

VBA 自動匯出大量報表檔案:
取代手動命名轉檔瑣碎操作

實戰案例　一次匯出大量指定格式、名稱的檔案

　　本章延續上一章的銷售表案例，專注用 VBA 匯出各種格式的檔案，例如 PDF 和 Word。Excel 原本就能輸出成 PDF 和 Word，但是不容易設定格式，要輸出成多個檔案也很麻煩。使用 VBA 不只能自訂各種匯出格式，也快速匯出多個檔案。

本章重點

適用對象	行政助理、秘書常需產出大量報表與會議資料，有許多重複文書流程。
實戰教學	10-1 AI Excel 匯出 PDF　　10-2 AI Excel 匯出 Word 10-3 AI 匯入 Word 模板轉 PDF
效益	• 節省時間：快速完成大量檔案匯出，取代手動操作，大幅提升效率。 • 動態調整：根據需求動態命名檔案，直接反映資料月份和來源，減少管理錯誤。 • 任務拆解：學會將複雜任務拆解成小任務，逐步下指令完成，不僅減少錯誤，也提升指令執行的成功率。 • 文件格式多樣化：同時產出 Word 和 PDF 檔案，適應不同場景需求，提升文件使用靈活度。

獲取本章案例模板

案例模板檔案下載練習
https://chatgptaiwan.pse.is/vba10

AI 指令表、Excel VBA 程式碼複製
https://chatgptaiwan.pse.is/vbabook

特別說明：本書內圖文教學針對如何對 ChatGPT 下指令，若想獲得完整正確的 VBA 程式碼可透過上方檔案。

10-1

AI Excel 匯出 PDF
自動把數據整理成週報表

易通零售公司每週都要製作、匯出詳細週報表，用於內部匯報及主管審閱。過去的工作流程，是手動整理 Excel 週報表為 PDF 格式、命名檔案、儲存至特定資料夾，耗時且容易出錯。

隨著公司業務量不斷增加，公司希望能透過 VBA 程式，簡化並自動化這些流程。

成果完成圖

💡 情境說明

每週我們都需要匯出週報表為 PDF，提供老闆審閱。我們希望能快速將「週報表模板」的特定範圍匯出為 PDF 檔，並自動命名為「每周銷售報表」儲存在桌面。

🤖 AI 指令　P10-1（新開聊天室）

> 扮演 VBA 大師
> 輸出「週報表模板」工作表 A1:G24 [1]
> 類型：PDF
> 位置：桌面 [2]
> 檔案名稱：每周銷售報表 [3]
> 輸出後直接打開檔案，若桌面已有檔案則刪除後再輸出 [4]

💡 指令秘訣

[1] 一定要明確指出工作表範圍，這個範圍包含週報表模板的表格和圖表。

[2] 也要明確指出檔案類型和位置，才能正確輸出檔案到指定位置。

[3] 檔案名稱若不特別設定，ChatGPT 會幫你決定。

[4] 目前我們還在測試程式，因此可指定要 VBA 直接打開 PDF 確認；另外因為可能會匯出不只一次 PDF，且檔案名稱都一樣，因此設定先自動刪除後再輸出新的檔案，避免檔案同名導致的錯誤。

執行程式後，成功輸出 PDF 至桌面！不過因為資料範圍超出一般 PDF 版面，接下來我們要再做一些特別設定。（為了簡化重複的基本步驟，所以本章會減少 VBA 基本操作畫面，想了解的朋友，可以參考 Ch6。）

AI 設定 PDF 匯出格式

🔔 情境說明

VBA 將「週報表模板」範圍完整輸出為 PDF 時，部分資料被截斷。我們希望調整匯出的格式，確保所有內容在 PDF 中清晰可見。

🤖 AI 指令　P10-2（追問）

> 很好！但是資料在 PDF 中沒有完整顯示，有部分被截掉了[1][2]

💡 指令秘訣

[1] 不知道具體原因時，就回報錯誤給 ChatGPT 嘗試看看。
[2] 每次執行前，要先把現有 PDF 關掉，不然會出現「文件未儲存」錯誤。

執行程式後，成功在 PDF 中顯示完整資料！

AI 修改製作週報表函數

情境說明

我們每周都要在 Excel 中做出「週報表」，每月則要輸出當月各週的工作表為 PDF。我們需要先修改原本製作「週報表模板」的程式，改為每次都輸出成獨立的新工作表，名稱改為日期範圍。

AI 指令 P10-3（開新聊天室）[1]

修改以下 VBA：

1. [2] 複製「週報表模板」後填入資料 [3]
2. 新工作表名稱改為我輸入的日期範圍，但把斜線部分去除 [4]，例如：20240901-20240907
3. 原始「週報表模板」要保留，其他功能都不變

（貼上〈第九章、VBA自動匯入報表資料〉製作週報表的完整函數：GenerateWeeklyReportWithSourceAnalysis）

指令秘訣

[1] 這個指令跟上一個指令比較不相關，而且上一個輸出 PDF 的程式我們還會繼續 # 追問，建議開個新聊天室來下這個指令。

[2] 用列點方式呈現更清楚，也能提高生成成功的機率。

[3] 強調先複製模板再填入資料，不然可能會動到原始模板。

[4] 因為工作表名稱不能有斜線，因此特別強調。

Step1 執行程式前，先把「週報表模板」完全清空。

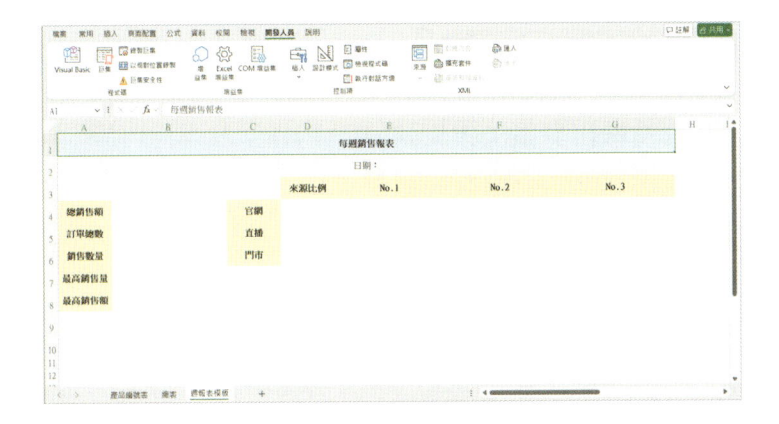

Step2 執行多次程式、分別輸入日期範圍,就能一次把 9 月各週的週報表都做好,每 7 天為一張表,總計有 5 張表,全部成功!

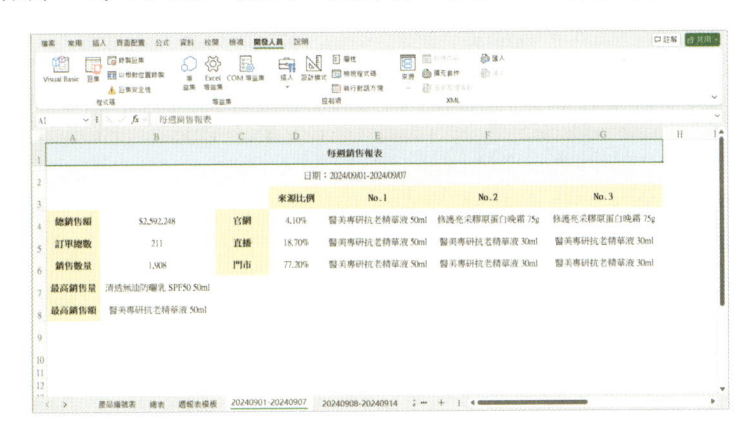

若有需要把直條圖也放入新工作表,也可用類似的指令修改之前生成的直條圖函數,這部分就交給你嘗試看看囉!

→ AI 大量匯出 PDF:單一檔案

🔔 情境說明

我們希望將當月各週的所有工作表,都輸出到同一 PDF 中,並設定檔案名稱和格式。

🤖 AI 指令　P10-4（回到原聊天室）[1]

很好！現在改為輸出多張工作表到同一 PDF
工作表名稱開頭都是「202409」[2]
資料範圍都是 A1:G9 [3]
檔案名稱改為「每月銷售報表」
PDF 為橫向 A4 [4]

💡 指令秘訣

[1] 記得回到原本生成 PDF 相關程式的 ChatGPT 聊天室，再進行追問。不要直接在上一個「修改製作週報表函數」的聊天室追問。

[2] 因為要輸出的是 9 月的週報表，工作表開頭都是 202409；若之後需要輸出其他月份，可直接到程式中修改，或製作互動視窗輸入。

[3] 這次沒有圖表，因此縮小資料範圍到 A1:G9。

[4] 資料範圍縮小後，表格會變得比較寬，因此設定為橫向 A4，更好閱讀。

執行程式後，成功輸出五頁 PDF！

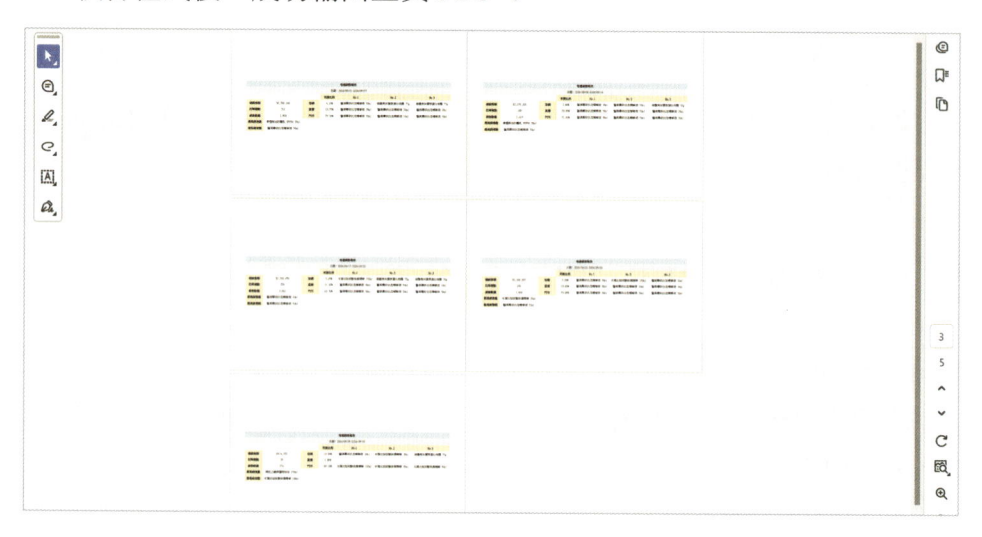

AI 大量匯出 PDF：多檔案

情境說明

除了將所有工作表都放在同一 PDF，我們也可以分別輸出為五個獨立的 PDF。

AI 指令 P10-5（追問）

> 很好！現在改為輸出為 5 個獨立的 PDF，放在這個資料夾："C:\Users\User\Desktop\ 銷售報表 " [1]

指令秘訣

[1] 右鍵點擊資料夾，可點選「複製路徑」，貼給 ChatGPT 即可寫入 VBA。

順利匯出 5 個獨立 PDF，也都放入指定資料夾中！

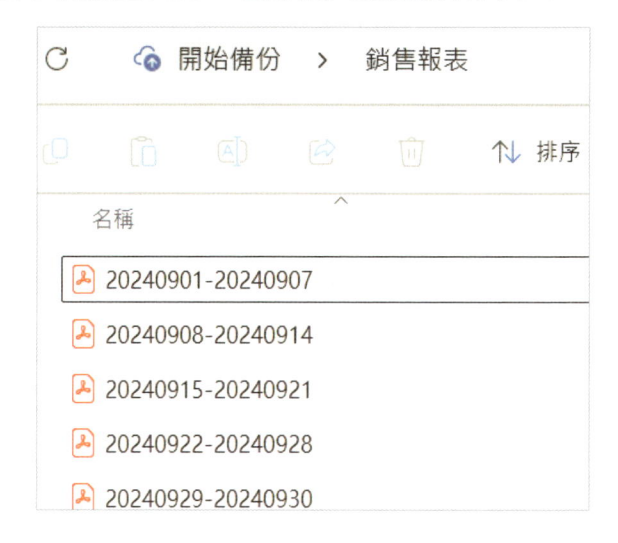

名稱
20240901-20240907
20240908-20240914
20240915-20240921
20240922-20240928
20240929-20240930

217

10-2

AI Excel 匯出 Word｜
讓自動輸出的報表更易修改

◉ 使用佔位符建立 Word 模板

● 情境說明

我們接著嘗試把 Excel 資料匯入 Word 檔案。直接匯出為 PDF 會比較難修改文件格式，因為要以 Excel 原始格式為主；先建立好 Word 模板、再匯入 Excel 資料，更方便我們編輯為想要的文件格式。

我們要用的 Word 模板如下，有 <> 符號的文字稱為「佔位符」，能幫助 VBA 辨識要替換的文字，避免出錯。

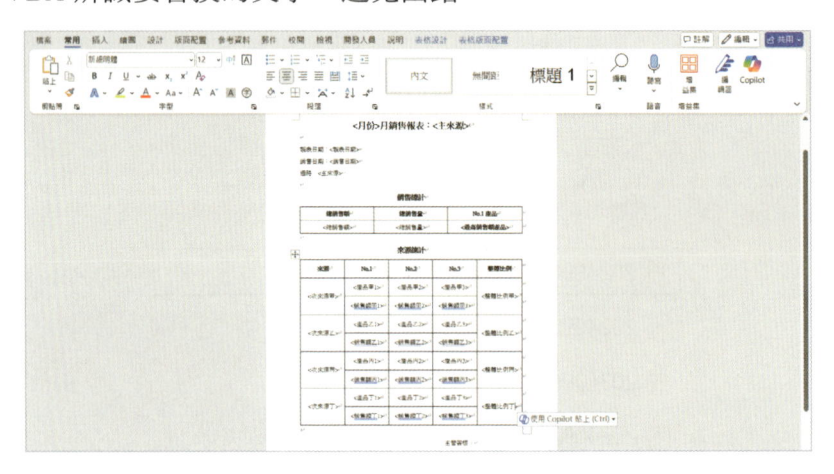

例如 < 製表日期 >，我們可以設定執行程式後，會自動被替換為當天的日期；而冒號前面的「製表日期」因為沒有 <>，因此不會被替換。

如果要替換的文字一樣，則佔位符可以相同，例如兩個 < 主來源 > 都

要替換成相同文字；如果要替換的文字不同，建議佔位符要不同避免出錯，例如 <產品甲 1>、<產品乙 1>，加上天干作為符號方便辨識。

製作好模板後，記得儲存至桌面並關閉檔案。

AI 匯出文字到 Word

情境說明

我們希望以桌面上的「月銷售報表模板」Word 檔為模板，從 Excel 中填入資料到該模板。每一個報表只放單一主來源的資料，主來源包含門市、官網、直播，將該來源的資料匯入模板上半部，「來源總計」以下的部分先不匯入。

AI 指令　P10-6（新開聊天室）

扮演 VBA 大師

1. **複製桌面上的「月銷售報表模板 .docx」，將 Excel 資料匯入到複本** [1]，檔名用「當月銷售報表」
2. 執行程式後，**彈出視窗詢讓我輸入文字，用來篩選「總表」工作表 H 欄相同的文字** [2]
3. 篩選後，**依照以下關係替換 Word 佔位符** [3]
   <月份> -> A 欄日期月份的數字
   <製表日期> -> 程式執行日期
   <銷售日期> -> A 欄最小日期 -A 欄最大日期
   <主來源> -> 我輸入的文字
   <總銷售額> -> G 欄加總
   <總銷售量> -> D 欄加總
   <最高銷售額產品> -> 根據 C 欄產品名稱個別加總 G 欄，回傳總額最高者的 C 欄

指令秘訣

1 記得保留原始 Word 模板，方便後續繼續使用；如果更動到原始模板的佔位符，下次匯入資料時，就會因為找不到對應佔位符而出錯。

2 利用互動視窗來指定要篩選的主來源，這樣每次都能指定不同的主來源。

3 用列點方式，方便呈現佔位符和欄位的對應關係。

Step1 執行程式後，彈出錯誤訊息：For each 的控制變數必須是 Variant 或 Object。

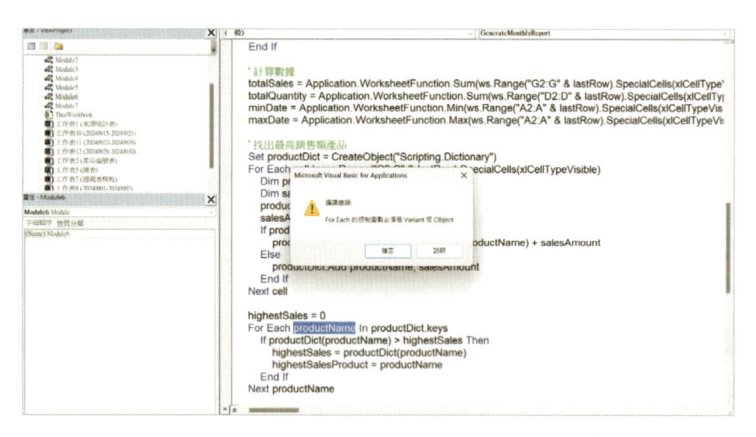

Step2 遇到這種錯誤，編輯器會反藍變數（productName）。我們可以直接去找定義變數類型的程式行（Dim X as Y），並將變數名稱的類型設定為 Varaint。

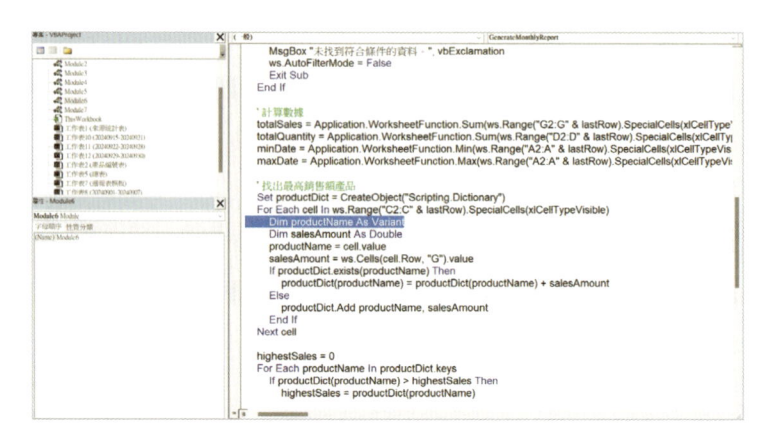

Step3 再次執行後，程式順利跑完。在桌面上打開新建立的 Word，佔位符號都有被替換為指定資料，數字也都正確！

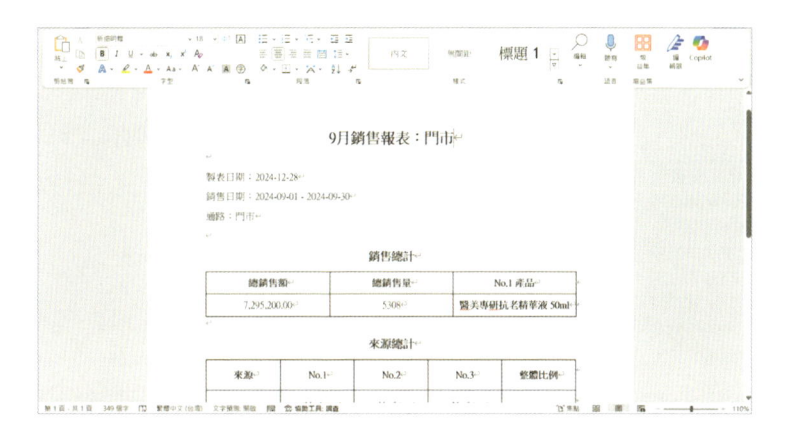

建立樞紐表準備數據

情境說明

接著我們要匯入資料到 Word 模板中的「來源總計」表格。在這之前，我們可以先建立樞紐表。因為這個表格中需要填入不少數字，直接用 VBA 計算容易出錯，或導致程式太複雜。先建立樞紐表把所有數字算好，再用 VBA 匯入會更方便。

Step1 全選「總表」所有資料。

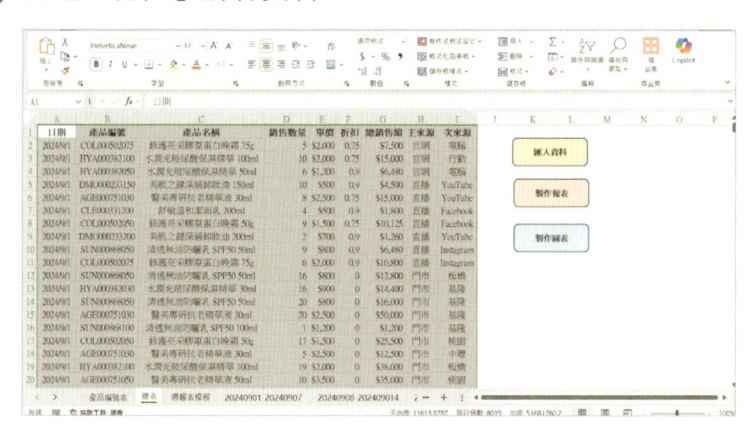

Step2 點擊插入→樞紐分析表→確定

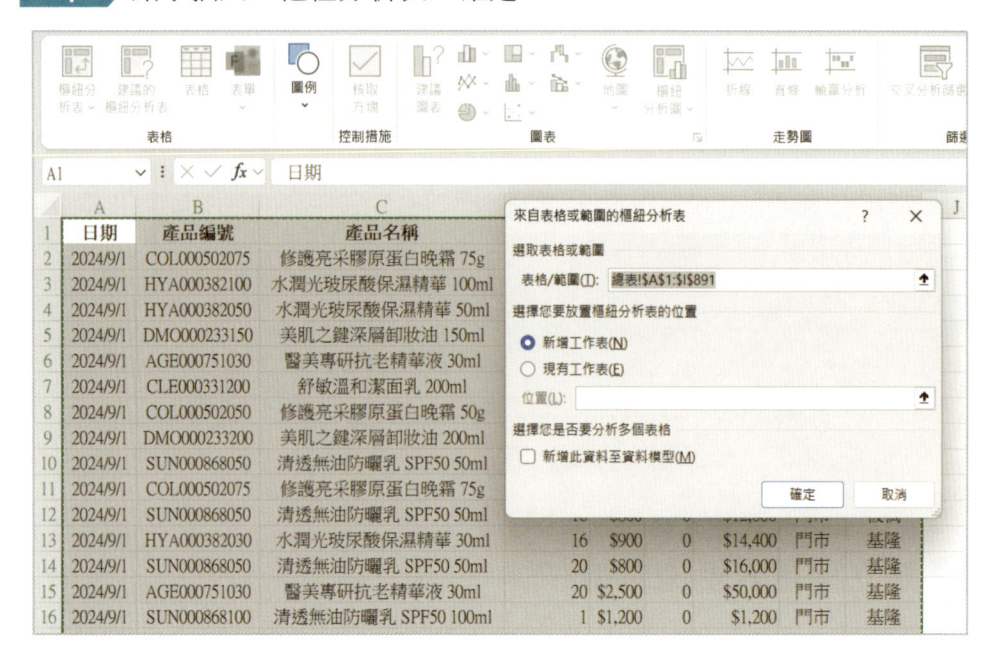

	A	B	C
1	日期	產品編號	產品名稱
2	2024/9/1	COL000502075	修護亮采膠原蛋白晚霜 75g
3	2024/9/1	HYA000382100	水潤光玻尿酸保濕精華 100ml
4	2024/9/1	HYA000382050	水潤光玻尿酸保濕精華 50ml
5	2024/9/1	DMO000233150	美肌之鍵深層卸妝油 150ml
6	2024/9/1	AGE000751030	醫美專研抗老精華液 30ml
7	2024/9/1	CLE000331200	舒敏溫和潔面乳 200ml
8	2024/9/1	COL000502050	修護亮采膠原蛋白晚霜 50g
9	2024/9/1	DMO000233200	美肌之鍵深層卸妝油 200ml
10	2024/9/1	SUN000868050	清透無油防曬乳 SPF50 50ml
11	2024/9/1	COL000502075	修護亮采膠原蛋白晚霜 75g
12	2024/9/1	SUN000868050	清透無油防曬乳 SPF50 50ml
13	2024/9/1	HYA000382030	水潤光玻尿酸保濕精華 30ml
14	2024/9/1	SUN000868050	清透無油防曬乳 SPF50 50ml
15	2024/9/1	AGE000751030	醫美專研抗老精華液 30ml
16	2024/9/1	SUN000868100	清透無油防曬乳 SPF50 100ml

表格/範圍：總表!$A$1:$I$891

Step3 修改新工作表名稱為「來源統計表」。

222

Step4 依照以下關係，將欄位放入樞紐表對應位置：

欄：主來源、次來源

列：產品名稱

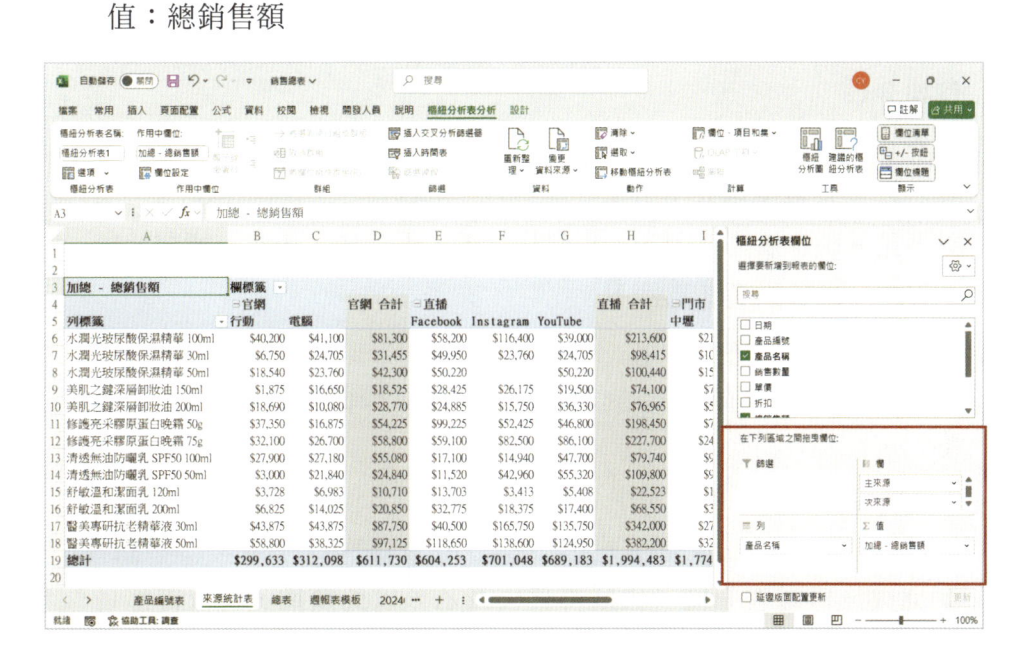

值：總銷售額

因為我們是篩選「主來源」匯入 Word，這樣安排樞紐表欄位能更方便 VBA 選取特定欄位，例如要抓取「官網」資料，則讓 VBA 選取 B:C 欄即可。

接著就能生成 VBA 把資料匯入 Word 囉！

AI 匯出大量數字至 Word

情境說明

製作好樞紐表後，我們繼續追問 ChatGPT 生成 VBA，從樞紐表中自動匯入指定主來源的各項資料到 Word。

🤖 AI 指令 P10-7（追問）

很好！保留以上所有功能，加入以下功能
1. <mark>productName 改為 Variant</mark> [1]
2. <mark>彈出第二個視窗</mark> [2] 詢問我「來源統計表」工作表要處理的欄，例如 B:C
3. <mark>在以上欄位的 6:18 列</mark> [3]，分別找出各欄數字最大前三名，將對應的 A 欄及數字填入 word

以下是 word 佔位符與 excel 欄位關係，從我輸入的第一欄開始匯入資料，<mark>以輸入 D:E 為例</mark> [4]

＜次來源甲＞ -> D5

＜產品甲 1＞ ＜產品甲 2＞ ＜產品甲 3＞ -> D 欄前三名分別對應的 A 欄

＜銷售額甲 1＞ ＜銷售額甲 2＞ ＜銷售額甲 3＞ -> D 欄前三名分別的數字

4. 完成後再處理 E 欄，佔位符替代為乙，以此類推，佔位符都是從甲開始

💡 指令秘訣

[1] 前面是直接手動修改 productName 的變數類型，ChatGPT 不知道我們有修改，因此要加上這句，避免再次出錯。

[2] 原本的程式中已經有一個輸入視窗，因此特別強調要彈出第二個視窗，並舉例輸入的格式。我們可以根據不同的主來源，輸入對應欄位，例如 B:C 代表是抓取「官網」資料。

[3] 樞紐表的數字資料都在 6:18 列，只要從這些列當中排名即可。A 欄則是產品名稱。

[4] 這邊用了非常完整的 # 具體舉例。先描述 D 欄的部分，並舉例要如何匯入 D 欄資料；到了第四點，再強調要處理 E 欄時，佔位符要改為乙，並用「以此類推」幫助 ChatGPT 了解後續規律都相同。

執行程式會彈出兩個視窗。在第一個視窗輸入「門市」，第二個視窗輸入「I:L」後，VBA 有成功在桌面新建立 Word 檔，不過打開檔案會發現資料不完整，只包含 I 欄和 L 欄的資料，I:L 中的 J、K 欄資料被忽略了。我們進一步追問來除錯。

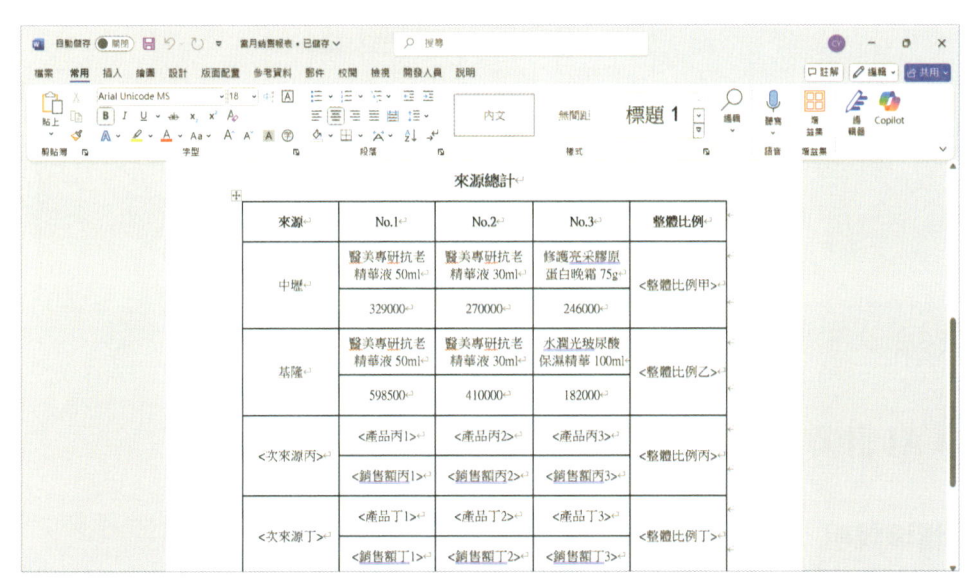

AI 指令 P10-8（追問）

很好！**有成功匯出資料到 Word，但我在第二個視窗輸入 I:L 後**[1]，Word 中只有甲、乙佔位符的資料被替代為 I 欄、L 欄的資料，J 和 K 欄資料都被忽略

指令秘訣

[1] # 追問時明確說明正確和錯誤之處，才能提高 ChatGP 除錯成功的機率。

再次執行程式並輸入相同資料後，成功匯入所有資料，核對後數字也都正確無誤！

來源	No.1	No.2	No.3	整體比例
中壢	醫美專研抗老精華液 50ml 329000	醫美專研抗老精華液 30ml 270000	修護亮采膠原蛋白晚霜 75g 246000	<整體比例甲>
板橋	醫美專研抗老精華液 50ml 217000	水潤光玻尿酸保濕精華 100ml 210000	醫美專研抗老精華液 30ml 205000	<整體比例乙>
桃園	醫美專研抗老精華液 50ml 325500	水潤光玻尿酸保濕精華 100ml 264000	水潤光玻尿酸保濕精華 50ml 264000	<整體比例丙>
基隆	醫美專研抗老精華液 50ml 598500	醫美專研抗老精華液 30ml 410000	水潤光玻尿酸保濕精華 100ml 182000	<整體比例丁>

AI 計算百分比、匯出至 Word

情境說明

最後要替換的佔位符是「整體比例」，計算方式是「前三名銷售額總和」，除以「該次來源整體銷售額總和」。樞紐表沒有百分比的資料，我們可以先寫公式計算好數字，再帶入 Word 中，方法與上一個類似；也可以直接用 VBA 計算好後帶入 Word。因為百分比最多只有四個數字要匯入，數量不多，我們直接用 VBA 計算後帶入。

AI 指令 P10-9（追問）

> 很好！再取代佔位符 <整體比例甲>[1]：將前三名的數字加總後，除以該欄的第 19 列[2]，回傳百分比

指令秘訣

[1] 上一個指令已寫過「以此類推」，這邊可以簡單舉一個例子即可。

226

2 在「來源統計表」中每一欄的第 19 列都是「次來源銷售額總和」，所以用該列做為分母。

執行程式後，最後的百分比也成功被帶入，數字也正確！

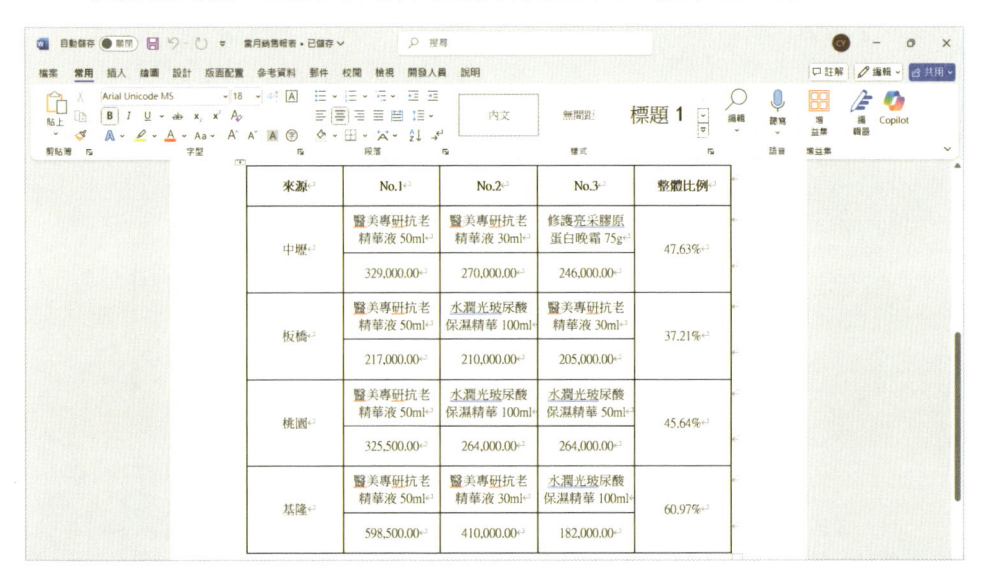

來源	No.1	No.2	No.3	整體比例
中壢	醫美專研抗老精華液 50ml 329,000.00	醫美專研抗老精華液 30ml 270,000.00	修護亮采膠原蛋白晚霜 75g 246,000.00	47.63%
板橋	醫美專研抗老精華液 50ml 217,000.00	水潤光玻尿酸保濕精華 100ml 210,000.00	醫美專研抗老精華液 30ml 205,000.00	37.21%
桃園	醫美專研抗老精華液 50ml 325,500.00	水潤光玻尿酸保濕精華 100ml 264,500.00	水潤光玻尿酸保濕精華 50ml 264,000.00	45.64%
基隆	醫美專研抗老精華液 50ml 598,500.00	醫美專研抗老精華液 30ml 410,000.00	水潤光玻尿酸保濕精華 100ml 182,000.00	60.97%

➔ AI 修改匯出數字格式

💡 情境說明

目前 Word 的銷售額數字都是小數點兩位，也沒有 $ 符號；總銷售量則少了千分位符號。我們繼續追問 ChatGPT 來調整匯出的數字格式。

🤖 AI 指令　P10-10（追問）

很好！輸出的銷售額數字改為無小數點、前方加上 $，例如：$329,000 [1]

總銷售量數字則加上千分位符號，例如：5,308

10

VBA 自動匯出大量報表檔案：取代手動命名轉檔瑣碎操作

指令秘訣

[1] 要調整格式的話，# 具體舉例是最有效的方法！

執行程式後，順利修改好格式囉！

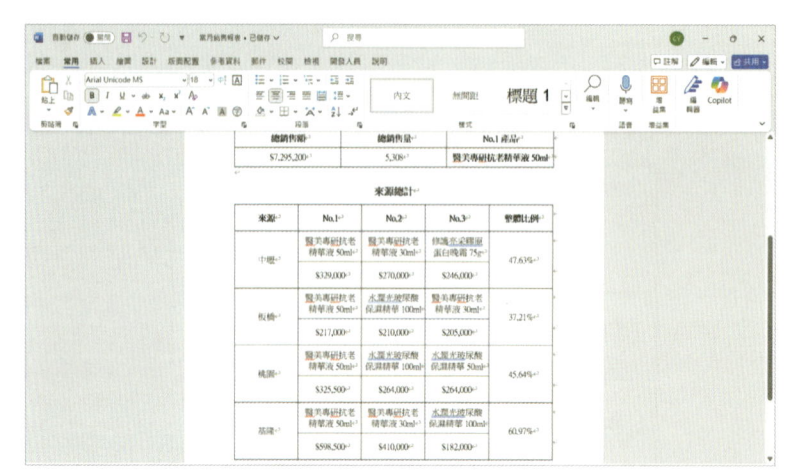

AI 自動抓取對應資料

情境說明

到這邊程式已經相當完整了，不過我們還是可以進一步優化。目前執行程式後，需要輸入兩次互動視窗，有點麻煩；我們改為只要輸入一次「主來源」後，就能自動抓取對應欄位的資料，並完成後續所有動作。

AI 指令 P10-11（追問）

> 很好！現在改為只彈出第一個視窗就好
> 若輸入「官網」，則去找「來源統計表」B:C 欄[1]
> 若輸入「直播」，則去找「來源統計表」E:G 欄
> 若輸入「門市」，則去找「來源統計表」I:L 欄
> 其他功能都維持不變

指令秘訣

1 我們直接告訴 ChatGPT 主來源跟次來源的對應關係，這樣只要輸入一次文字即可找到對應資料。

執行程式後，成功改為只要輸入一次視窗，即可匯出正確的資料到 Word！

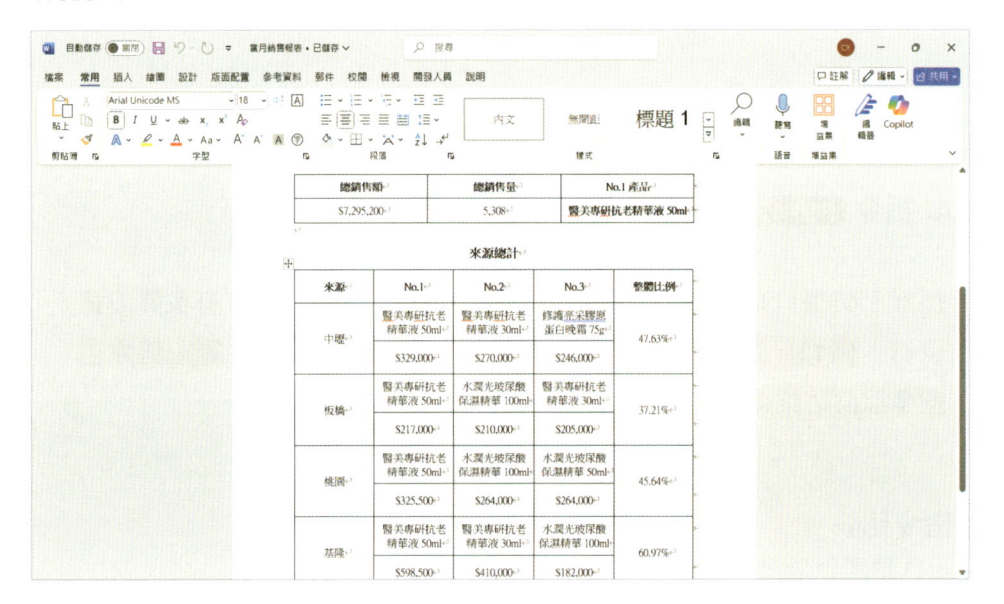

AI 去除多餘佔位符號

情境說明

如果輸入「門市」，甲到丁的佔位符都會被替換，沒有多餘的佔位符；但如果輸入「官網」或「直播」，因為次來源都只有兩個，就會有多餘兩個的佔位符沒被替換。

🤖 **AI 指令** P10-12（追問）

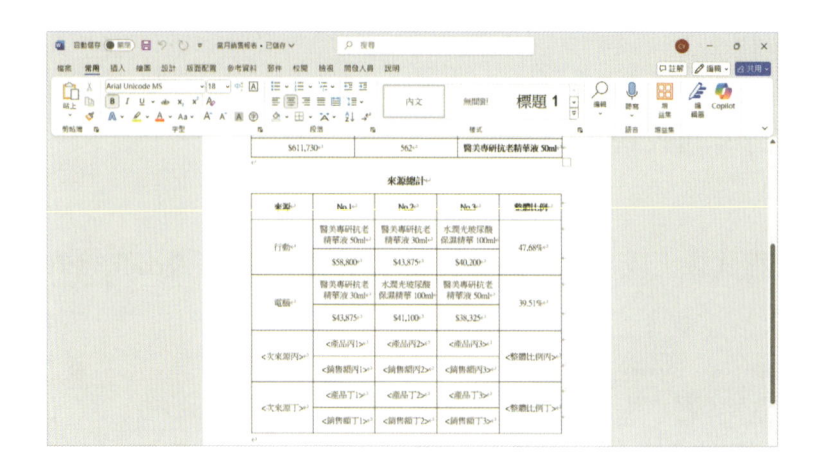

很好！如果只有要輸出兩欄資料，例如 B:C，則 Word 會有多餘的佔位符，例如 <次來源丙>、<產品丙 1>、<銷售額丙 1> 等。清除這些多餘的佔位符 [1]

💡 **指令秘訣**

[1] # 具體舉例哪些佔位符是多餘的，幫助 ChatGPT 理解。

執行程式後，就得到乾淨完整的表格囉！

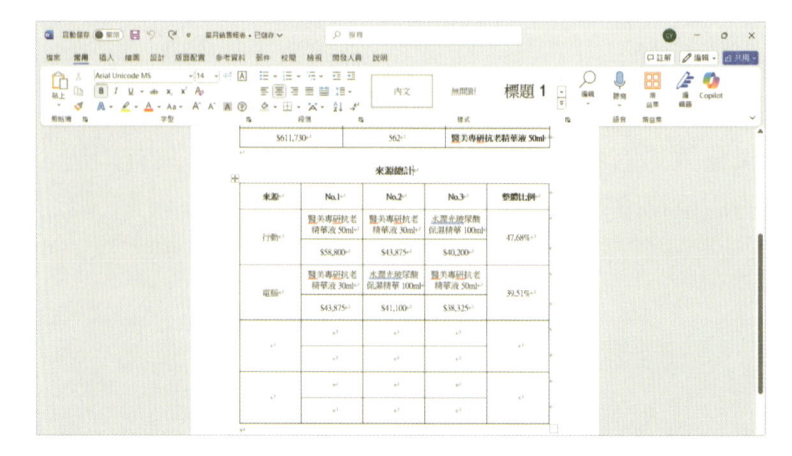

230

10-3

AI 匯入 Word 模板轉 PDF
一次自動轉出多種格式報表

➡ AI 匯入 Word 轉 PDF

💡 情境說明

　　前面的案例都是匯入資料到 Word 中，但我們希望製作 Word 檔後，另外輸出一份 PDF，同時保留 Word 和 PDF。

🤖 AI 指令　P10-13（追問）

> 很好！匯出 Word 後，將 Word 再匯出為 PDF，==也就是會有兩個檔案==【1】

💡 指令秘訣

【1】因為我們想保留兩個檔案格式，因此最後特別 #強調重點，提醒 ChatGPT 會有兩個檔案。

　　執行程式後，桌面上就會有一個 Word 和一個 PDF 檔囉！

231

AI 指定動態檔案名稱

情境說明

因為每個月都會製作報表，若每次的檔案名稱都相同而且都放在桌面，VBA 很容易出錯，我們也會搞不清楚檔案。因此，我們希望檔案名稱能根據「月份」和「主來源」來動態調整，這樣就能直接看出月份和主來源。

AI 指令 P10-14（追問）

> 很好！輸出的 Word 和 PDF 檔案名稱都改為：<月份>月銷售報表_<主來源> [1]

指令秘訣

[1] 前面已經跟 ChatGPT 說明過佔位符的格式，在描述檔案名稱時，也可繼續沿用相同的佔位符格式。

執行程式後，順利將檔案名稱改為「9月銷售報表_直播」。

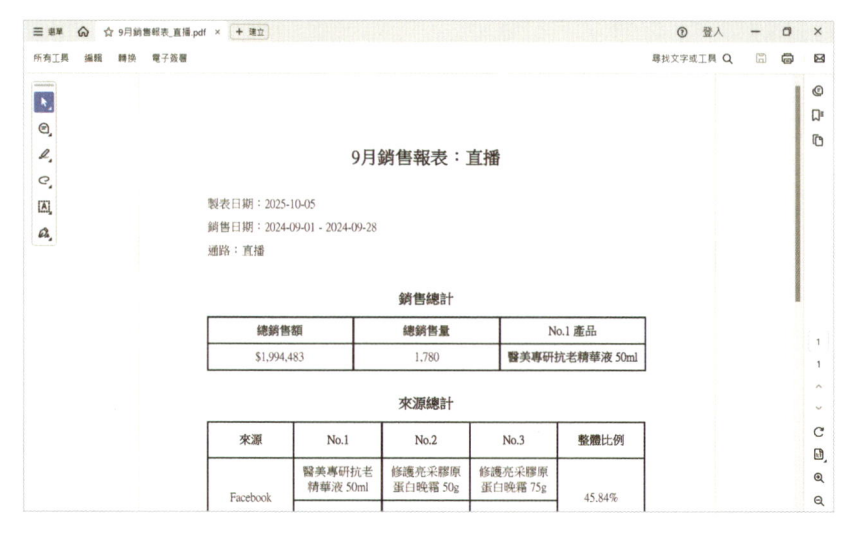

9月銷售報表：直播

製表日期：2025-10-05
銷售日期：2024-09-01 - 2024-09-28
通路：直播

銷售總計

總銷售額	總銷售量	No.1 產品
$1,994,483	1,780	醫美專研抗老精華液 50ml

來源總計

來源	No.1	No.2	No.3	整體比例
Facebook	醫美專研抗老精華液 50ml	修護亮采膠原蛋白晚霜 50g	修護亮采膠原蛋白晚霜 75g	45.84%

AI 指定檔案儲存路徑

情境說明
我們希望將所有匯出的檔案，都存到「各通路銷售報表」資料夾中，方便整理檔案。

AI 指令　P10-15（追問）

> 很好！檔案都存到 "C:\ 各通路銷售報表" [1]

指令秘訣
[1] 對資料夾點擊右鍵→複製路徑，再將路徑貼到 ChatGPT 即可。

執行程式後，成功將儲存路徑從桌面改為指定資料夾！

手動調整互動視窗顯示的文字

情境說明
在這整段程式執行過程中，會彈出多個視窗，包含輸入、錯誤訊息、完成訊息等，ChatGPT 都會直接生成視窗上的文字。如果想更改的話，可以直接手動在程式中修改，因為視窗文字在程式中很容易辨識、修改，這樣就不用為了視窗文字重新生成一次所有程式。

Step1 在 VBA 編輯器中，找到以下關鍵字：InputBox、MsgBox。

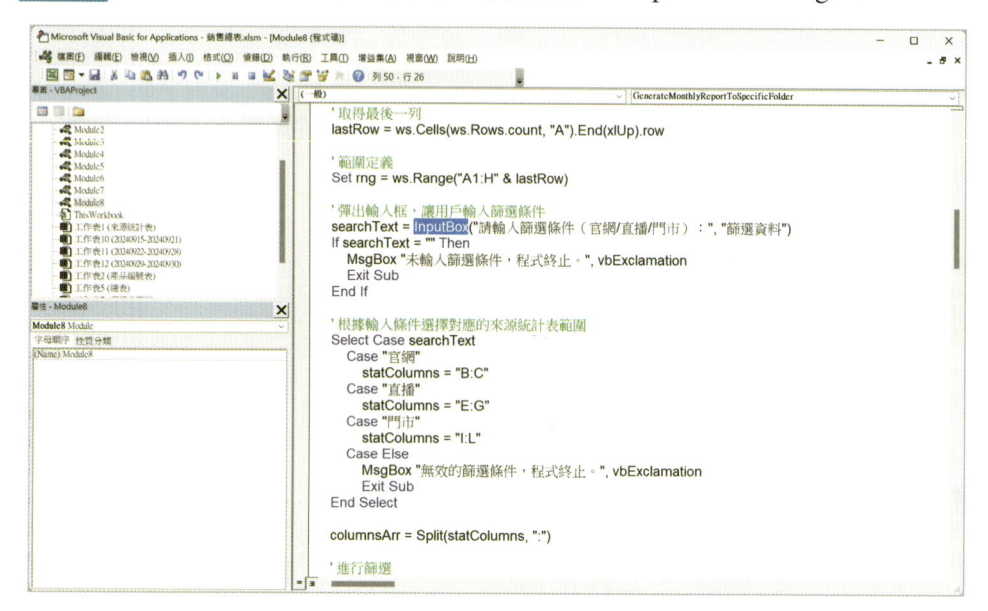

Step2 找到雙引號內的文字，可以根據執行程式時看到的視窗文字來尋找，例如第一個視窗的文字是「請輸入篩選條件（官網/直播/門市）」。

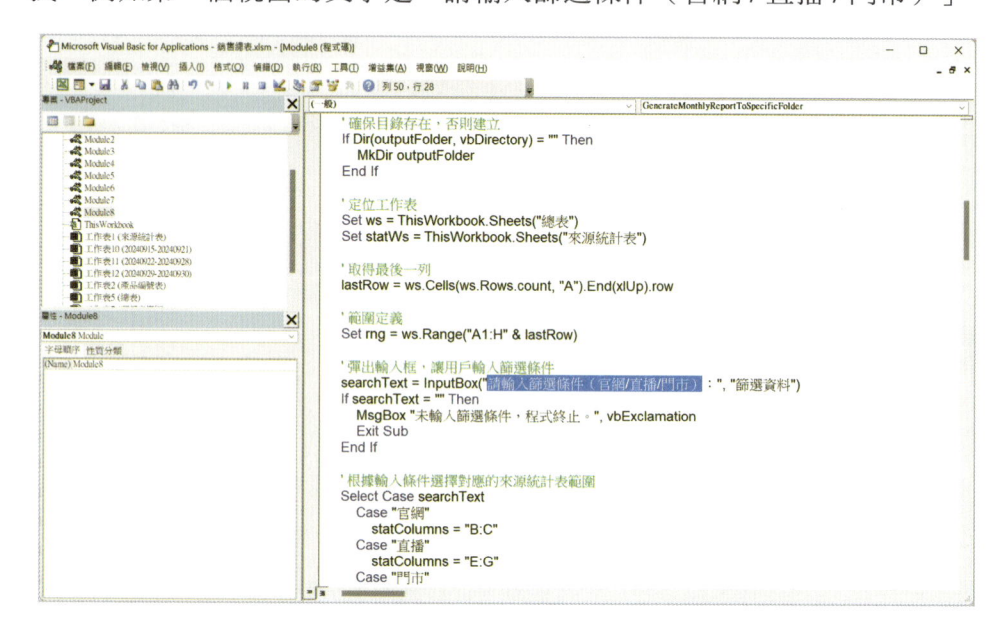

Step3 任意修改文字，這邊改為「請擇一輸入：官網、直播、門市」，修改時記得保留文字前後的雙引號（"）。後方的"篩選資料"是視窗的標題，也可以任意修改。

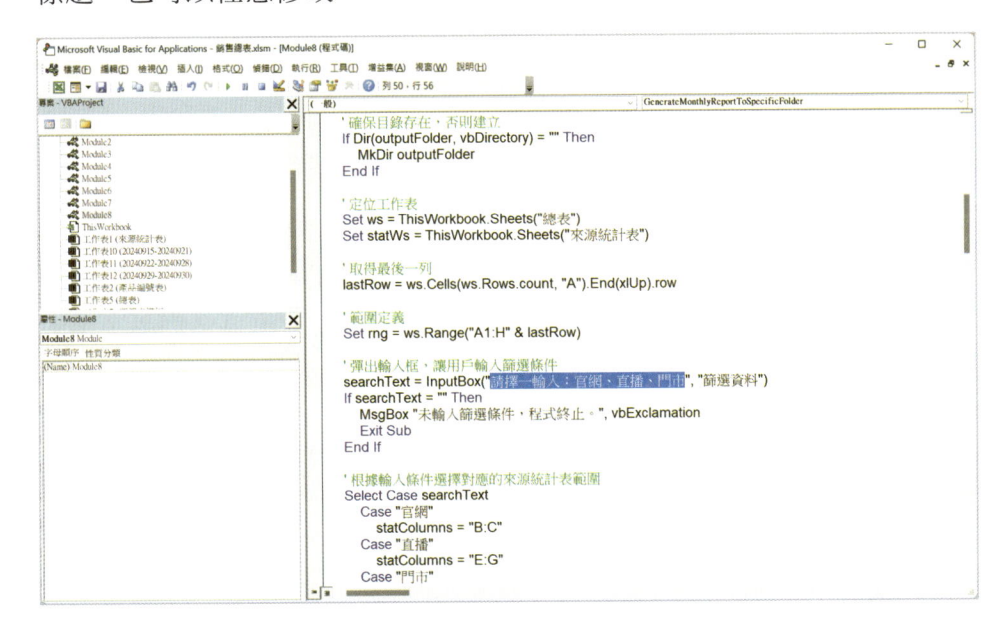

```
' 確保目錄存在，否則建立
If Dir(outputFolder, vbDirectory) = "" Then
    MkDir outputFolder
End If

' 定位工作表
Set ws = ThisWorkbook.Sheets("總表")
Set statWs = ThisWorkbook.Sheets("來源統計表")

' 取得最後一列
lastRow = ws.Cells(ws.Rows.count, "A").End(xlUp).row

' 範圍定義
Set rng = ws.Range("A1:H" & lastRow)

' 彈出輸入框，讓用戶輸入篩選條件
searchText = InputBox("請擇一輸入：官網、直播、門市", "篩選資料")
If searchText = "" Then
    MsgBox "未輸入篩選條件，程式終止。", vbExclamation
    Exit Sub
End If

' 根據輸入條件選擇對應的來源統計表範圍
Select Case searchText
    Case "官網"
        statColumns = "B:C"
    Case "直播"
        statColumns = "E:G"
    Case "門市"
```

Step4 執行程式測試看看，成功修改視窗上顯示的文字！

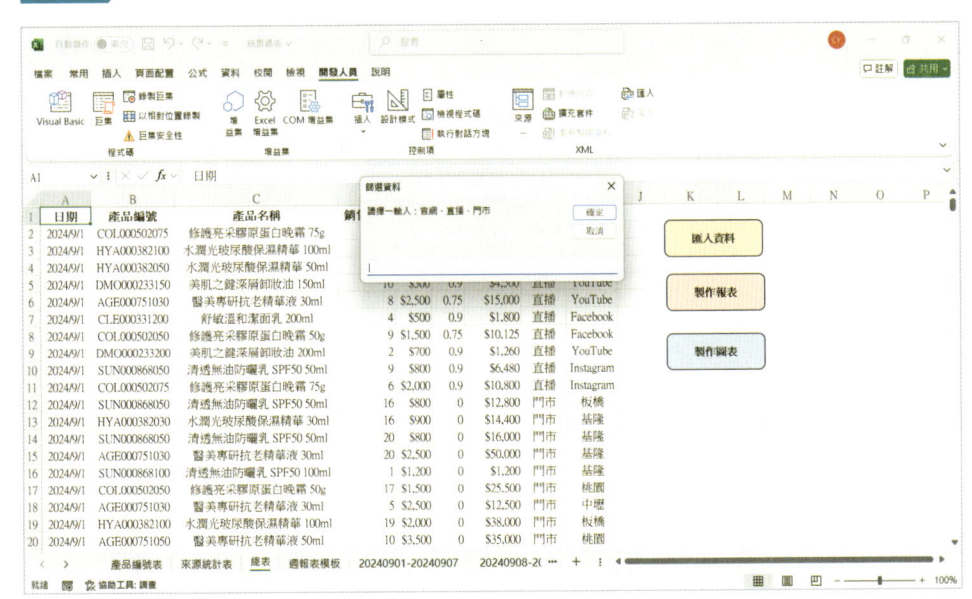

235

⮕ 拆解任務、化繁為簡,逐步實現高效自動化

本章最終生成的程式很長,總共有214列。要一開始就想好所有細節、打出完整指令,幾乎是不可能的。不過別擔心,我們可以先從最簡單的任務開始,例如輸出一部分資料到 Word,再透過追問一步步完善程式。

下完一個指令後程式出錯,可以透過除錯技巧來除錯(請參考〈Ch4、ChatGPT ✕ VBA 除錯技巧〉);如果追問 3-5 次還是有問題,可以試著換個方式下指令,或是拆解指令,先完成一部分功能,再繼續加入功能。

例如本章是先確認佔位符都能被成功替換後,才清除多餘佔位符;如果要同時替換大量佔位符、清除多餘佔位符,可能會出現更多錯誤,導致除錯變得更困難。

Chapter 11

VBA 建立客戶自動發信系統：
減少人工作業時間與錯誤

實戰案例：一鍵完成大量郵件草稿、寄送與客製化系統

本章案例超級常見又實用……全自動寄信！我們會用 ChatGPT 生成自動寄信 VBA，讓你一鍵完成大量製作草稿、大量寄信、雙語寄信等超多種寄信方式，還能根據不同客戶插入對應的表格、PDF 和圖片，真正實現完全寄信自動化！讓你告別手動一個個複製草稿、修改文字，再一封封寄出──用免費的 VBA，達到付費客戶管理系統的效果！

註：開始本章實作前，記得先登入桌面版 Outlook 軟體。使用 Google、Outlook 或其他帳號登入都可以。

本章重點

適用對象	行銷、業務、客戶系統管理人員，常需要大量客製化寄出 Email。
實戰教學	**11-1** AI 製作 Outlook 基本草稿　　**11-2** AI 匯入指定資料至草稿 **11-3** AI 草稿插入多元物件　　**11-4** AI 大量製作信件草稿 **11-5** AI 將郵件翻譯成英文　　**11-6** AI 大量自動寄信
效益	・客戶管理全自動化：從草稿製作到寄信，全流程自動化，減少人工操作。 ・精準大量寄信：避免人工操作錯誤，提高信件格式與資料的準確性。 ・豐富信件應用：支援多語言信件，靈活插入表格、PDF 和圖片等物件。

獲取本章案例模板

本章 AI 指令、程式 & Excel 練習檔
https://chatgptaiwan.pse.is/vba11

AI 指令表、Excel VBA 程式碼複製
https://chatgptaiwan.pse.is/vbabook

特別說明：本書內圖文教學針對如何對 ChatGPT 下指令，若想獲得完整正確的 VBA 程式碼可透過上方檔案。

11-1

AI 製作 Outlook 基本草稿｜讓郵件未來可客製化的模板

麒麟貿易公司每週需寄送大量「出貨通知信」，內容結構大致相同，但需針對不同客戶帶入對應資訊。過去常常一封封複製貼上，替換姓名、日期、追蹤碼，過程既耗時又容易出錯，尤其在週五出貨高峰期，常因人工作業造成信件延誤。

公司希望建立一套簡單明確的草稿模板，後續讓 VBA 自動帶入資料、寄送信件，大幅減少每日手動操作。

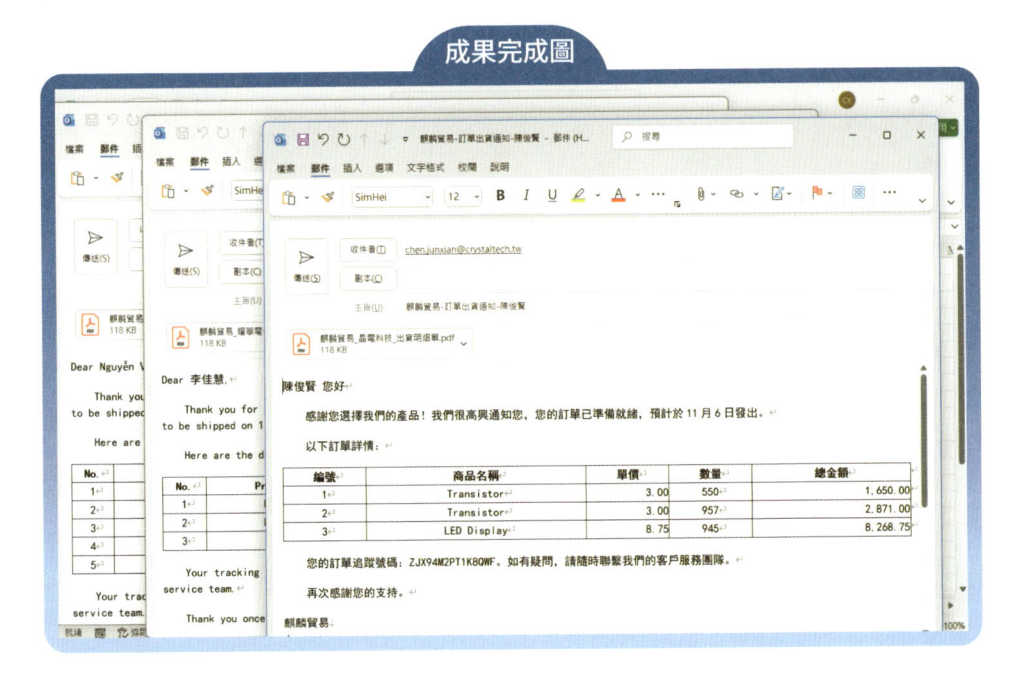

成果完成圖

建立 Email 草稿模板

情境說明

為了能用 VBA 自動帶入 Excel 資料、寄出信件，我們先建立一個「出貨通知信」草稿模板，包含「主旨」和「內文」，並放上基本的佔位符：<客戶姓名>、<發貨日期>、<物流追蹤碼>。使用佔位符能幫助 VBA 辨識哪些文字要被替換。

主旨：麒麟貿易 - 訂單出貨通知 -<客戶姓名>
<客戶姓名> 您好

感謝您選擇我們的產品！我們很高興通知您，您的訂單已準備就緒，預計於 <發貨日期> 發出。

以下訂單詳情：

您的訂單追蹤號碼：<物流追蹤碼>。如有疑問，請隨時聯繫我們的客戶服務團隊。

再次感謝您的支持。

麒麟貿易
Joanne
chatgptaiwan@gmail.com

AI 製作客製信件草稿

情境說明

完成草稿後，我們將這份草稿和任務指令，一起交給 ChatGPT，它會直接將草稿寫入程式中。另外，先指定用第一位客戶的資料測試程式，等程式確認成功後，再改為大量寄信；否則執行一次程式，就會製作出非常多份草稿，一個個刪除非常麻煩。

🤖 AI 指令 P10-1（新開聊天室）

> 扮演 VBA 大師
> 「客戶資料」工作表 A 欄是客戶姓名、C 欄是 email
> 根據以下信件，**為第一位客戶建立草稿**[1]，**佔位符部分先取代 < 客戶姓名 > 即可**[2]
> **（貼上草稿主旨與內文）**[3]

💡 指令秘訣

[1] 如果沒有強調這點，會一次為所有客戶都建立草稿，這樣要刪除或修改很麻煩。

[2] 先測試第一個佔位符，成功後納入其他佔位符。

[3] 我們也可以直接在 Outlook 中直接打好草稿，再用 VBA 去找該信件主旨、建立新草稿。但是這樣很容易有格式跑掉、程式錯誤等問題，因此本章都以直接將草稿寫入 VBA 為範例。

執行程式後，成功建立草稿，主旨和內文也都順利替換 < 客戶姓名 > 佔位符！

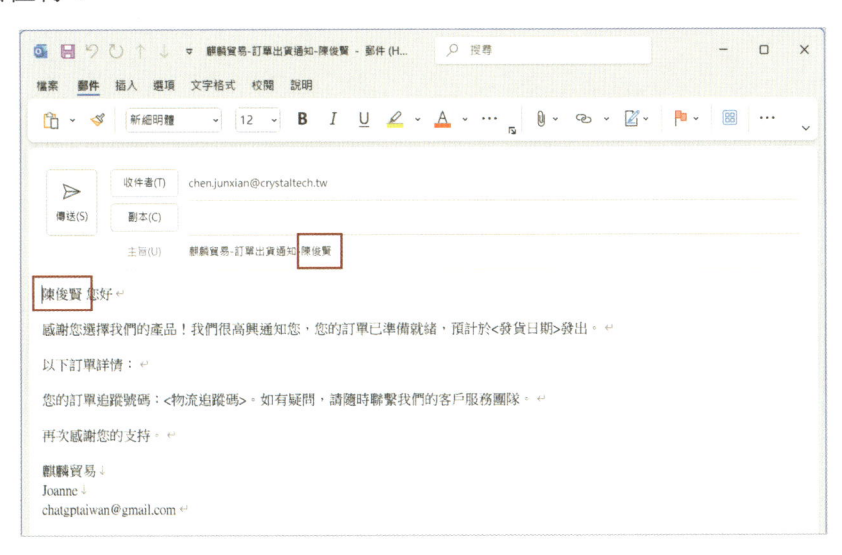

AI 修改草稿文字格式

情境說明
我們希望指定信件草稿格式，包含內文增加縮排、指定字體。

AI 指令 P11-3（追問）

> 很好！除了開頭和結尾「麒麟貿易」後的文字，其他內文部分都使用縮排
> 所有字體全部改為 SimHei [1]
> 其他部分維持不變 [2]

指令秘訣
[1] 只要是 Outlook 有的字體，基本上都能直接指定、寫入程式。
[2] 強調這點，避免其他部分被修改。

執行程式後，順利修改格式。不過最後一句內文「再次感謝您的支持。」沒有縮排，而且 <發貨日期> 和 <物流追蹤碼> 佔位符消失了。我們來追問吧！

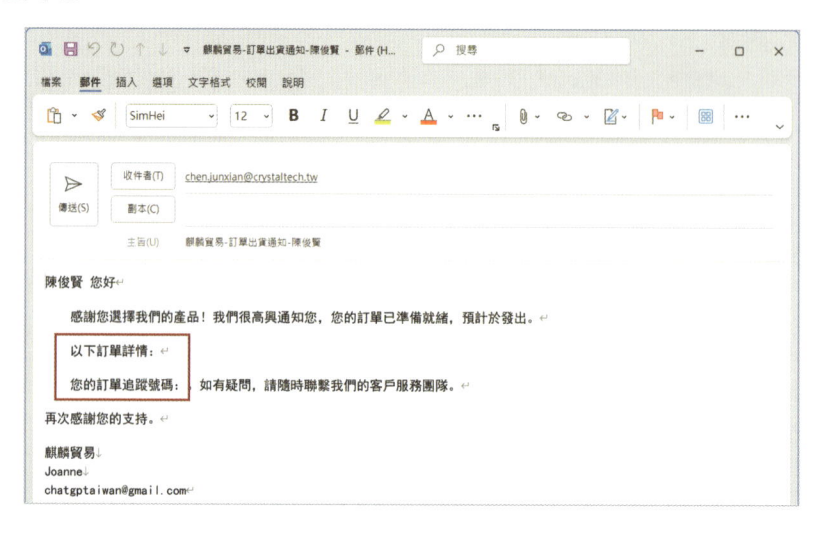

🤖 AI 指令 P11-3（追問）

> 很好！不過「再次感謝您的支持。」這句話也要縮排
> <客戶姓名> 以外的佔位符，都先不要替換

執行程式後，就得到完全符合格式需求的草稿，佔位符也回來囉！

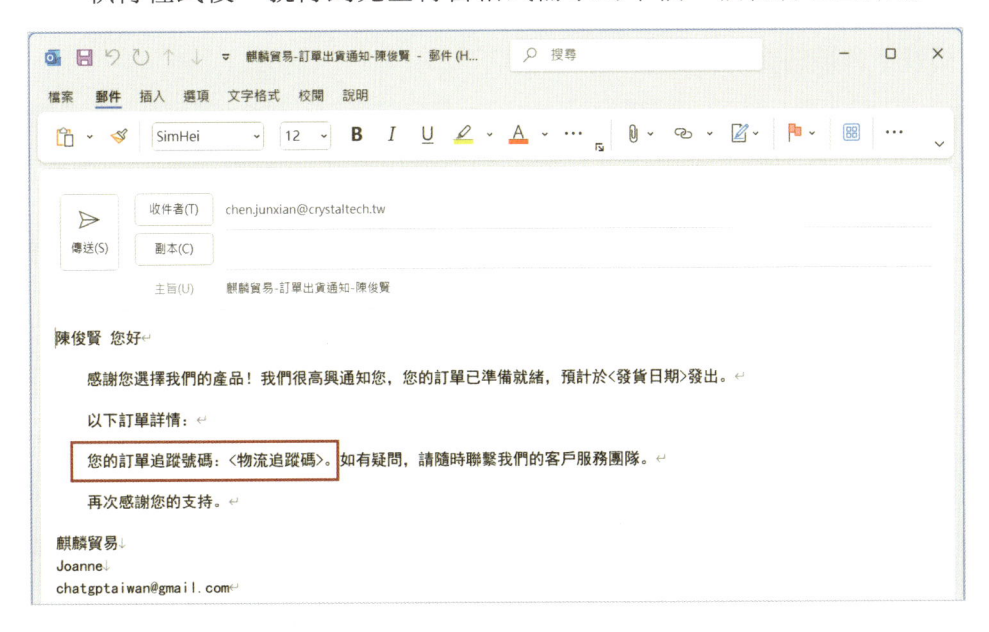

➡ AI 開啟草稿視窗、刪除草稿

💡 情境說明

目前的程式執行後，都要到 Outlook 草稿資料夾，才能看到新草稿，這樣有點麻煩。我們希望執行程式後能直接檢視草稿，並把相同名稱的舊草稿刪除，避免建立兩個名稱相同的草稿。

🤖 AI 指令 P11-4（追問）

> 很好！建立好草稿後，直接打開草稿視窗提供檢視
> 若草稿名稱重複，則刪除舊草稿

　　執行程式後，會直接打開草稿視窗；再次執行程式，舊草稿也會成功被刪除，只保留一個信件草稿。如果是不同客戶，草稿名稱會不一樣，舊草稿就不會被刪除。

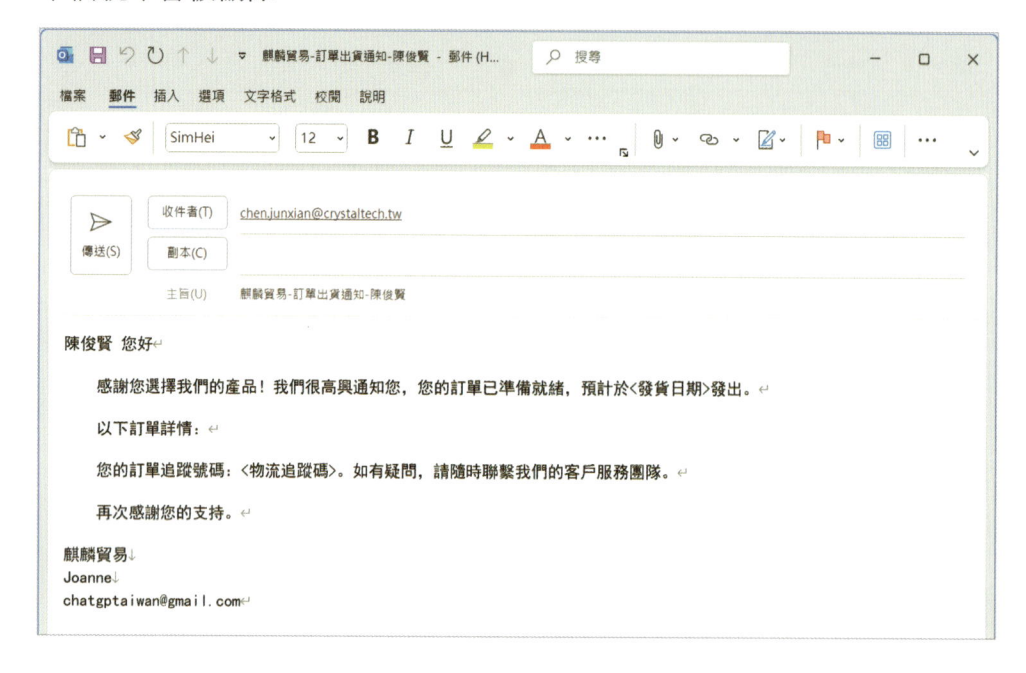

收件者(T)：chen.junxian@crystaltech.tw

主旨(U)：麒麟貿易-訂單出貨通知-陳俊賢

陳俊賢 您好

　　感謝您選擇我們的產品！我們很高興通知您，您的訂單已準備就緒，預計於<發貨日期>發出。

　　以下訂單詳情：

　　您的訂單追蹤號碼：<物流追蹤碼>。如有疑問，請隨時聯繫我們的客戶服務團隊。

　　再次感謝您的支持。

麒麟貿易
Joanne
chatgptaiwan@gmail.com

11-2

AI 匯入指定資料至草稿｜
自動修改日期、訂單資料

🔄 AI 指定佔位符日期

💬 情境說明
我們公司寄出信件時，通常都是隔一天發貨，因此我們要將草稿中的 <發貨日期> 設為今天加一天

🤖 AI 指令 P11-5（追問）

> 很好！**<發貨日期>**[1] 改為今天 +1 天，格式如：**11月5日**[2]

💡 指令秘訣
[1] 前面的指令已經有提過佔位符格式，# 追問時直接寫出 <>，ChatGPT 就知道是佔位符。
[2] 遇到日期格式，# 具體舉例最有效。

執行程式後，<發貨日期> 成功被改為今天加一天：11月6日！

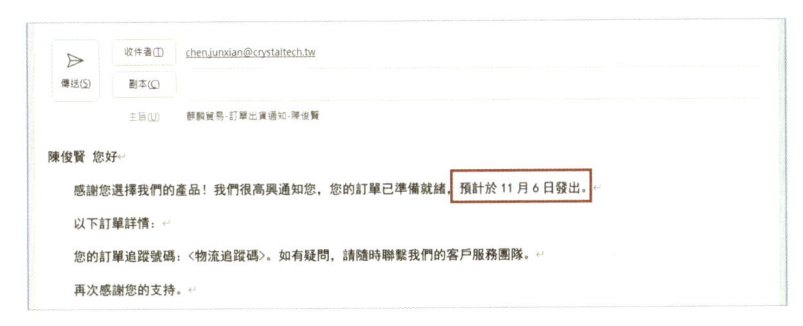

陳俊賢 您好

感謝您選擇我們的產品！我們很高興通知您，您的訂單已準備就緒，**預計於 11 月 6 日發出。**

以下訂單詳情：

您的訂單追蹤號碼：<物流追蹤碼>。如有疑問，請隨時聯繫我們的客戶服務團隊。

再次感謝您的支持。

AI 跨表指定佔位符

情境說明

接著處理 <物流追蹤碼> 佔位符，這個資料在另一個工作表「訂單資料」的 I 欄。每個客戶的所有物流追蹤碼都相同，在草稿中替換一次佔位符即可。

AI 指令 P11-6（追問）

> 很好！<物流追蹤碼> 在「訂單資料」工作表 I 欄
> 根據「訂單資料」B 欄客戶姓名[1]，找到對應物流追蹤碼，替換佔位符

指令秘訣

[1] 除了說明「物流追蹤碼」欄位外，也要說明「客戶姓名」欄位，VBA 才能根據客戶姓名找到對應物流追蹤碼。

執行程式後，成功替換為該客戶對應的 <物流追蹤碼>！

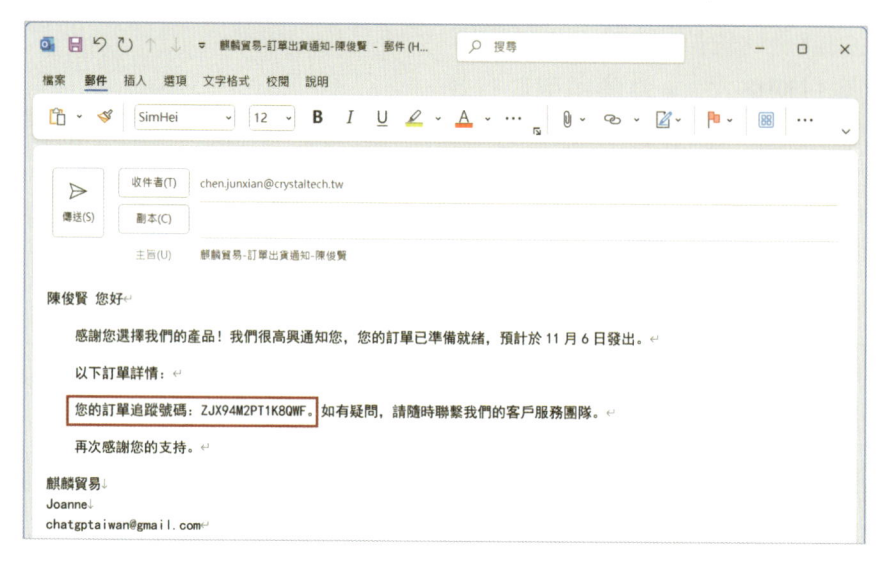

AI 匯入訂單資料

情境說明

接著我們要在信件草稿中匯入客戶的訂單資料。一個草稿中可能有多筆訂單資料，因此我們不用佔位符，而是直接匯入「訂單資料」工作表中該客戶的訂單資料，放在「以下訂單詳情：」下方。

AI 指令 P11-7（追問）

> 很好！再找出該客戶 E:H 欄的對應資料，每筆以列點方式呈現，例如：
> 訂單一｜E欄、單價：F欄、數量：G欄、總金額：H欄[1]

指令秘訣

[1] # 具體舉例想要呈現的訂單格式，ChatGPT 就能以此類推。

執行程式後，大致有符合指令中的描述，訂單資料也正確；不過格式有點跑掉，我們繼續追問。

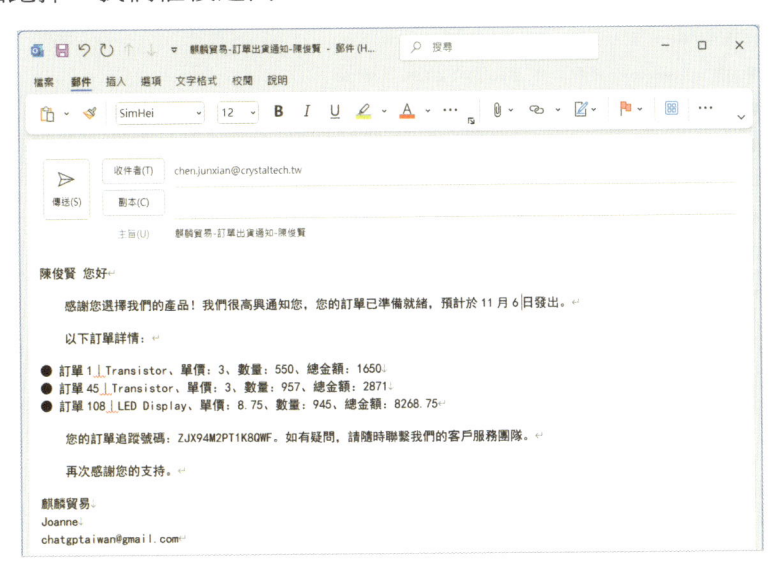

🤖 AI 指令 P11-8（追問）

很好！針對訂單文字部分，修改以下內容[1]：
增加縮排跟其他文字一樣
信件中的訂單編號從 1 開始，不用依照 Excel 中的編號
數字都要加上千分位符號

💡 指令秘訣

[1] 為避免動到其他內文的格式，針對這句 # 強調重點。

執行程式後，成功匯入該客戶的所有訂單資料並符合指定格式囉！

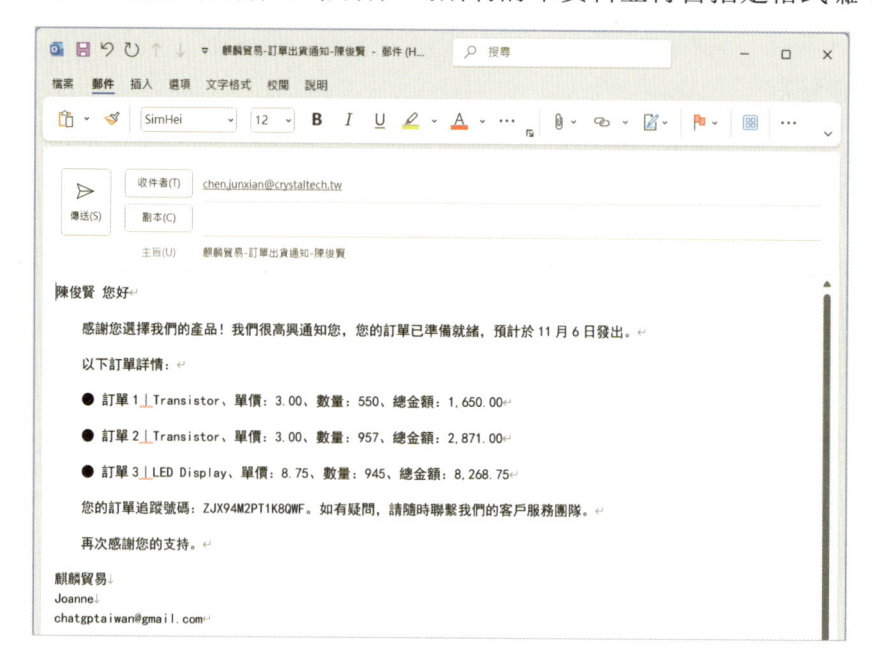

```
收件者(T)：chen.junxian@crystaltech.tw
主旨(U)：麒麟貿易-訂單出貨通知-陳俊賢

陳俊賢 您好

感謝您選擇我們的產品！我們很高興通知您，您的訂單已準備就緒，預計於 11 月 6 日發出。

以下訂單詳情：

● 訂單 1｜Transistor、單價：3.00、數量：550、總金額：1,650.00
● 訂單 2｜Transistor、單價：3.00、數量：957、總金額：2,871.00
● 訂單 3｜LED Display、單價：8.75、數量：945、總金額：8,268.75

您的訂單追蹤號碼：ZJX94M2PT1K8QWF。如有疑問，請隨時聯繫我們的客戶服務團隊。

再次感謝您的支持。

麒麟貿易
Joanne
chatgptaiwan@gmail.com
```

11-3

AI 草稿插入多元物件｜
讓郵件自動增加表格、PDF、圖片

➡ AI 插入表格

💡 情境說明

除了純文字外，我們也希望在草稿中插入其他物件。我們先從表格開始，將「列點式」訂單資料改為用「表格」呈現。

🤖 AI 指令　P11-9（追問）

> 很好！訂單資料改為表格，**欄位如下：編號、商品名稱、單價、數量、總金額**[1]「單價」和「總金額」數字置右、其他都置中

💡 指令秘訣

[1] #具體舉例表格欄位，方便 ChatGPT 直接把對應欄位寫入程式中。

執行程式後，成功插入表格，資料和格式都正確！

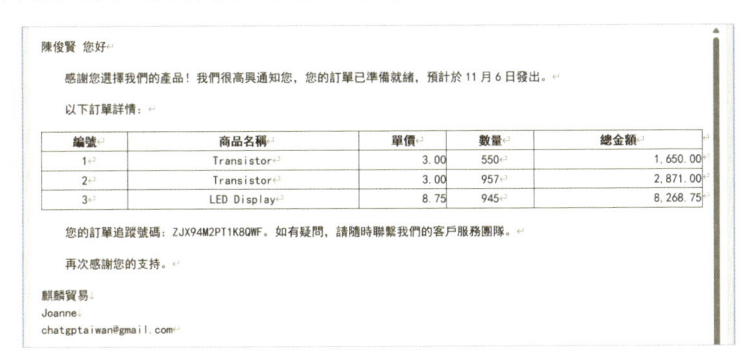

陳俊賢 您好

感謝您選擇我們的產品！我們很高興通知您，您的訂單已準備就緒，預計於 11 月 6 日發出。

以下訂單詳情：

編號	商品名稱	單價	數量	總金額
1	Transistor	3.00	550	1,650.00
2	Transistor	3.00	957	2,871.00
3	LED Display	8.75	945	8,268.75

您的訂單追蹤號碼：ZJX94M2PT1K8QWF。如有疑問，請隨時聯繫我們的客戶服務團隊。

再次感謝您的支持。

麒麟貿易
Joanne
chatgpttaiwan@gmail.com

AI 附加 PDF

情境說明

除了信件文字外，我們還要在草稿中附加給該客戶的出貨明細 PDF。所有客戶的明細都放在「出貨明細表」資料夾中，檔名都是「麒麟貿易」+「客戶公司名稱前四字」。

AI 指令 P11-10（追問）

很好！根據「客戶資料」工作表 B 欄公司名稱前四個字，在「"C:\Users\User\Desktop\ 出貨明細表 "[1]」資料夾中，找到檔名包含公司名稱前四個字[2] 的 PDF，夾帶在草稿中

指令秘訣

[1] 直接貼上你的資料夾路徑，VBA 即可快速找到檔案。

[2] 所有明細單檔名中間都是公司名稱前四個字，可以此為搜尋對應檔案的線索。

執行程式後，順利附加正確 PDF 檔！

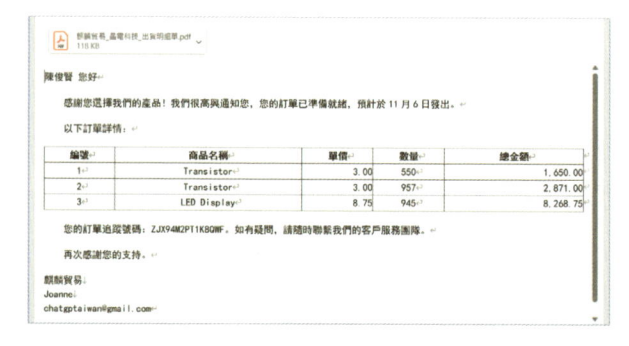

AI 插入圖片

情境說明
我們希望在信件草稿最下方插入公司 logo，logo 圖片放在桌面。

AI 指令 P11-11（追問）

> 很好！在信件的<mark>最後一列 email 下方插入圖片</mark>[1]，<mark>檔案在桌面</mark>[2]，檔名是「公司 logo.png」

指令秘訣
[1] 具體指定圖片插入在信件內文的 email 下方（chatgptaiwan@gmail.com），避免插入錯誤位置。
[2] 圖片尺寸建議使用 256×256，在信件中呈現時較合適，也可減少檔案大小。

執行程式後，成功插入公司 logo 圖片！

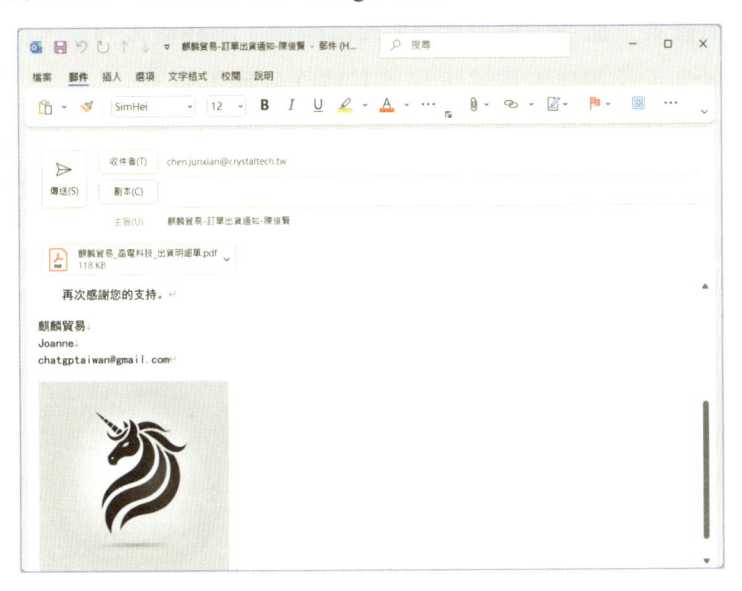

11-4

AI 大量製作信件草稿
一步完成多位客戶的草稿信

⊙ AI 指定客戶寄信

💬 情境說明

到目前為止，我們都是以 A2 的客戶作為寄信對象，用來測試程式是否正確；但實際上在寄信時，會需要一次寄給多人，而且會需要指定客戶。因此，我們將 A2 這個範圍，改為互動視窗，讓我們能直接輸入「列號」來指定一個或多個寄信對象。

🤖 AI 指令　P11-12（新開聊天室）[1]

> 修改以下程式，把寄信對象從 A2 改為視窗，讓我輸入列號，例如：
> 5、5,7、5-8 三種輸入格式，程式其他部分都不變 [2]
> （貼上前一個程式）

💡 指令秘訣

[1] 前一個程式已經非常長，加上聊天室已被追問多次，ChatGPT 在單一聊天室中會有上下文窗口上限。因此重開一個聊天室，這樣能給新指令更多運算資源，提高成功機率。

[2] 提供三種輸入格式，應對各種輸入需求。輸入 5 代表處理第五列的客戶，輸入 5,7 代表處理第五列、第七列的客戶，輸入 5-8 代表處理第五到八列客戶。特別注意，第一位客戶是在第二列，因為第一列是標題。

Step1 貼上程式後，會發現有註解下方沒有寫程式，這是因為整體程式過長，ChatGPT 省略了相同的程式。

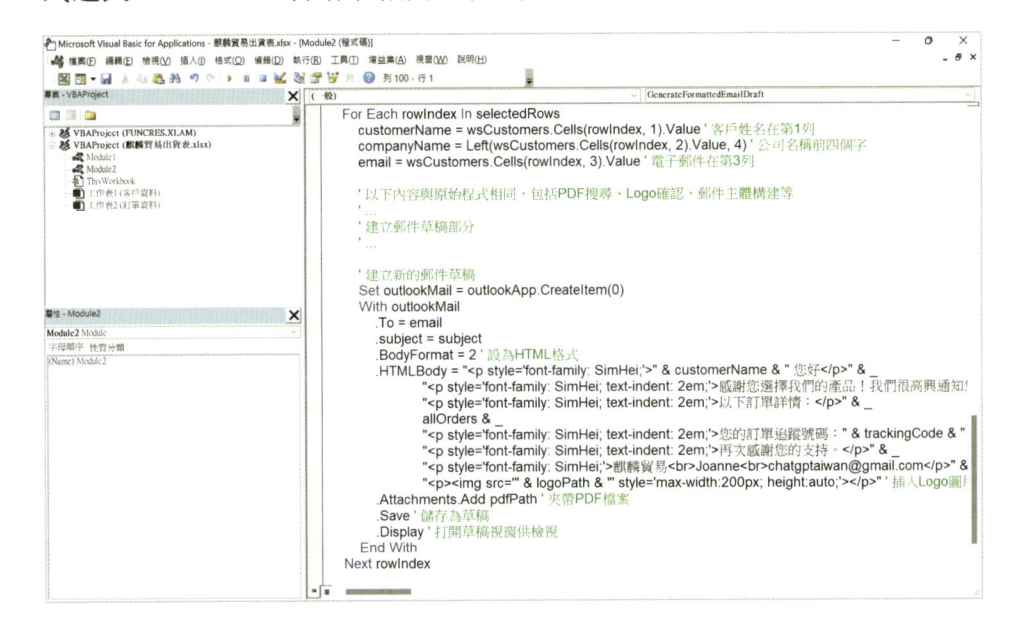

```
For Each rowIndex In selectedRows
    customerName = wsCustomers.Cells(rowIndex, 1).Value ' 客戶姓名在第1列
    companyName = Left(wsCustomers.Cells(rowIndex, 2).Value, 4) ' 公司名稱前四個字
    email = wsCustomers.Cells(rowIndex, 3).Value ' 電子郵件在第3列

    ' 以下內容與原始程式相同，包括PDF搜尋、Logo確認、郵件主體構建等
    '...
    ' 建立郵件草稿部分
    '...

    ' 建立新的郵件草稿
    Set outlookMail = outlookApp.CreateItem(0)
    With outlookMail
        .To = email
        .subject = subject
        .BodyFormat = 2 ' 設為HTML格式
        .HTMLBody = "<p style='font-family: SimHei;'>" & customerName & " 您好</p>" & _
            "<p style='font-family: SimHei; text-indent: 2em;'>感謝您選擇我們的產品！我們很高興通知!" & _
            "<p style='font-family: SimHei; text-indent: 2em;'>以下訂單詳情：</p>" & _
            allOrders & _
            "<p style='font-family: SimHei; text-indent: 2em;'>您的訂單追蹤號碼為：" & trackingCode & "" & _
            "<p style='font-family: SimHei; text-indent: 2em;'>再次感謝您的支持。</p>" & _
            "<p style='font-family: SimHei;'>麒麟貿易<br>Joanne<br>chatgptaiwan@gmail.com</p>" & _
            "<p><img src='" & logoPath & "' style='max-width:200px; height:auto;'></p>" ' 插入Logo圖片
        .Attachments.Add pdfPath ' 夾帶PDF檔案
        .Save ' 儲存為草稿
        .Display ' 打開草稿視窗供檢視
    End With
Next rowIndex
```

Step2 我們可以依照註解的說明，貼上原先該部分的程式。（你也可以直接告訴 ChatGPT：給我完整程式）。

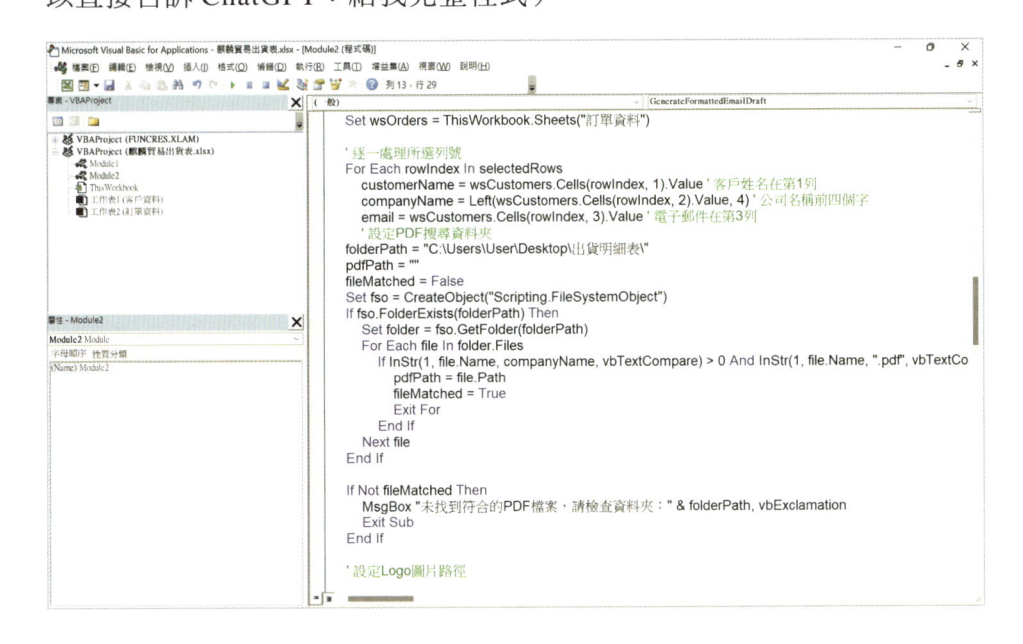

```
Set wsOrders = ThisWorkbook.Sheets("訂單資料")

' 逐一處理所選訂號
For Each rowIndex In selectedRows
    customerName = wsCustomers.Cells(rowIndex, 1).Value ' 客戶姓名在第1列
    companyName = Left(wsCustomers.Cells(rowIndex, 2).Value, 4) ' 公司名稱前四個字
    email = wsCustomers.Cells(rowIndex, 3).Value ' 電子郵件在第3列
    ' 設定PDF搜尋資料夾
    folderPath = "C:\Users\User\Desktop\出貨明細表\"
    pdfPath = ""
    fileMatched = False
    Set fso = CreateObject("Scripting.FileSystemObject")
    If fso.FolderExists(folderPath) Then
        Set folder = fso.GetFolder(folderPath)
        For Each file In folder.Files
            If InStr(1, file.Name, companyName, vbTextCompare) > 0 And InStr(1, file.Name, ".pdf", vbTextCo
                pdfPath = file.Path
                fileMatched = True
                Exit For
            End If
        Next file
    End If

    If Not fileMatched Then
        MsgBox "未找到符合的PDF檔案，請檢查資料夾：" & folderPath, vbExclamation
        Exit Sub
    End If

    ' 設定Logo圖片路徑
```

Step3 執行程式後，有順利彈出互動視窗，輸入「3-5」後，就一次得到第三列到第五列客戶的三封完整草稿，表格資料、PDF 檔也都正確無誤！

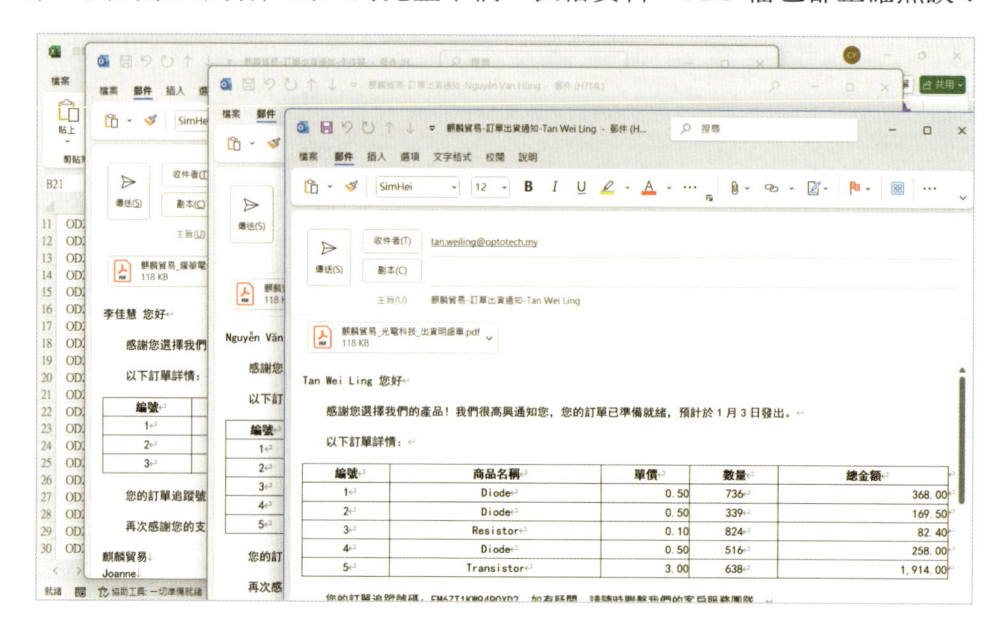

11-5

AI 建立多語系郵件 ｜
依條件批次中翻英

➡ AI 翻譯信件為英文

💬 情境說明

公司有來自不同國家和地區的客戶，針對不同語言的客戶，我們能分別寄出中文和英文版本的信件。我們先用 ChatGPT 將原本的草稿翻譯為英文。

🤖 AI 指令 P11-13（新開聊天室） [1]

> 翻譯以下信件草稿模板為英文，佔位符維持中文 [2] ，麒麟貿易改為 Kirin Trading [3]

💡 指令秘訣

[1] 原本的聊天室是用來生成 VBA，新開聊天室避免任務混淆。

[2] 佔位符會跟 Excel 欄位名稱一樣，因此維持中文即可。

[3] 專有名詞可指定翻譯方式。

　　成功翻譯信件為英文，並保留佔位符、公司名稱英譯。

```
Subject: Kirin Trading - Order Shipment Notification
Dear <客戶姓名>,
Thank you for choosing our products! We are pleased to inform you that your order is ready and scheduled to be shipped on <發貨日期>.
Here are the details of your order:

Your tracking number: <物流追蹤碼>. If you have any questions, please feel free to contact our customer service team.
Thank you once again for your support.
Best regards,
Kirin Trading
Joanne
chatgptaiwan@gmail.com
```

⊙ AI 條件式製作雙語信

💬 情境說明

翻譯好英文信後，我們再開一個新聊天室，將英文信融入原本製作草稿的程式中。

🤖 AI 指令　P11-14（新開聊天室）[1]

扮演 VBA 大師

1. 為以下程式新增一個條件：若「客戶資料」E 欄是「台灣」，則維持不變；若是其他文字，則信件改為以下版本：**縮排、字體格式與原本草稿都相同，表格文字也翻譯為英文**
3. **其他所有功能都完全不變** [2]
4. 回傳必要修改的程式即可
（貼上英文信）
（貼上原有程式）

💡 指令秘訣

[1] 程式已經非常長，再次生成完整程式要花比較多時間；另外，我們只是加上新的草稿，對程式整體影響不大，因此可先回傳必要程式再貼到原程式中。

[2] 強調內文格式都相同，以及其他功能不變。

ChatGPT 有提供修改的程式，但沒有明確說明程式要貼在哪一段，我們繼續追問。

```vba
修改程式碼

' 新增條件判斷，根據E欄的值決定信件內容
Dim isTaiwanCustomer As Boolean
isTaiwanCustomer = (wsCustomers.Cells(rowIndex, 5).Value = "台灣") ' 判斷E欄是否為台灣

' 替換佔位符與信件內容
If isTaiwanCustomer Then
    ' 原版中文信件內容
    subject = "聯麟貿易-訂單出貨通知-" & customerName
    .HTMLBody = "<p style='font-family: SimHei;'>" & customerName & " 您好</p>" & _
                "<p style='font-family: SimHei; text-indent: 2em;'>感謝您選擇我們的產品！我們" & _
                "<p style='font-family: SimHei; text-indent: 2em;'>以下訂單詳情：</p>" & _
                allOrders & _
                "<p style='font-family: SimHei; text-indent: 2em;'>您的訂單追蹤號碼：" & tra
                "<p style='font-family: ↓ iei; text-indent: 2em;'>再次感謝您的支持。</p>" & _
```

🤖 AI 指令　P11-15（追問）

> 程式要貼在哪，提供我上下文

Step1 追問後，ChatGPT 直接寫出原有程式，明確告訴我們要將新程式取代這段舊程式。

```vba
插入位置說明

尋找程式中的以下代碼段：

' 建立新的郵件草稿
Set outlookMail = outlookApp.CreateItem(0)
With outlookMail
    .To = email
    .subject = subject
    .BodyFormat = 2 ' 設為HTML格式
    .HTMLBody = ...
    .Attachments.Add pdfPath ' 夾帶PDF檔案
    .Save ' 儲存為草稿
    .Display ' 打開草稿視窗供檢視
End With

將其替換為以下版本（包含條件判斷邏輯）：

修改後完整代碼段

vba                         ↓                    Copy code
```

257

Step2 修改並執行程式後，在視窗中輸入 2-4，順利製作出 1 封中文信、2 封英文信，VBA 有正確根據條件製作不同語言的草稿！

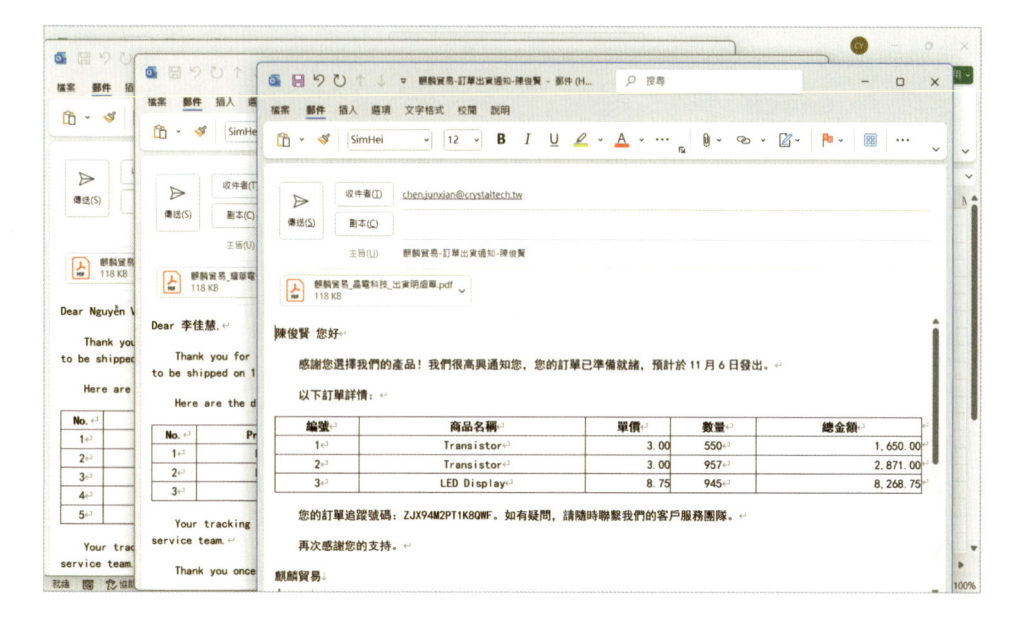

11-6

AI 大量自動寄信
一鍵完成所有客戶郵件寄送

🔄 AI 自動寄信

💡 情境說明

目前的程式都只是製作草稿，還沒有把信件寄出。如果測試製作草稿都沒問題後，可以進一步追問，改為直接自動寄信，不用先製作草稿再手動寄出；如果還是希望先看過草稿，則可忽略這個步驟。

🤖 AI 指令　P11-16（追問）

> 很好！**改為直接寄信** [1]

💡 指令秘訣

[1] 若程式完成後的提醒訊息還是「所有郵件草稿已建立完成。」，也可以直接手動修改提醒訊息的文字，這不影響 VBA 自動寄信。

要修改的程式非常簡單，我們可以依照 ChatGPT 的說明手動修改。

> 若需直接寄信而非儲存為草稿，可以將程式中的 `.Save` 和 `.Display` 方法替換為 `.Send` 方法，這樣信件會直接發送而非存為草稿。
>
> 以下是完整的修改代碼段：
>
> **修改後直接寄信的代碼段**
>
> ```vba
> ' 建立新的郵件
> Set outlookMail = outlookApp.CreateItem(
> ```

259

Step1 找到程式中的「.Save」和「.Display」後，直接刪除。

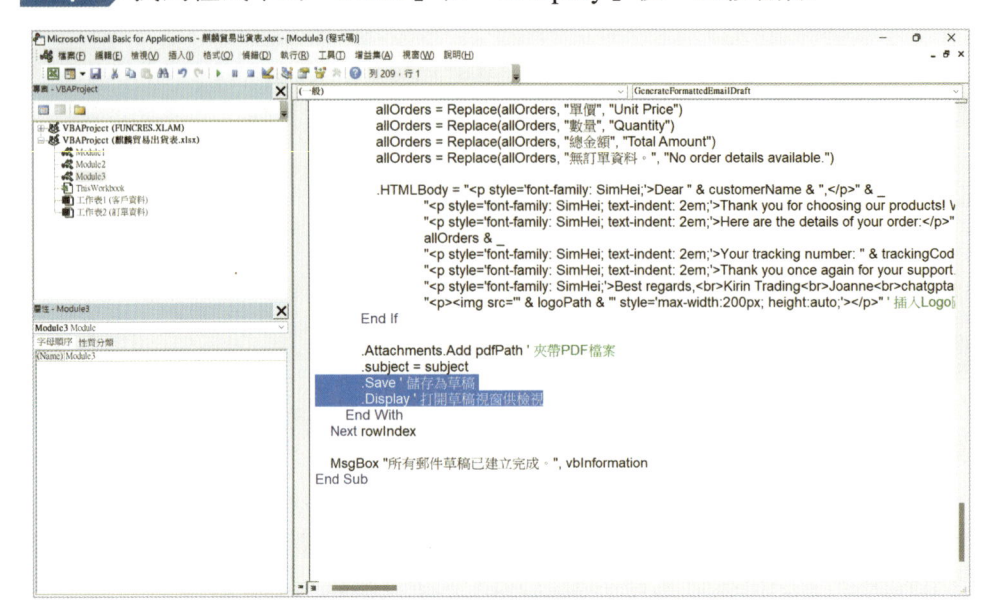

Step2 在刪除程式的相同位置打上「.Send」，記得英文前方要有一個點才完整；按 Tab 鍵增加縮排，讓它跟原本程式的縮排相同。

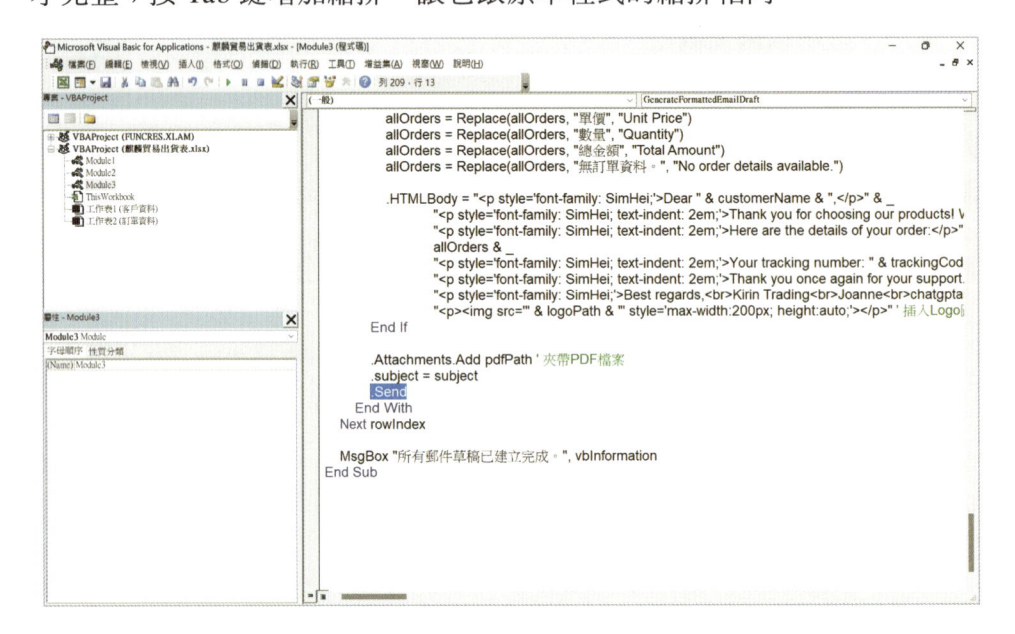

Step3 我們修改第一位客戶的 email 為自己的 email 進行測試。執行程式後，順利收到信件！

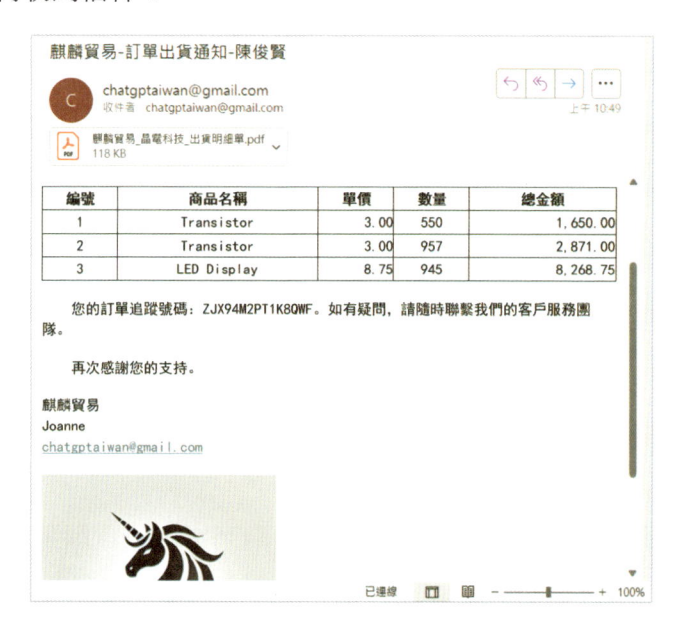

AI 自動延遲寄信

💡 情境說明

我們希望執行程式後不要馬上寄信，而是統一延遲到當天下午三點寄信。

🤖 AI 指令　P11-17（追問）

> 很好！我已修改以上程式，現在改為輸入列號後，排程下午三點寄信

ChatGPT 告訴我們，要完成這個任務一樣只需要修改一兩行程式即可。

修改程式碼

將以下代碼插入到信件生成邏輯中，並用 `.DeferredDeliveryTime` 設置延遲寄送時間。

```vba
' 建立新的郵件
Set outlookMail = outlookApp.CreateItem(0)
With outlookMail
    .To = email
    .BodyFormat = 2 ' 設為HTML格式

    ' 新增條件判斷，根據E欄的值決定信件內容
    Dim isTaiwanCustomer As Boolean
    isTaiwanCustomer = (wsCustomers.Cells(rowIndex, 5).Value = "台灣") ' 判斷E欄是否為台灣

    ' 替換佔位符與信件內容
                            ↓
```

Step1 步驟跟剛剛相同，只要複製程式、貼到指定位置即可。

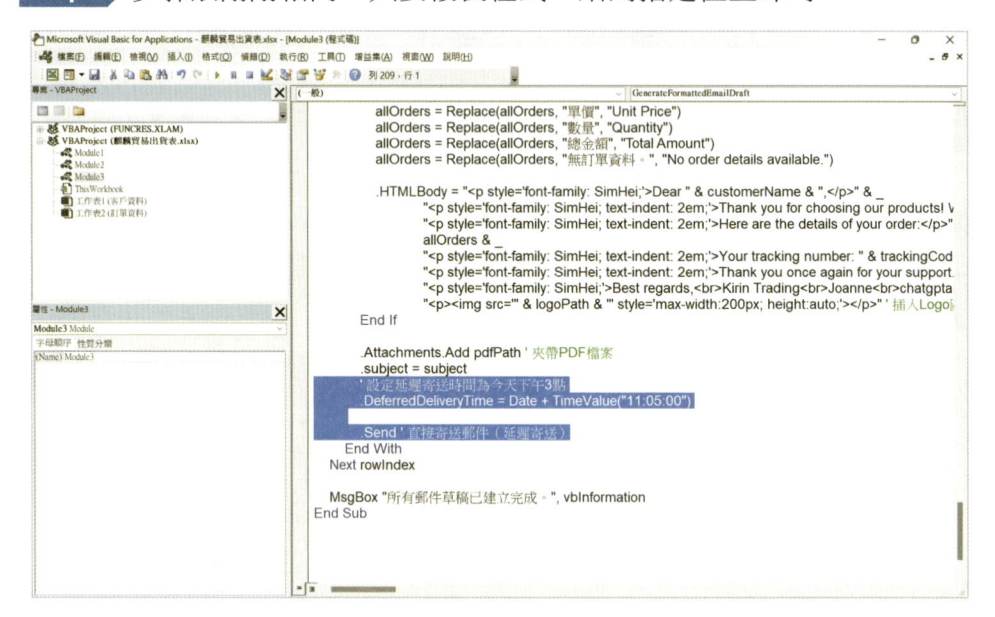

```
allOrders = Replace(allOrders, "單價", "Unit Price")
allOrders = Replace(allOrders, "數量", "Quantity")
allOrders = Replace(allOrders, "總金額", "Total Amount")
allOrders = Replace(allOrders, "無訂單資料。", "No order details available.")

.HTMLBody = "<p style='font-family: SimHei;'>Dear " & customerName & ",</p>" & _
    "<p style='font-family: SimHei; text-indent: 2em;'>Thank you for choosing our products! W
    "<p style='font-family: SimHei; text-indent: 2em;'>Here are the details of your order:</p>"
    allOrders & _
    "<p style='font-family: SimHei; text-indent: 2em;'>Your tracking number: " & trackingCod
    "<p style='font-family: SimHei; text-indent: 2em;'>Thank you once again for your support.
    "<p style='font-family: SimHei;'>Best regards,<br>Kirin Trading<br>Joanne<br>chatgpta
    "<p><img src='" & logoPath & "' style='max-width:200px; height:auto;'></p>" ' 插入Logo

End If

.Attachments.Add pdfPath ' 夾帶PDF檔案
.subject = subject
' 設定延遲寄送時間為今天下午3點
.DeferredDeliveryTime = Date + TimeValue("11:05:00")
.Send ' 直接寄送郵件（延遲寄送）
End With
Next rowIndex

MsgBox "所有郵件草稿已建立完成。", vbInformation
End Sub
```

Step2 執行程式後，會在「寄件匣」中看到待寄信件，就代表排程成功囉！

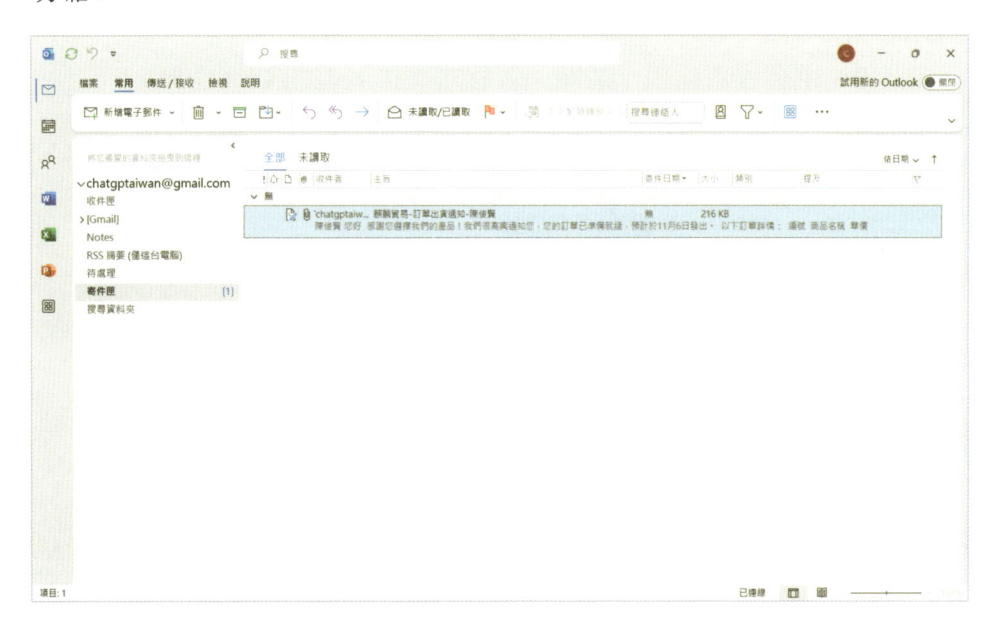

AI 自動每周寄信

情境說明

我們希望每周五下午三點都能直接自動寄信給所有客戶，通知出貨時間。這個情境是每週定時自動寄信，所以要設定一個觸發點去自動執行對應巨集。

上個情境是我們執行程式後，馬上就會排程信件；這個情境是我們在一週中的每一天可能都會陸續加入客戶訂單資料，但我們不要每次加入資料後就要排程一次信件，而是希望週五下午三點自動全部寄出，不用再另執行程式、避免忘記寄信。

AI 指令 P11-18（追問）

很好！現在改為直接寄出所有客戶的信 [1]

💡 指令秘訣

1 因為上一個指令是要「延遲寄信」，我們先把程式改為要直接寄出所有信。

在 VBA 中插入新模組，並貼上新程式；接著追問 ChatGPT。

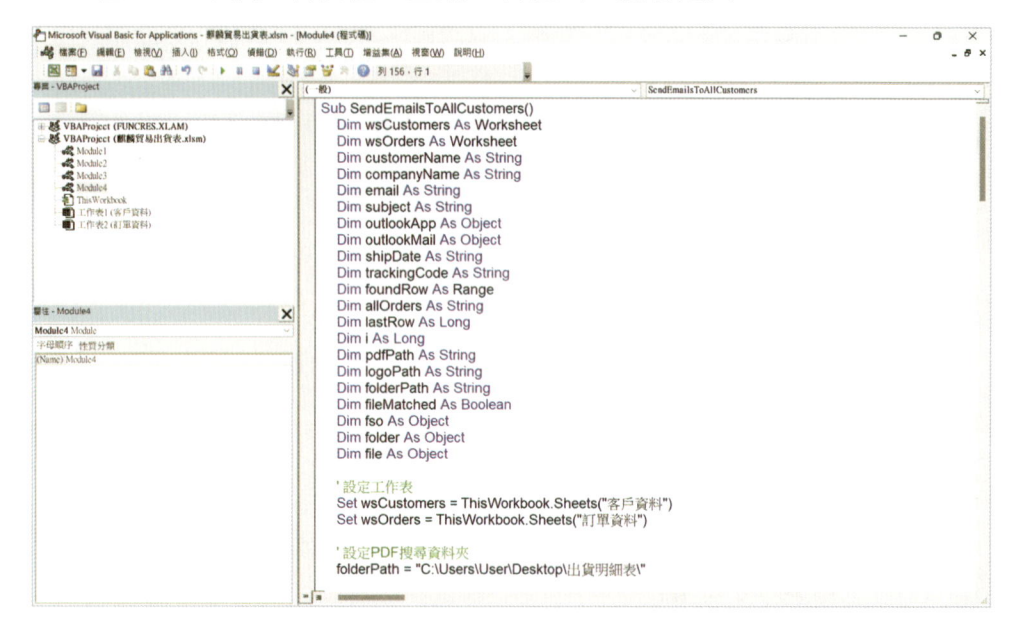

```
Sub SendEmailsToAllCustomers()
    Dim wsCustomers As Worksheet
    Dim wsOrders As Worksheet
    Dim customerName As String
    Dim companyName As String
    Dim email As String
    Dim subject As String
    Dim outlookApp As Object
    Dim outlookMail As Object
    Dim shipDate As String
    Dim trackingCode As String
    Dim foundRow As Range
    Dim allOrders As String
    Dim lastRow As Long
    Dim i As Long
    Dim pdfPath As String
    Dim logoPath As String
    Dim folderPath As String
    Dim fileMatched As Boolean
    Dim fso As Object
    Dim folder As Object
    Dim file As Object

    '設定工作表
    Set wsCustomers = ThisWorkbook.Sheets("客戶資料")
    Set wsOrders = ThisWorkbook.Sheets("訂單資料")

    '設定PDF搜尋資料夾
    folderPath = "C:\Users\User\Desktop\出貨明細表\"
```

🤖 AI 指令　P11-19（追問）

> 很好！設定為每週五下午三點自動寄信

💡 指令秘訣

1 如果要定時讓電腦自動執行巨集，光靠 VBA 是沒辦法的，要搭配 Windows 內建的「工作排程器」。設定好工作排程器後，只要電腦是開機狀態，它就會自動執行各項任務，包含打開 Excel、執行 VBA。

ChatGPT 會提供很多步驟說明，我們依照說明一步步完成。

Step1 在相同模組中的原有程式上方，直接插入新程式：

```
Sub ScheduleWeeklyEmails()
    Dim nextRunTime As Date

    ' 計算下次週五下午 3 點的時間
    nextRunTime = Date + (5 - Weekday(Date, vbMonday)) Mod 7 ' 找到本週五
    nextRunTime = nextRunTime + TimeValue("15:00:00") ' 加上時間

    ' 設定 Application.OnTime 計畫任務
    Application.OnTime nextRunTime, "SendEmailsToAllCustomers"
    MsgBox " 下次寄信計畫已設定為：" & nextRunTime, vbInformation
End Sub
```

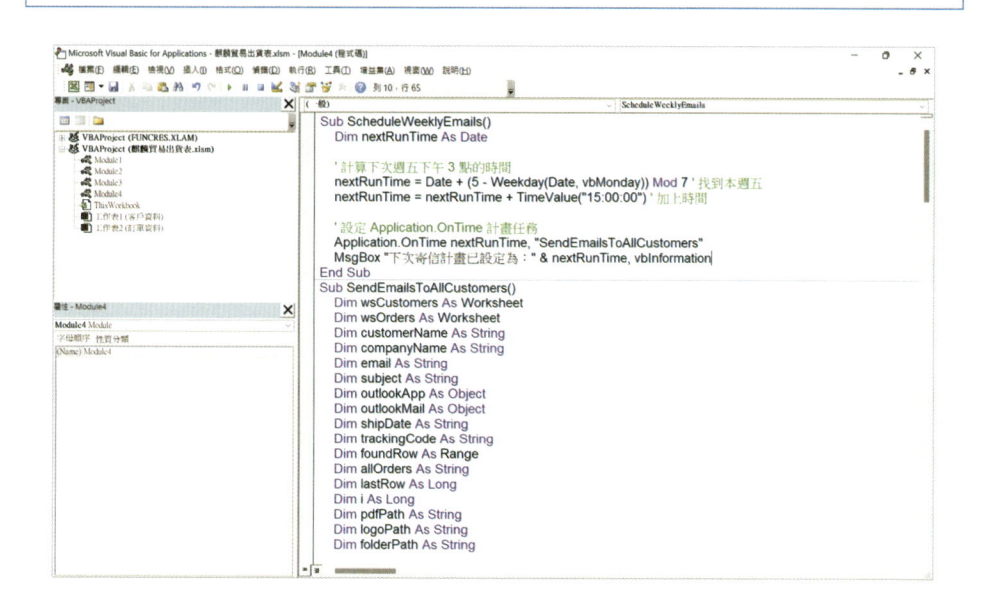

Step2 雙擊 ThisWorkbook 模組，插入另一段程式

```
Private Sub Workbook_Open()
    Call ScheduleWeeklyEmails
End Sub
```

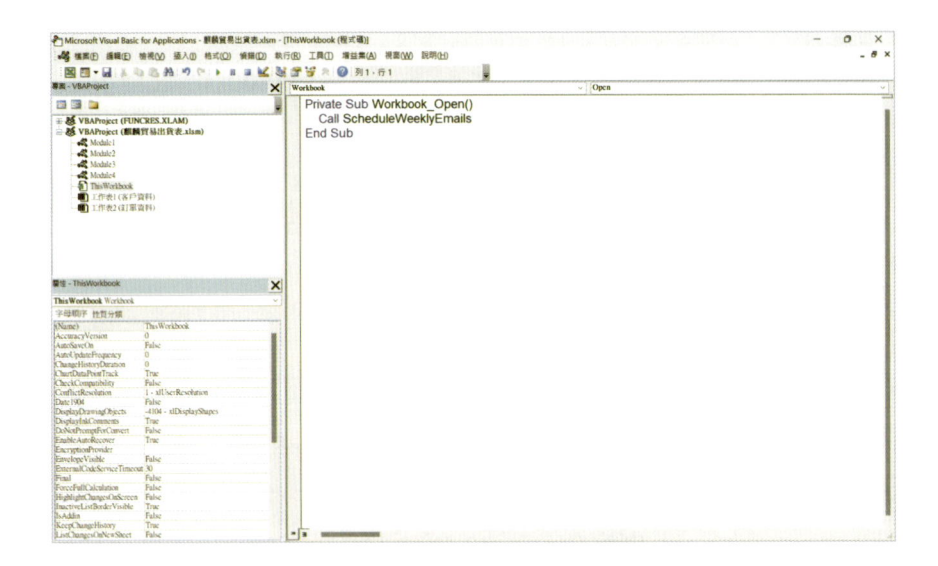

Step3 儲存 Excel 檔案格式為「啟用巨集的活頁簿（.xlsm）」。

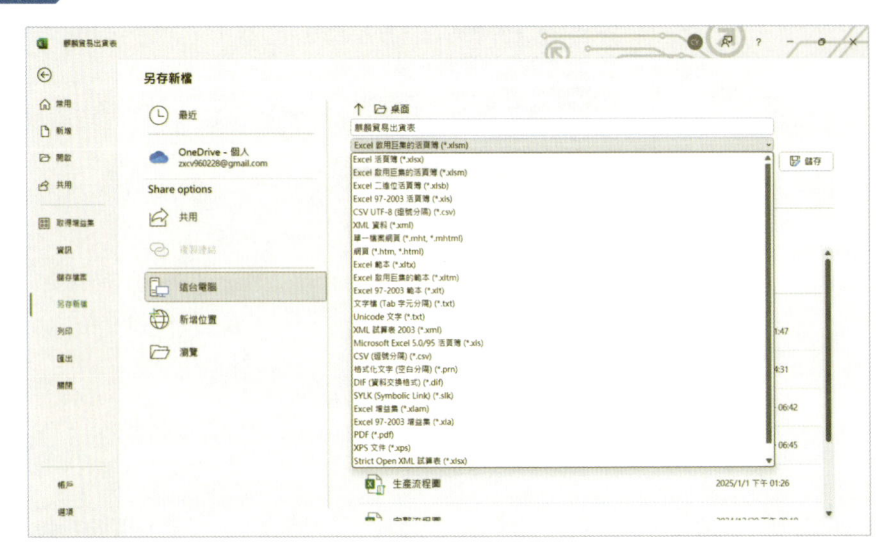

➡️ AI 說明工作排程器設定

💡 情境說明

做到剛剛的 Step3 後，下一步是要設定任務排程器（Office 繁體中文版的名稱為「工作排程器」）。ChatGPT 有說明如何設定工作排程器，但是不夠詳細完整，我們可以繼續追問。

🤖 AI 指令 P11-18（追問）

> **詳細說明** 1 如何設定工作排程器

💡 指令秘訣

1 有任何不會操作的功能，也都能直接詢問 ChatGPT。

我們按照 ChatGPT 的步驟設定工作排程器。

Step1 打開工作排程器（可直接在 Windows 搜尋框中搜尋），點擊右側「建立工作」。

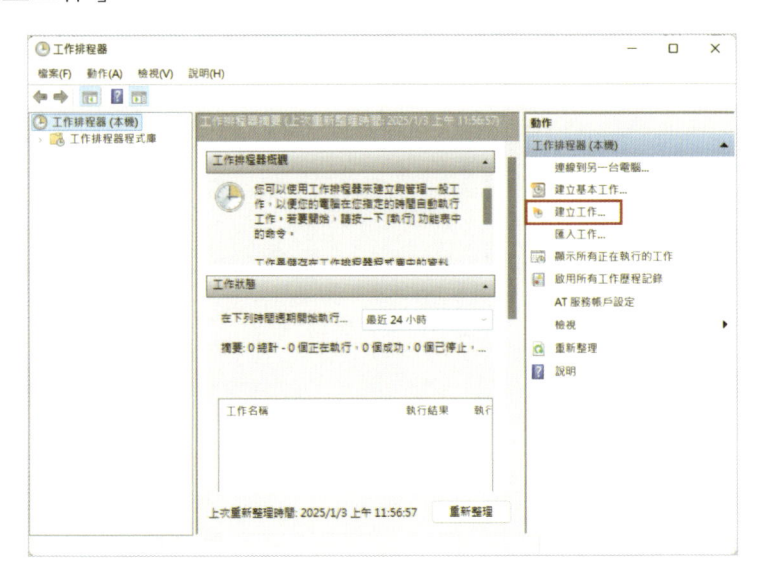

Step2 在「一般」標籤下，輸入名稱（Weekly Email Automation）和描述，這兩項文字都由 ChatGPT 提供。

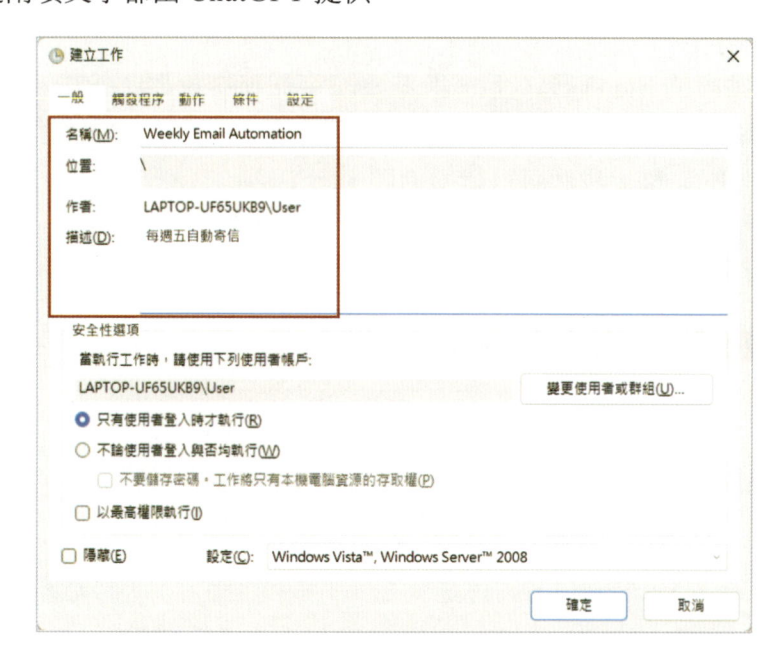

Step3 點擊「觸發程序」標籤→新增。

Step4 開始時間設為第一個周五下午三點，並勾選「每週」和「星期五」。

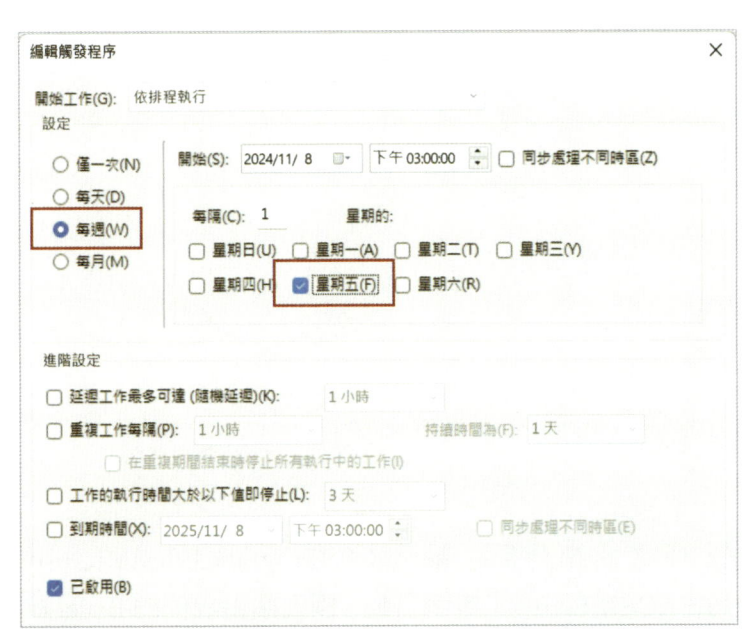

Step5 點擊確定後，回到原本的視窗，會看到新建立的觸發程序。

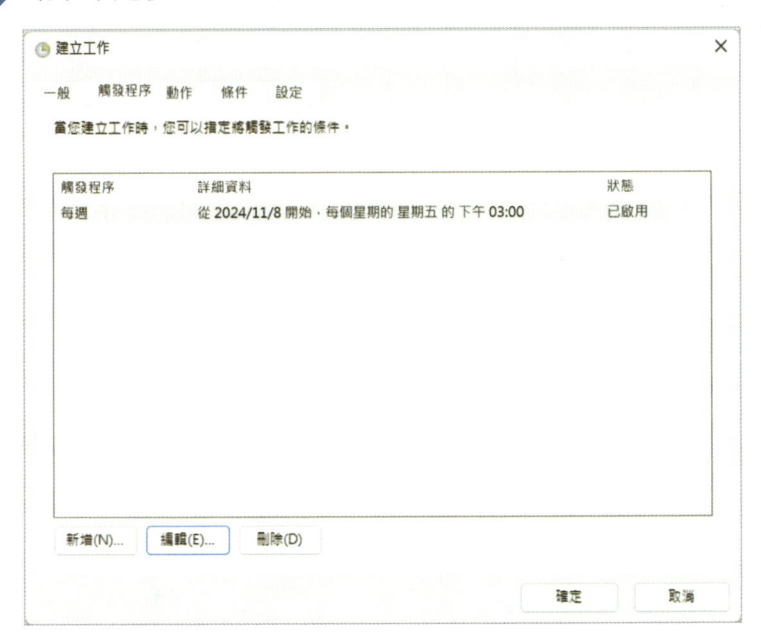

Step6 點擊「動作」標籤→新增。

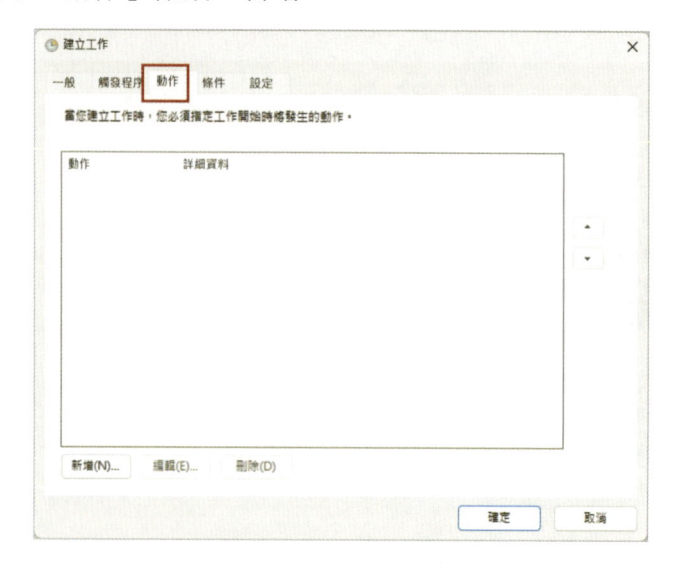

Step7 在「程式或指令碼」輸入：C:\Program Files\Microsoft Office\root\Office16\EXCEL.EXE。「新增引數」欄則貼上我們的 Excel 檔案路徑。

Step5 點擊確定後，回到原本的視窗，會看到新建立的動作。

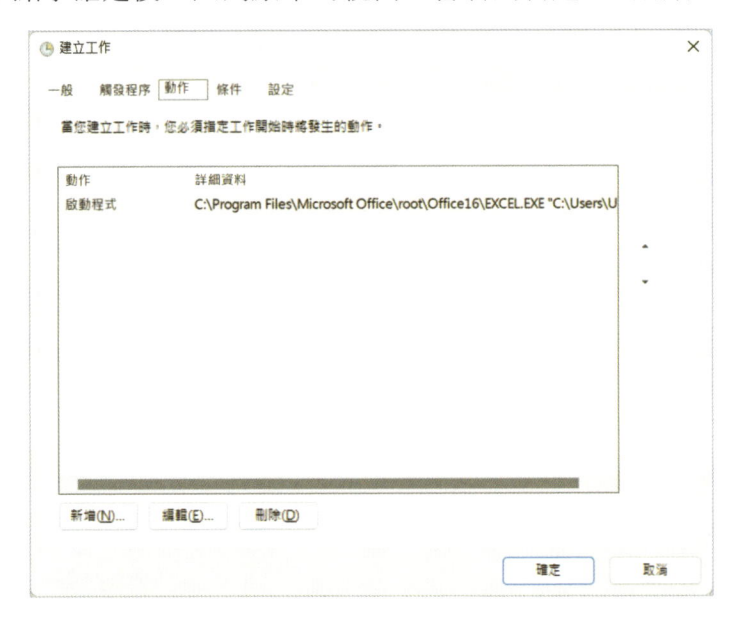

Step9 點擊確定後，回到主視窗，點擊左側「工作排程器程式庫」，找到剛剛建立的程式名稱。這樣就建立好自動排程囉！

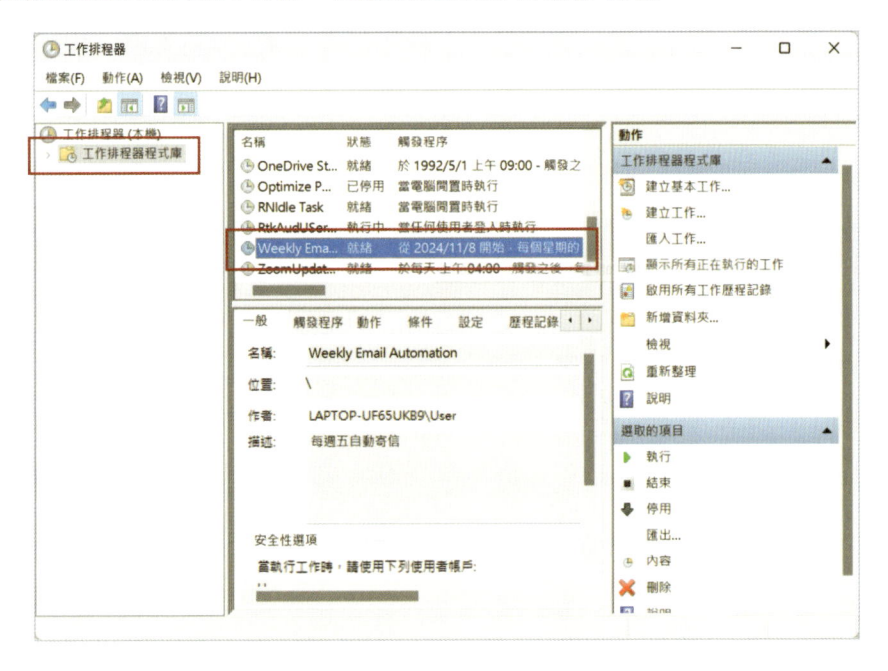

我們在工作排程器建立的程式：Weekly Email Automation，會在每週五下午三點時，自動打開這個 Excel 檔，並自動執行已經寫好的巨集；而這個巨集的功能，就是自動寄信給所有客戶。

　　以後我們只要手動輸入訂單資料、保持電腦開機即可。每週五下午三點一到，工作排程器和 VBA 就會自動寄信給所有客戶，再也不怕忘記囉！

⮕ 用 AI 擺脫繁瑣的每日寄信任務

　　很多人每天要寄出大量重複、固定的信件，難免會因人工操作而耗時、出錯，甚至忘記寄送；但透過 AI 與 VBA 的結合，你也能輕鬆實現信件自動化，大幅減少手動操作。不只能快速完成草稿製作、資料匯入與寄信，還能準確無誤地處理多語言和格式需求。

　　更重要的是，這些方法完全免費，AI 跟 VBA 真是人類福音！

Chapter 12

VBA 自動產生流程圖：
一鍵完成工廠生產步驟圖表

實戰案例　減少手動繪製，一鍵完成繁瑣流程圖

本章會帶你利用 ChatGPT 生成 VBA 來快速製作流程圖，並一步步優化格式，包括形狀、線條、顏色及文字等細節，讓流程圖能完全符合你的想像！

雖然使用 SmartArt、增益集（Excel 外掛）或其他網站也能快速做出流程圖，但是這些模板未必符合自己的需求，要調整也很花時間。生成 VBA 來製作流程圖，雖然需要經過一段下指令和試錯的過程，但生成完整程式後，就能一秒製作完全符合需求的流程圖囉！

本章重點

適用對象	專案管理、企劃規劃人員常需繪製複雜的工作流程圖，又需要精準一致的格式。
實戰教學	**12-1** AI 依表格資料生成流程圖　　**12-2** AI 優化流程圖格式 **12-3** AI 依條件製作多路徑　　　　**12-4** AI 新增流程標籤
效益	• 自動化流程圖生成：大幅減少手動繪製時間，即使處理繁瑣流程也能快速完成。 • 精確控制圖形格式：優化形狀、文字和顏色的細節，讓流程圖更加美觀清晰。 • 支援動態調整：滿足不同場景的流程圖需求，輕鬆應對格式變更，確保流程圖始終保持最佳效果。 • 簡化多路徑設計：輕鬆應對複雜分支情境，無論是單一路徑還是多路徑流程都能清楚呈現邏輯。

獲取本章案例模板

本章 AI 指令、程式 & Excel 練習檔
https://chatgptaiwan.pse.is/vba12

AI 指令表、Excel VBA 程式碼複製
https://chatgptaiwan.pse.is/vbabook

特別說明：本書內圖文教學針對如何對 ChatGPT 下指令，若想獲得完整正確的 VBA 程式碼可透過上方檔案。

12-1

AI 依表格資料生成流程圖
從表格到流程圖的繪製實戰

御鮮冷凍食品公司主要生產即食冷凍餃子，整體流程從原材料採購、食材檢驗、餃皮製作到包裝出貨，共包含超過十個關鍵步驟。每次生產流程都略有不同，為了加強內部管理與溝通，他們嘗試以「流程圖」呈現不同批次的製程路線，但過去都是人工繪製，不僅耗時，還容易出現誤差或漏項，流程更新也不易同步。

工廠希望透過自動化工具，快速生成可視化的「冷凍餃子生產流程圖」，以便於各部門溝通和生產管理。

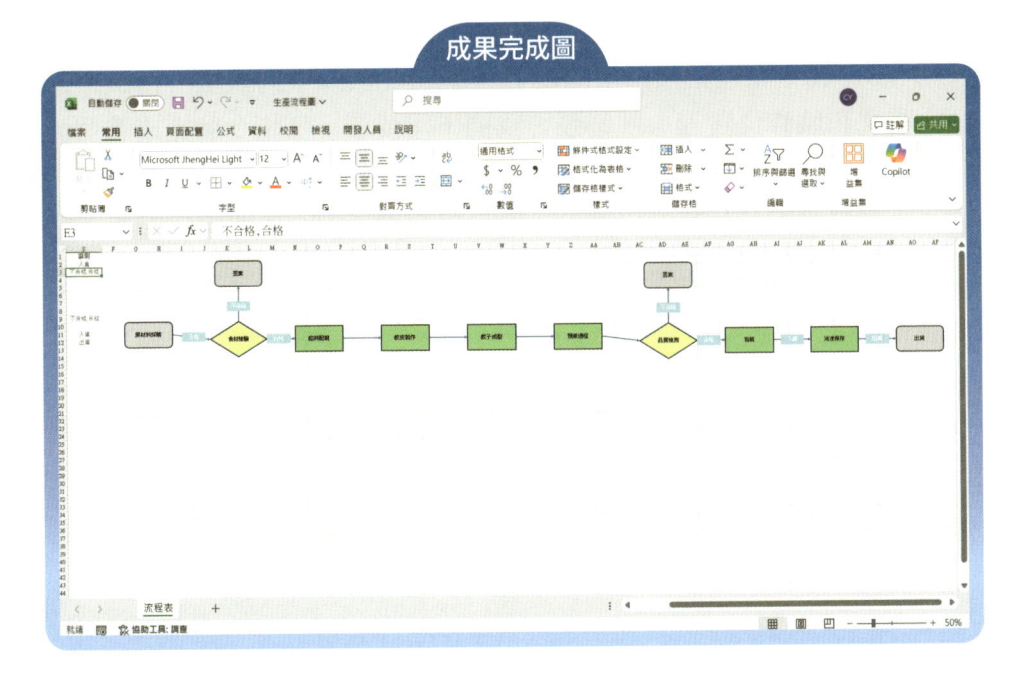

成果完成圖

275

流程圖符號簡介

情境說明

在商業上，流程圖有一整套完整的符號系統，方便所有人能用統一符號繪製流程圖。本章會用到其中四種符號，以下分別說明。

類型	形狀	形狀名稱	用途
起止		圓角矩形	表示流程的開始或結束。
過程		矩形	表示需要執行的具體操作或步驟。
判斷		菱形	表示需要作出決策的點，通常伴隨「是/否」或「真/假」的分支。
流程方向	→	箭頭	指示流程的執行方向，連接不同的形狀。

流程表格簡介

用 VBA 製作流程圖最麻煩的地方，就是要依照不同類型，作出不同形狀、格式和線條位置等。別緊張，我們不需要下一個指令就完成整個流程圖，而是會一步步填上表格內容、測試程式。

下方表格是本章最終流程表，這邊先說明表格中的各個欄位：

- 編號：流程圖中的順序。
- 名稱：每個步驟的名稱。
- 下一步：完成這一步後，要接哪一個編號，如果有兩個下一步（例：3,4），表示該類型是「判斷」，會依照不同情況前往不同的下一步。
- 類型：如上表。
- 說明：步驟間線條上的說明文字。

編號	名稱	下一步	類型	說明
1	原材料採購	2	起止	入倉
2	食材檢驗	3,4	判斷	不合格,合格
3	丟棄		起止	
4	餡料配製	5	過程	
5	餃皮製作	6	過程	
6	餃子成型	7	過程	
7	預煮過程	8	過程	
8	品質檢測	9,10	判斷	不合格,合格
9	丟棄		起止	
10	包裝	11	過程	入庫
11	冷凍保存	12	過程	出庫
12	出貨		起止	

製作步驟表格及下拉選單

情境說明

我們先製作基本的流程圖表格及下拉選單，這樣以後我們只需要填寫表格資料，再執行巨集，就能根據表格資料快速製作流程圖。

Step1 填入基本表格內容。第三步是最後一步，所以不用填寫 C 欄的「下一步」。

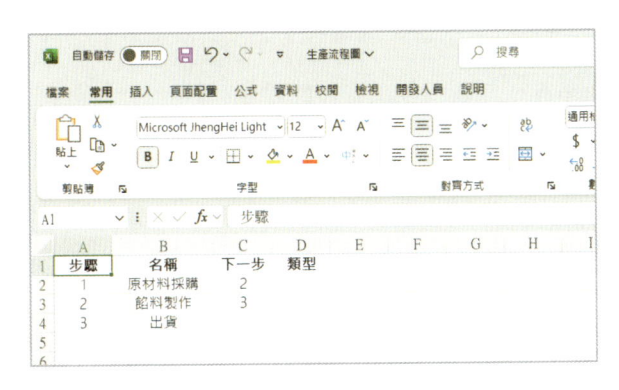

Step2 選取 D2:D4。

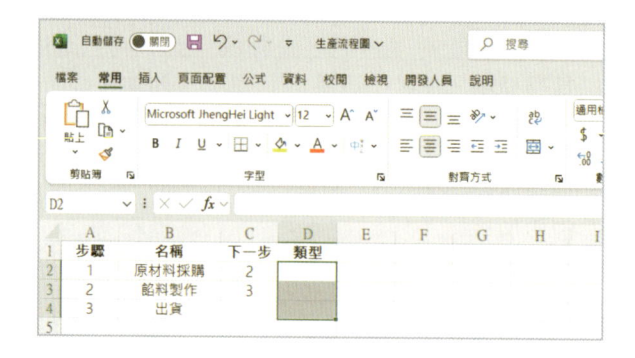

Step3 點擊資料→資料工具（或資料驗證）。

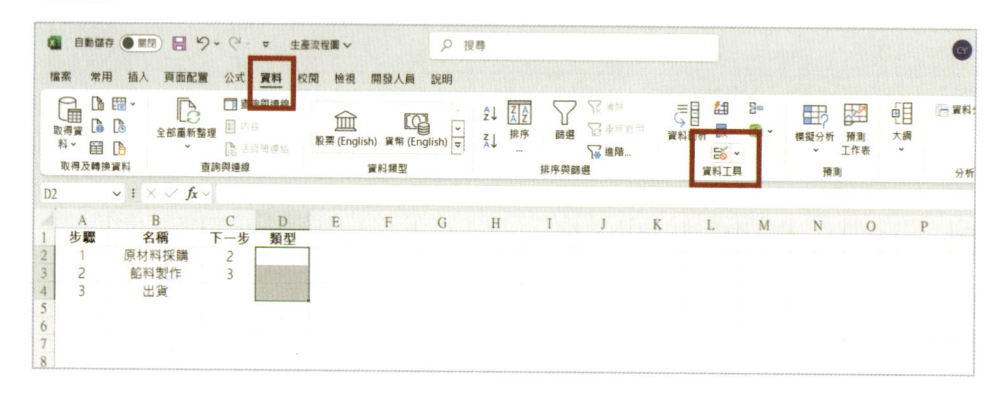

Step4 在下拉選單中選取「清單」。

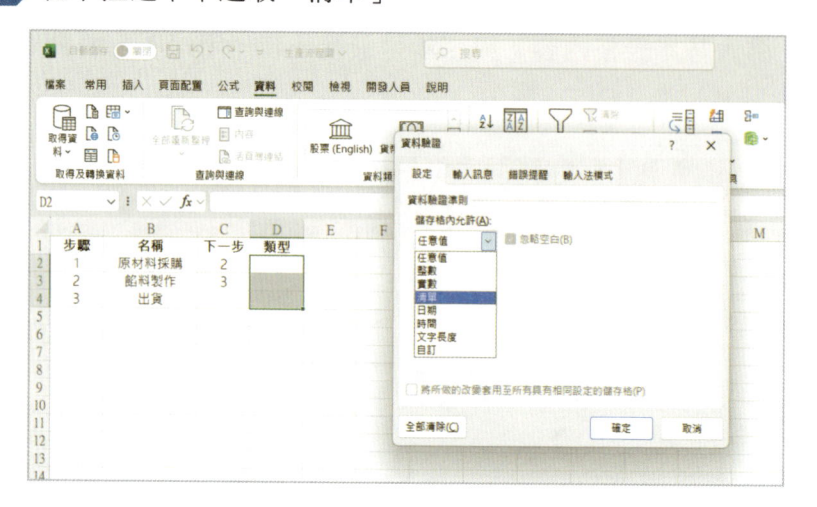

Step5 在空格中填入「起止 , 過程 , 判斷」，使用逗點分隔文字。

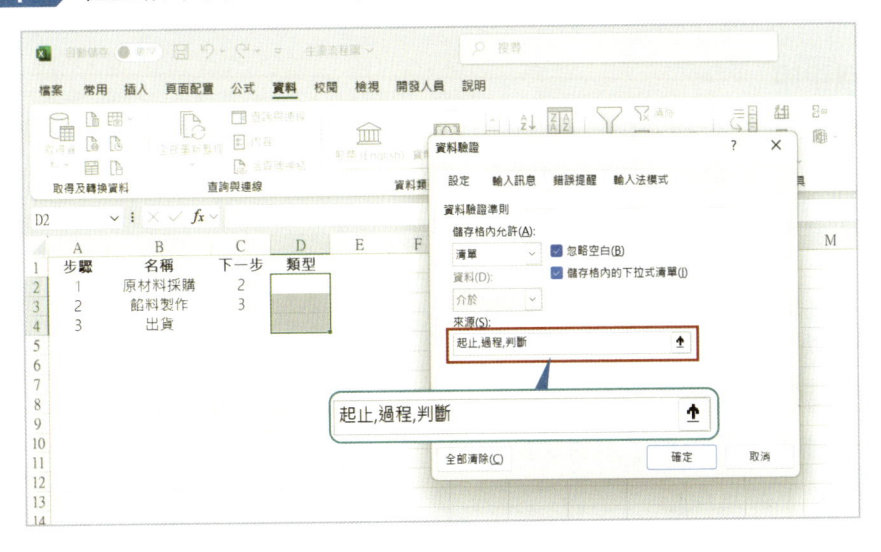

Step6 點擊確定，完成下拉選單。

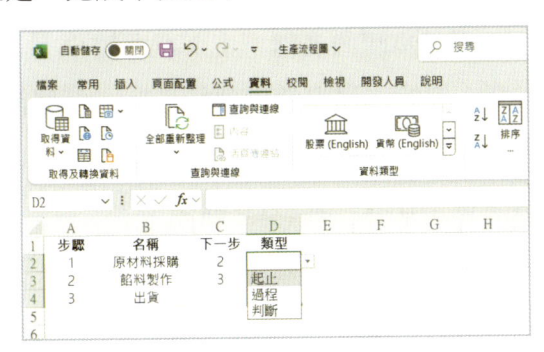

Step7 分別為每個步驟選取對應的類型。

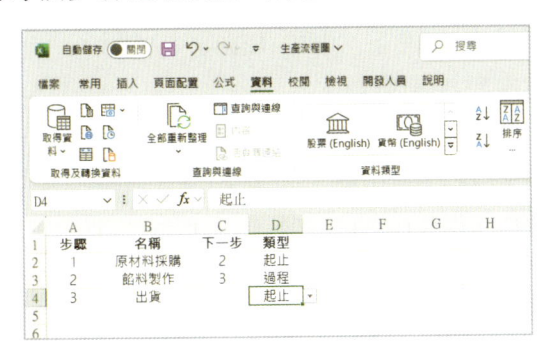

AI 基本流程圖

情境說明

製作好基本步驟表格後，接著用 ChatGPT 生成 VBA 來製作基本流程圖。

AI 指令 P12-1（新開聊天室）

扮演 VBA 大師

依照以下條件畫出流程圖

1. 「流程表」工作表第一列標題：編號、名稱、下一步、類型 [1]
2. 依據以下「類型」畫對應的形狀

   起止：圓角矩形

   判斷：菱形

   過程：矩形 [2]
3. 形狀內文字是 B 欄各步驟的名稱，上下左右置中 [3]
4. 依據編號由左到右繪製，用單箭頭連結形狀，每個箭頭連結上一形狀右側中間端點、下一步形狀左側中間端點 [4]
5. 流程圖放在同一個工作表，從 G10 開始 [5]

指令秘訣

[1] 描述資料範圍跟標題列文字，幫助 ChatGPT 了解資料格式。

[2] 依據流程圖符號系統，指定各個類型的形狀。

[3] 若想畫的流程圖是由上到下，也可在指令中說明。

[4] 另外，也要指定端點連結位置。

[5] ChatGPT 這次生成的程式，自動包含清除圖案再製作新流程圖的功能。如果生成的程式沒有這個功能，可在指令中加上「每次製作新流程圖前，先清除所有圖案和線條」。

執行程式後，彈出錯誤視窗：「物件不支援此屬性或方法」。

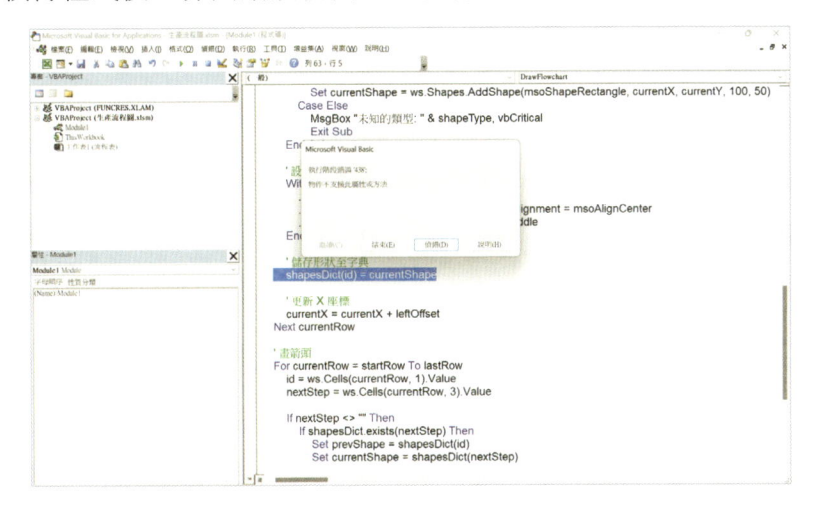

點擊「偵錯」找到錯誤的程式行後，將錯誤名稱和程式行貼給 ChatGPT 進行修改。

🤖 AI 指令　P12-2（追問）

物件不支援此屬性或方法
　　shapesDict(id) = currentShape

複製新程式貼回 VBA，順利做出流程圖！

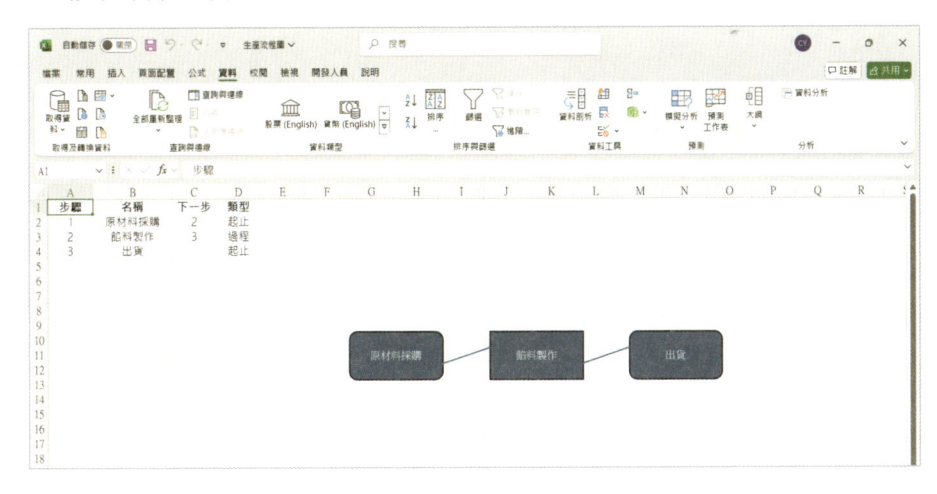

281

新增流程圖步驟

情境說明

我們在第二列新增「食材檢驗」步驟，並在類型填入「判斷」，測試看看程式能不能成功執行。

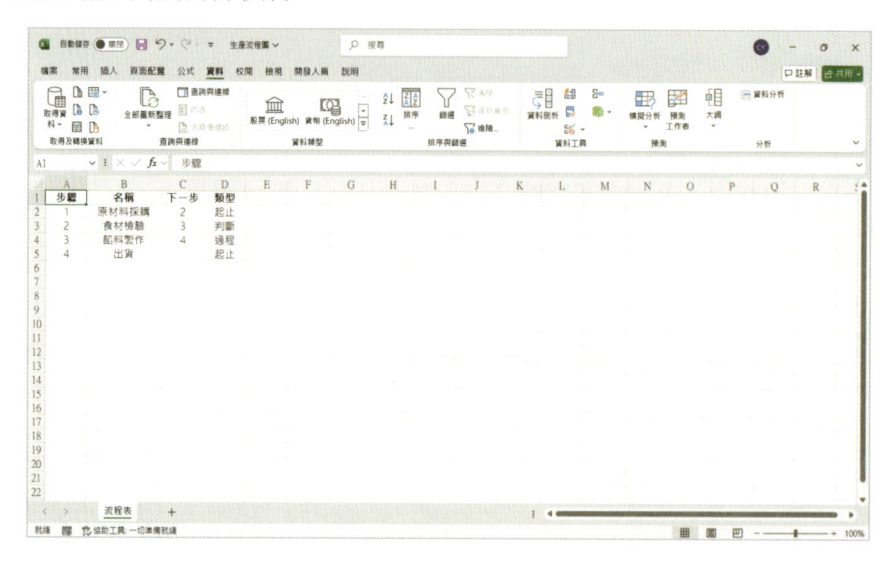

再次執行程式，成功在流程圖中加入「食材檢驗」步驟，形狀也是正確的菱形！

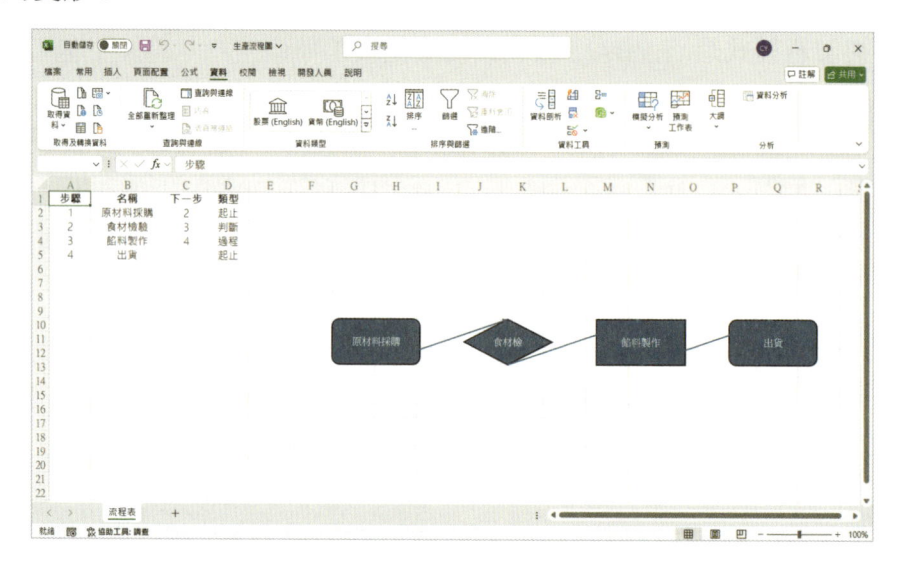

12-2

AI 優化流程圖格式｜
自動調整流程圖位置、大小、顏色

➡️ AI 自動寄信

💡 情境說明

做出基本流程圖程式後，我們希望調整流程圖的格式，例如線條、形狀大小、顏色等，這些都能繼續下指令給 ChatGPT 來優化。先改變流程圖的線條位置，讓每一條線都是連結上一步驟的右邊端點、下一步驟的左邊端點。

🤖 AI 指令　P12-3（追問）

> 很好！但是線條沒有放在正確位置，第一條線的左邊端點要連結第一步驟的右側中間端點，右側端點則是連結第二步驟的左側中間端點，==形狀跟線條要是動態連結== [1]

💡 指令秘訣
[1] 特別強調線條要「動態連結」，移動形狀時線條才會跟著移動。

Step1　執行程式後⋯⋯線條連結處還是錯誤，例如連接「原材料採購」線條端點應該在右邊，但目前是連結在下方端點。

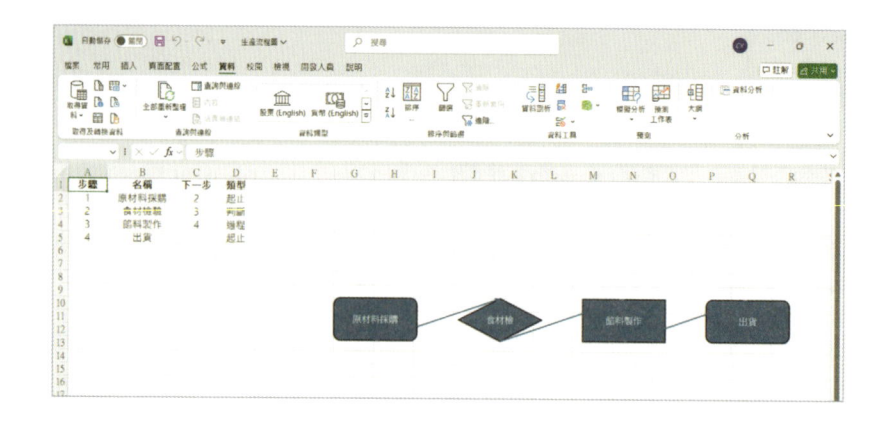

Step2 跟 ChatGPT 來回對話多次後，還是有相同的錯誤。不過 ChatGPT 有在說明中提到是哪一段程式會影響端點位置，程式中也有註解。

更新點

1. 正確的動態連結：
   - 使用 `.ConnectorFormat.BeginConnect` 和 `.ConnectorFormat.EndConnect` 方法。
   - `3` 表示右側中間端點，`1` 表示左側中間端點。

2. 形狀與箭頭的動態連結：
   - 箭頭會自動隨著形狀移動而調整。

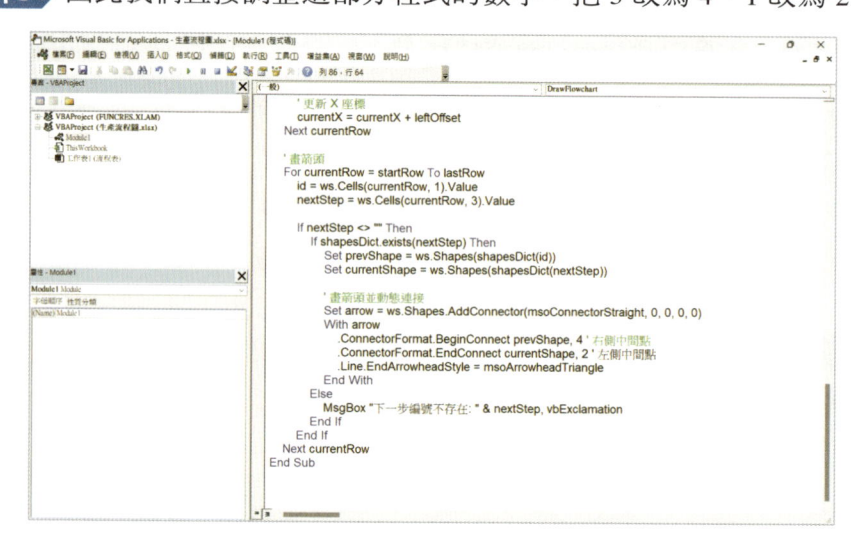

Step3 因此我們直接調整這部分程式的數字，把 3 改為 4、1 改為 2。

284

Step4 再次執行程式，成功修改端點位置囉！

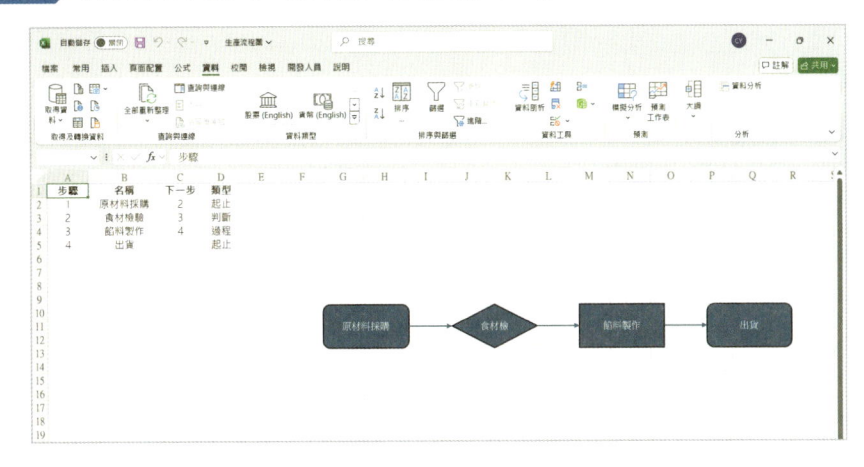

Step5 而且移動形狀時，線條也會跟著移動，符合前面指令的「動態連結」要求。

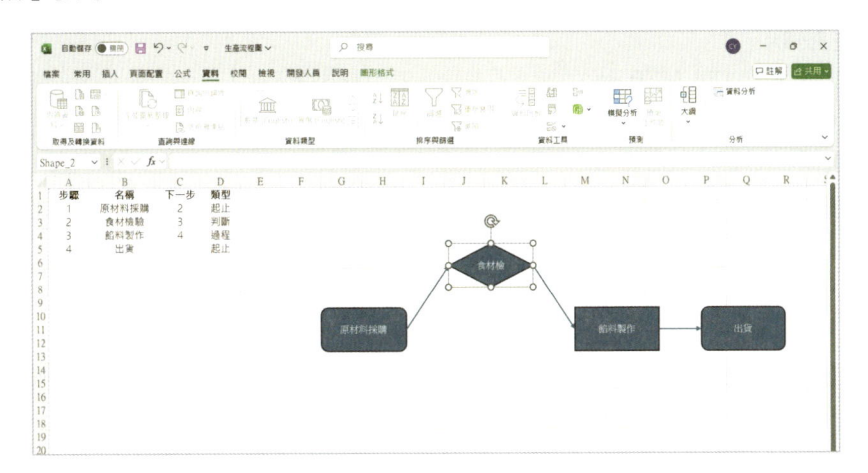

📝 Excel 小技巧

如果多次追問、修改指令，還是遇到錯誤的話，可以嘗試瀏覽 ChatGPT 提供的說明文字，或許能找出錯誤點直接修改唷！

AI 修改形狀大小

情境說明
我們發現菱形中的「食材檢驗」文字沒有完整顯示,希望能改變菱形形狀大小,讓文字完整顯示。

AI 指令 P12-4(追問)

> 很好!**我修改部分程式如下** [1]
> .ConnectorFormat.BeginConnect prevShape, 4 ' 右側中間點
> .ConnectorFormat.EndConnect currentShape, 2 ' 左側中間點
> 另外菱形太小了,文字無法完全顯示,稍微放大一點

指令秘訣
[1] 因為我們前面有手動在 VBA 編輯器中修改程式,這部分也要告訴 ChatGPT,不然新程式還是會有相同錯誤。

執行程式後,成功讓菱形中的文字完整顯示!

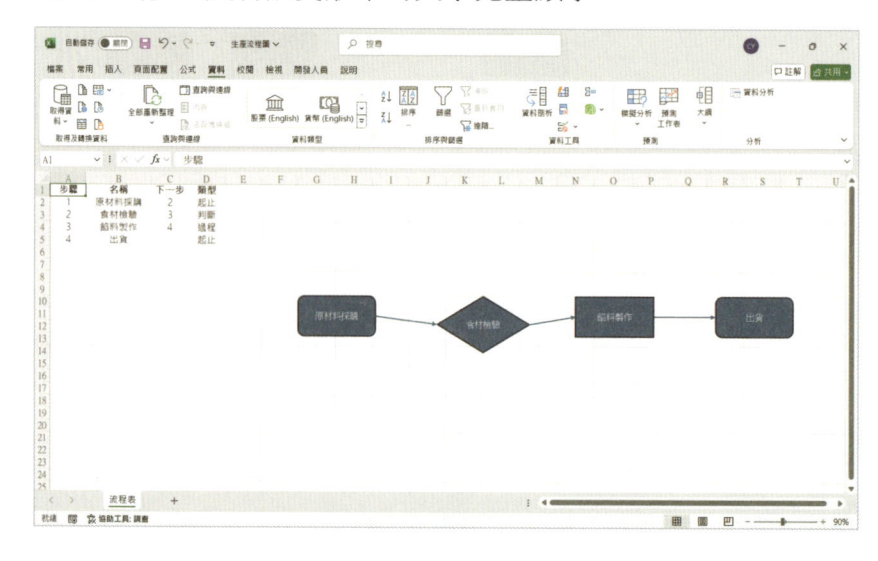

➡ AI 調整形狀位置

💡 情境說明

　　菱形相對於其他形狀有點偏下方，我們繼續追問 ChatGPT 來調整菱形位置，讓它跟其他形狀置中。

🤖 AI 指令　P12-5（追問）

> 很好！但是菱形會稍微往下偏移，調整為跟其他形狀置中

　　執行程式後，成功調整菱形位置，與其他形狀置中對齊！

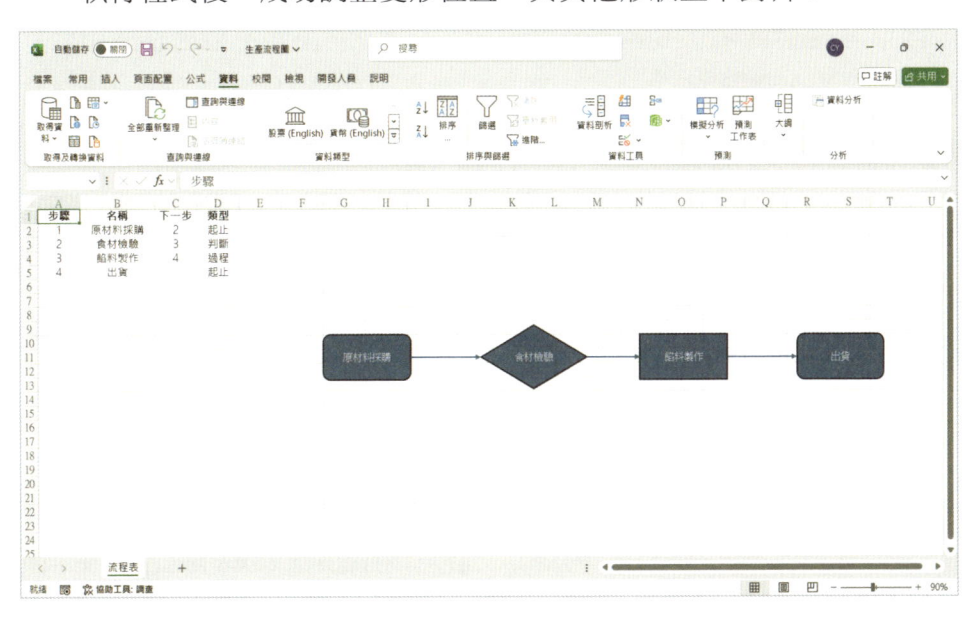

287

⮕ AI 修改形狀顏色

💬 情境說明
接著我們讓不同「類型」的形狀有不同顏色。

🤖 AI 指令 P12-6（追問）

> 很好！現在依照以下關係調整顏色
> 起止 -> **[1]** 淺灰色
> 判斷 -> 淺黃色
> 過程 -> 淺綠色 **[2]**

💡 指令秘訣
[1] 使用箭頭表示對應關係，可省下打字的麻煩。
[2] 顏色都設定為淺色系，流程圖會更易讀。

執行程式後，各個步驟都調整為正確顏色囉！

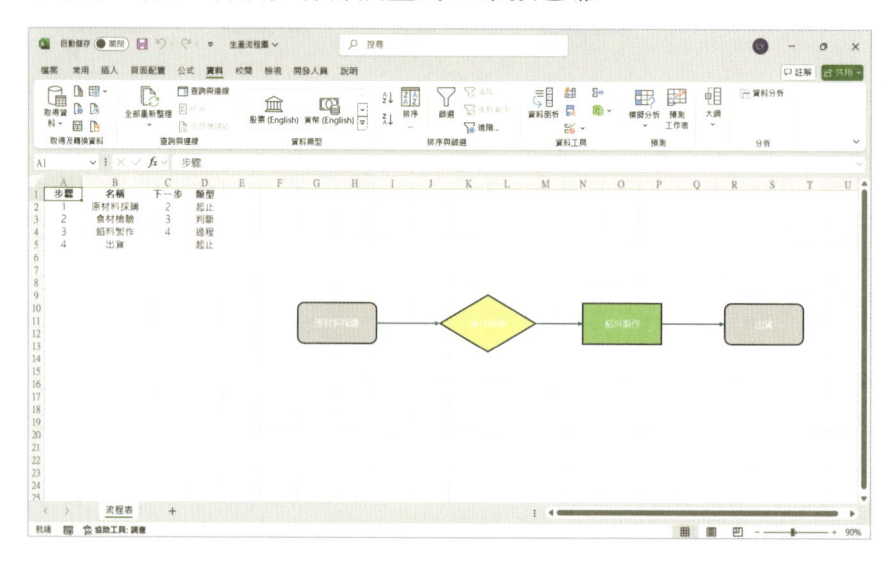

AI 修改文字顏色

情境說明
流程圖上的文字都因為形狀顏色太淺而變得不清楚，我們來調整這兩種類型的文字顏色。

AI 指令 P12-7（追問）

> 很好！所有形狀內文字都改為黑色

指令秘訣
1 因為一開始有貼上標題列給 ChatGPT，指令可以直接寫出需要更改的類型名稱。

執行程式後，整個流程圖變得更清楚好讀囉！

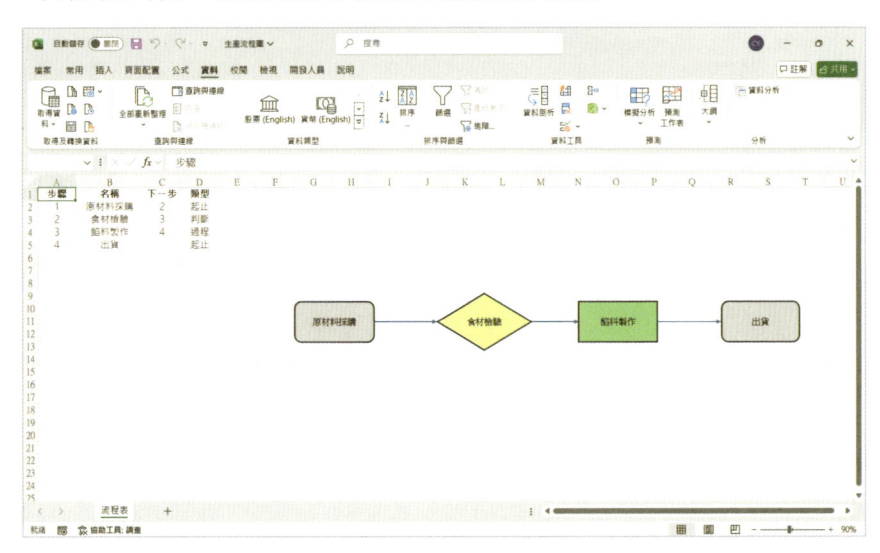

如果要調整其他格式，例如形狀線條顏色、文字大小、字體等，也都可以透過追問 ChatGPT 來一步步實現唷！

12-3

AI 依條件製作多路徑｜
自動設計不同節點與線條

⊙ AI 新增判斷節點

💡 情境說明

　　接著我們要加入「判斷」節點，也就是一個步驟連結到兩種以上的「下一步」。先在表格中新增第四步為「丟棄」，類型填入「起止」，原本第四步的「出貨」則改為第五步，並把第二步「食材檢驗」的下一步改為「3,4」。修改好表格後，一樣用 ChatGPT 生成程式。

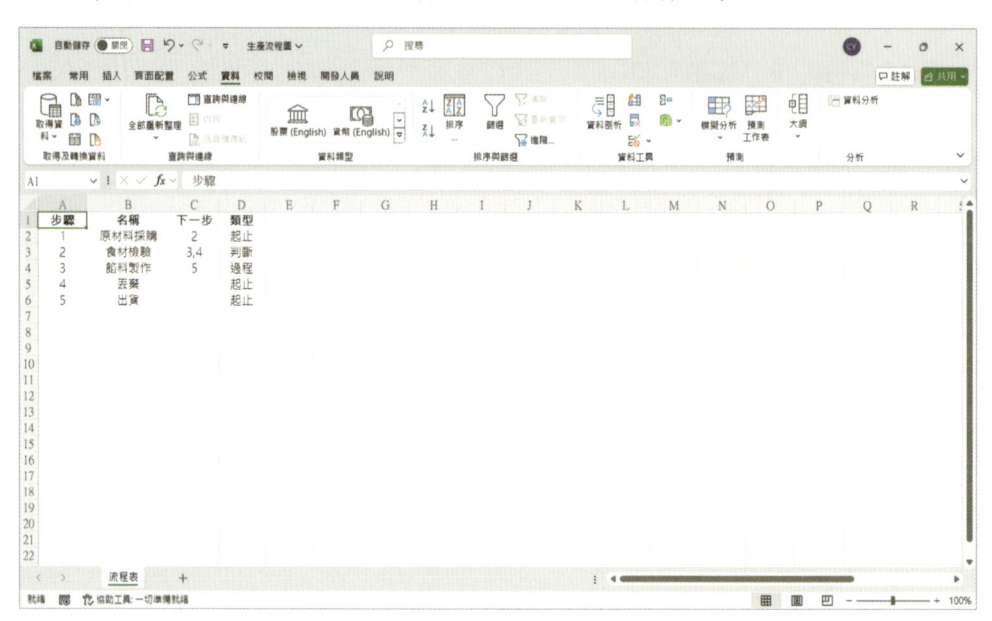

🤖 AI 指令 P12-8（追問）

很好！新增判斷式：

若某列的 D 欄是「判斷」，C 欄會有 逗點分隔 [1] 的數字，則要製作兩個形狀，接續對應步驟

表格如下 [2]

（貼上流程表）

💡 指令秘訣

[1] 建議使用「逗點分隔」，這是很常見的資料分隔形式；如果用斜線分隔，資料會變為日期格式。

[2] 直接貼上表格＃具體舉例給 ChatGPT 看，幫助它了解新的資料表格格式。

Step1 執行程式後，遇到「For Each 的控制變數必須是 Variant 或 Object」錯誤，顯示在 nextStep 這個變數。

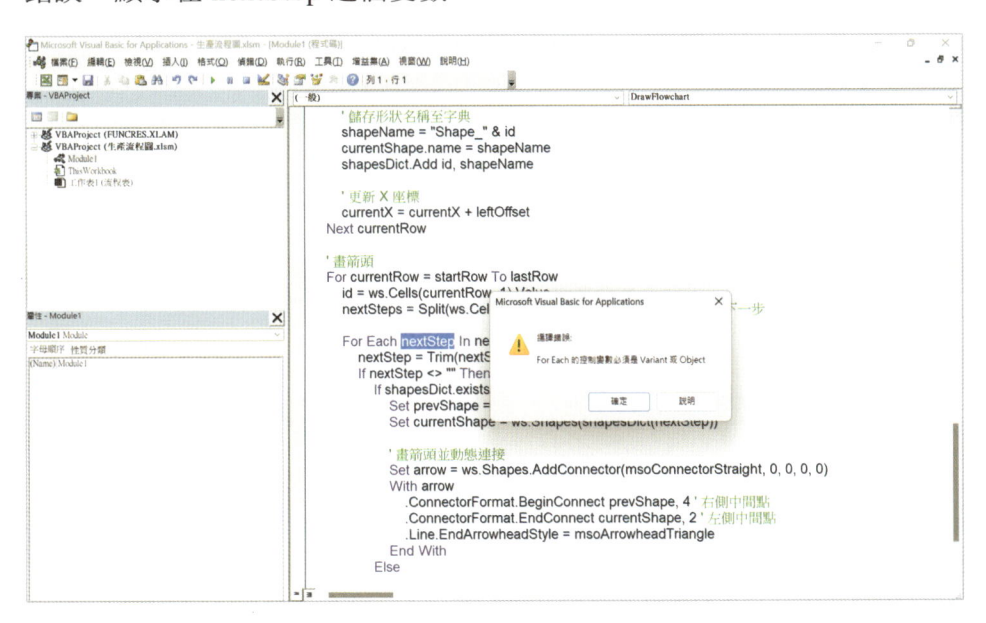

Step2 我們直接到程式最前面的部分，找到 nextStep 變數，並在該變數的 As 後方，將變數類型手動改為 Variant。

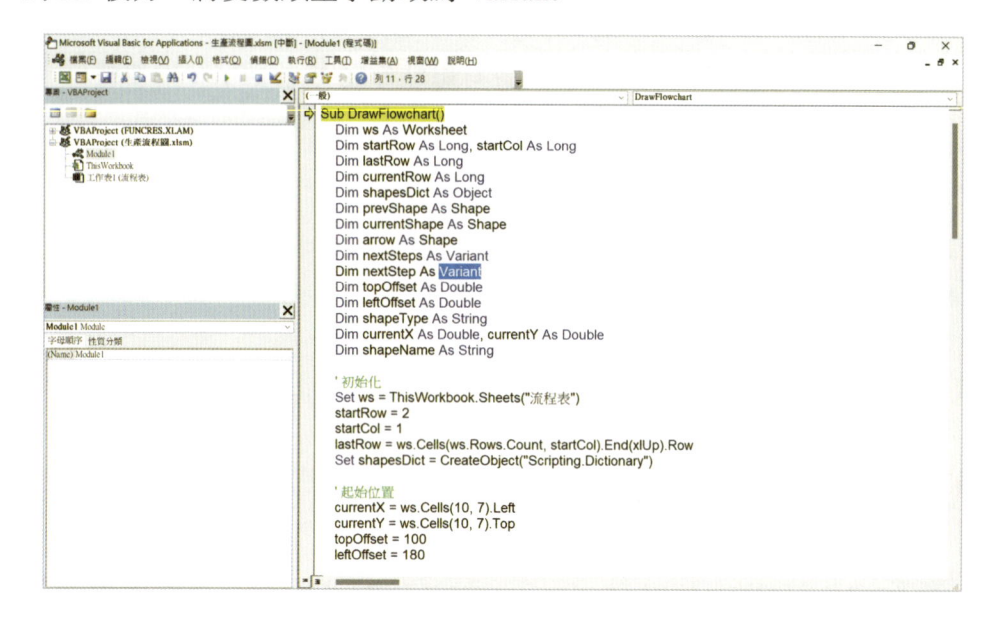

Step3 再次執行後就成功囉！不過所有形狀和線條都在同一條水平線上，我們可以手動移動形狀看看效果。

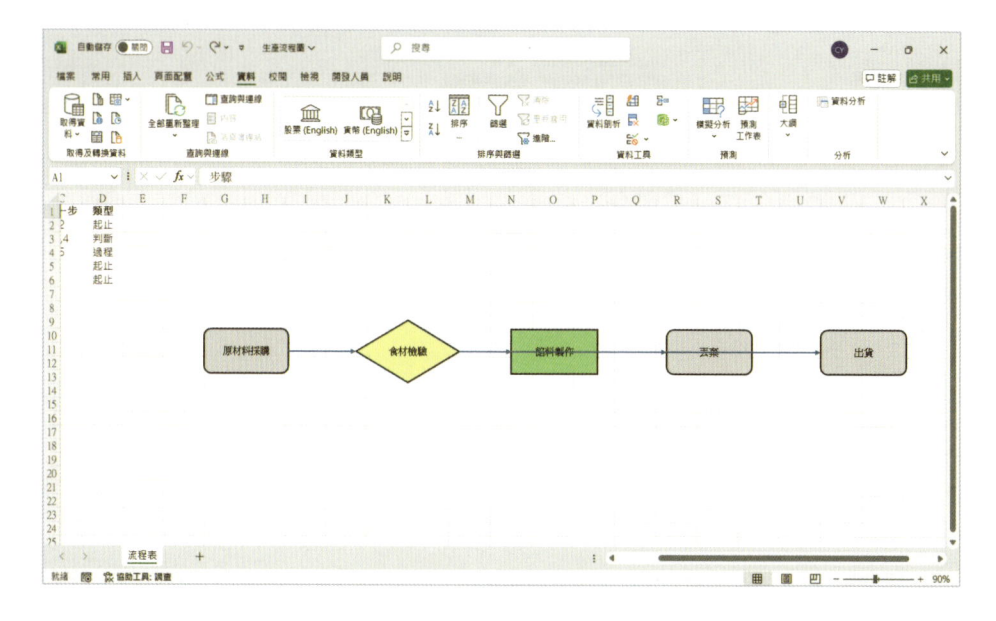

Step4 「食材檢驗」後確實有分為兩個步驟、兩條線，線條也會跟著形狀移動，非常好！

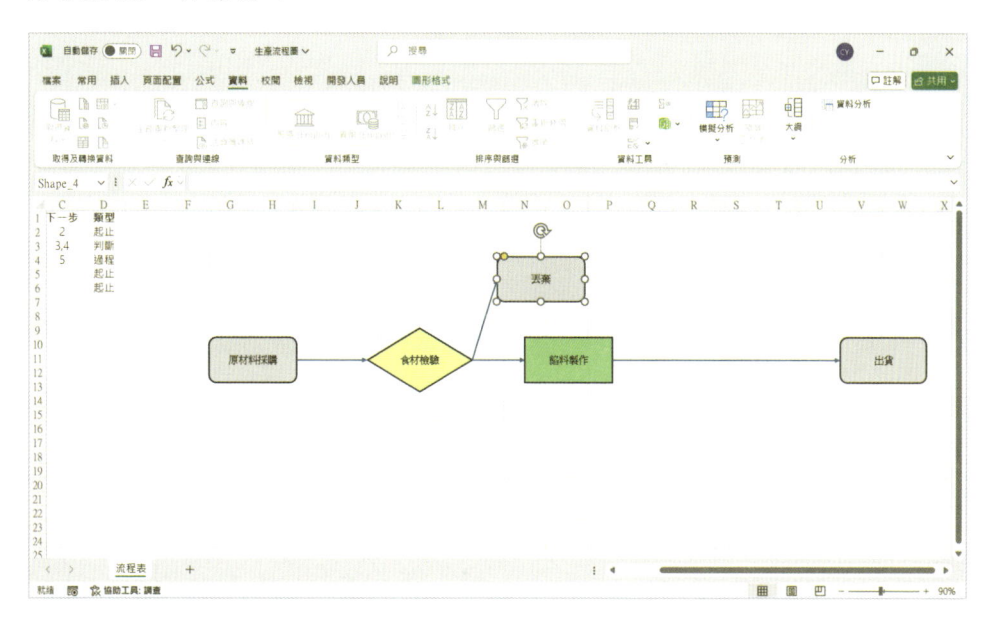

AI 調整形狀與線條

情境說明
成功建立判斷節點後，我們要調整線條和形狀的位置，把它們放在合適的位置，讓流程圖能一目了然。

Step1

🤖 **AI 指令** P12-9（追問）

1. nextStep 設為 Variant [1]
2. 現在所有形狀都在同一條水平線，這樣不好閱讀，請調整線條和形狀位置

指令秘訣

1 前面有手動修改程式中的變數類型，記得告訴 ChatGPT。

執行程式後，每個形狀不會都在同一條水平線，這樣比較清楚一些，但還可以更好。

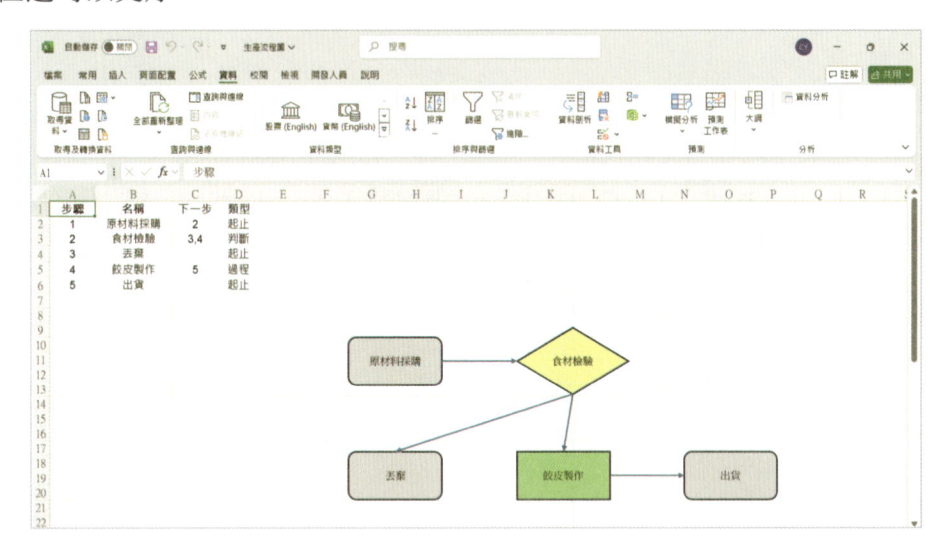

Step2

AI 指令 P12-10（追問）

> 很好！**再做出以下調整** **1**
> 1. 若菱形的下一個是圓角矩形，則圓角矩形放在菱形的上方，線條連結圓角矩形正下方端點、菱形正上方端點
> 2. 若菱形的下一個是矩形，則矩形放在菱形的右方，線條維持不變

指令秘訣

1 上一個指令只有簡單寫「請調整線條和形狀位置」，雖然有調整但效果不好。這時可以 # 追問得更仔細，詳細說明圖案和線條位置。

執行程式後，流程圖變得更好懂了！

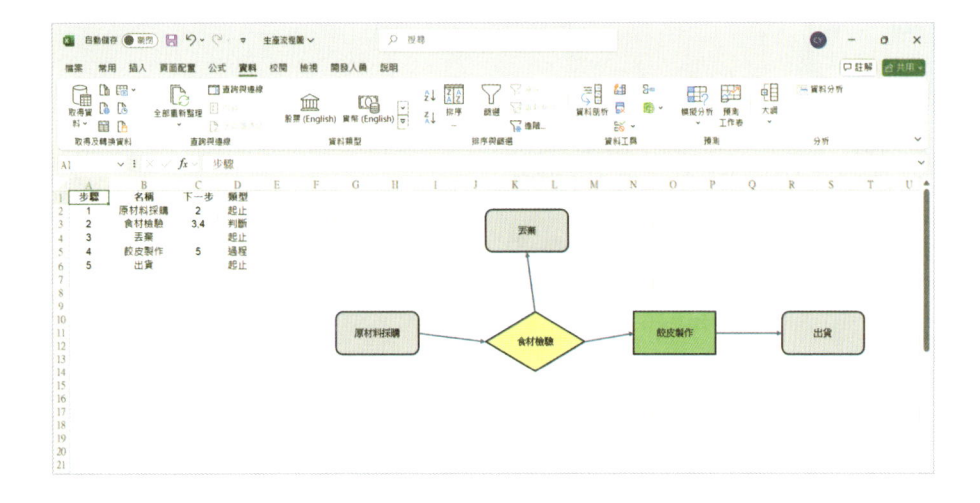

[Excel 畫面截圖]

Step3

我們最後再做點微調，讓菱形跟其他形狀置中。

🤖 AI 指令　P12-11（追問）

> 很好！不過菱形位置沒有與其它形狀置中，上下左右都要置中

執行程式後，雖然第一個圓角矩形稍微偏上，但其他形狀都有置中，整體看起來簡潔完整！

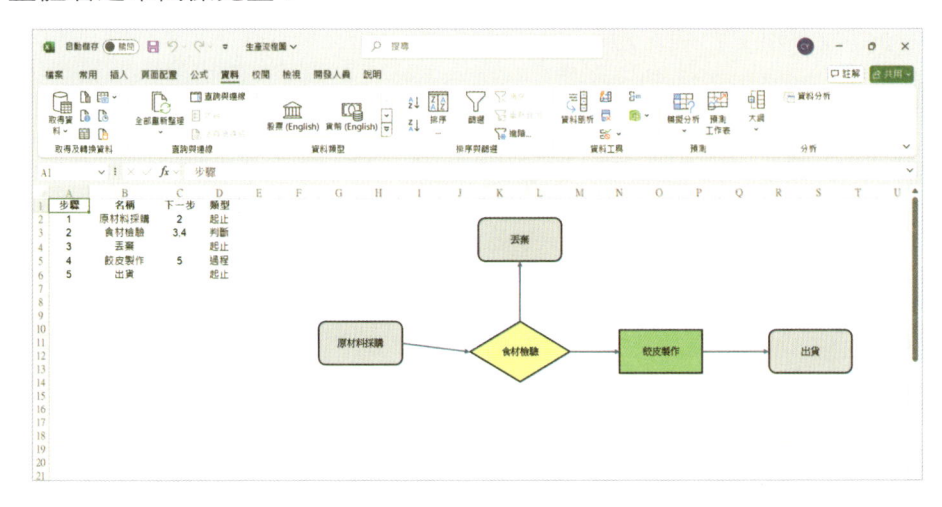

[Excel 畫面截圖]

295

12-4

AI 新增流程標籤｜
自動在流程圖上加入解說文字

➡ AI 新增流程標籤文字

💡 情境說明

我們希望能在步驟間的線條上標註文字，方便閱讀流程圖。先在 E 欄新增「說明」，並在 E2 填上「入倉」作為測試用。繼續追問 ChatGPT 下指令。

🤖 AI 指令 `P12-12（追問）`

> 很好！我會在 E 欄填入文字，若該列有文字的話，則在該步驟與下一步的線條中間放上文字

執行程式後，順利在第一條線上標註文字！

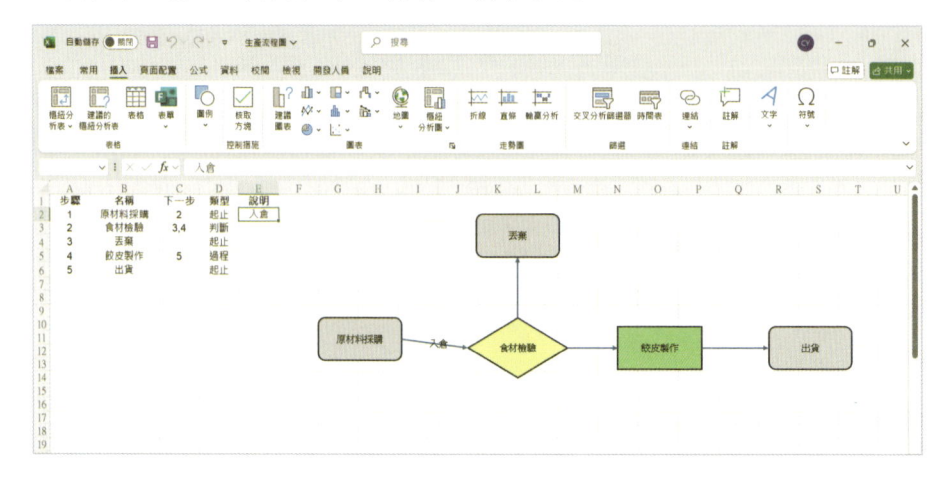

➡️ AI 修改流程標籤文字顏色

💡 情境說明

標註文字在線條上不太明顯,我們追問 ChatGPT 為文字加上底色並修改顏色。

🤖 AI 指令　P12-13（追問）

> 很好!線條上的文字改為淺藍底白字

執行程式後,成功為標籤文字上色!

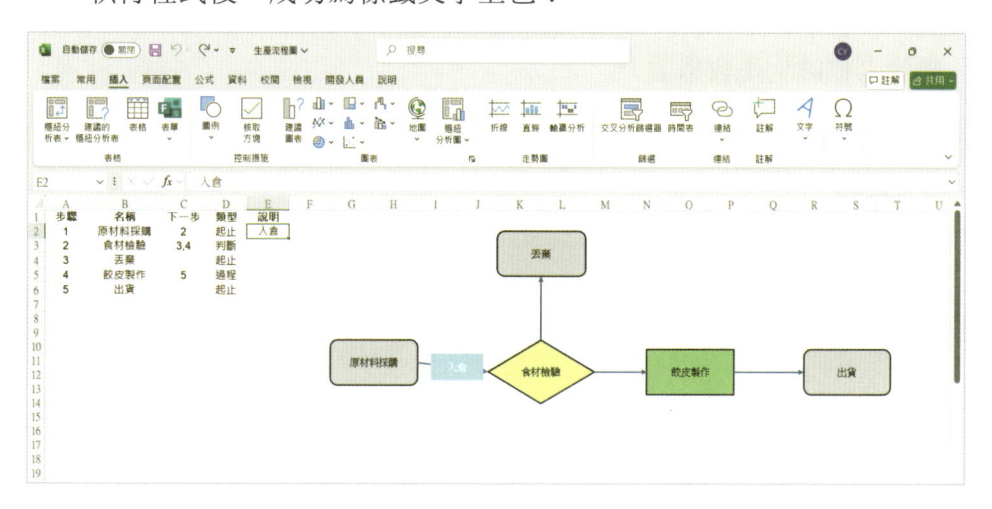

➡️ AI 新增判斷節點流程標籤

💡 情境說明

判斷節點會有兩個以上的下一步,流程標籤也會不同。我們在表格中用逗點分隔判斷節點的流程標籤文字,例如:不合格,合格,再追問 ChatGPT 加入條件。

🤖 AI 指令　P12-14（追問）

> 很好！若 D 欄是「判斷」，則<mark>文字會用逗點分隔</mark> [1]，分別在兩條線上有不同文字
>
> 例如：<mark>C 欄是 3,4，E 欄是「不合格,合格」，則在跟第三步驟的線條上標註「不合格」</mark> [2]

💡 指令秘訣

[1] C 欄的下一步是用逗點分隔，因此 E 欄也用逗點分隔，減少多餘的麻煩。

[2] 除了說明外，再搭配 # 具體舉例來提高 ChatGPT 成功的機率。

　　執行程式後，判斷節點的線條上有出現正確標籤，但同時也出現錯誤視窗：「第 5 行的 C 欄與 E 欄數量不匹配！」

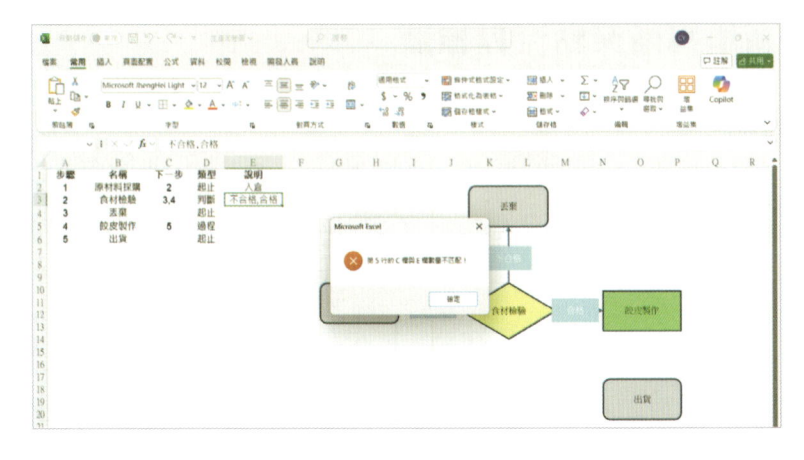

這是 ChatGPT 幫我們寫進程式的錯誤提醒訊息，閱讀 ChatGPT 提供的說明可以發現，這是因為 E 欄有些列沒有文字造成的，也就是程式預設是要所有線條上都有標籤。

AI 忽略空白流程標籤

情境說明

我們希望就算 E 欄某些列是空白時，還是可以正常執行程式，不用所有的線條上都有標籤。同時我們希望流程標籤的文字和色塊更小一點，避免線條被完全擋住。

AI 指令 P12-15（追問）

> 很好！執行後有成功，但是彈出視窗：第 5 行的 C 欄與 E 欄數量不匹配！
> 若 E 欄有些列是空白，則不需要有任何標籤
> 另外標籤上的文字和色塊都調小一點

執行程式後，沒有彈出任何錯誤訊息，而且「餃皮製作」和「出貨」之間的線條上沒有標籤，測試成功！

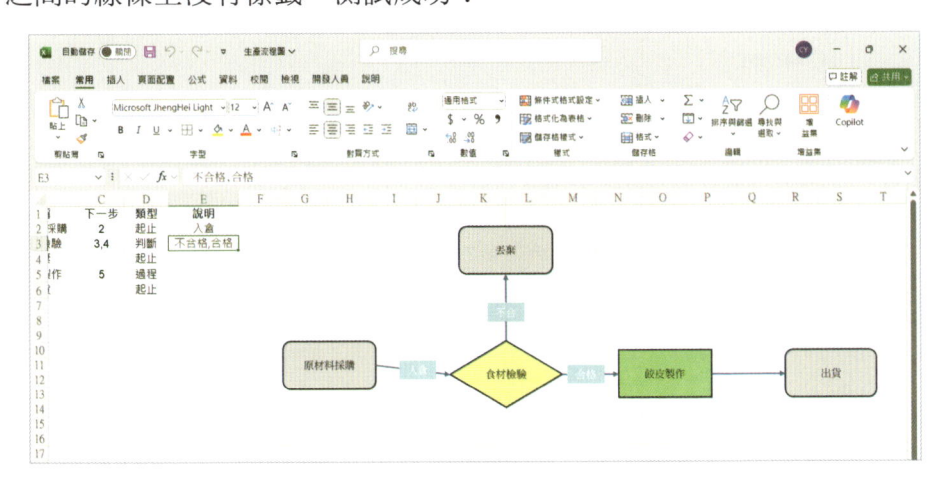

AI 詢問程式修改建議

情境說明

有個小地方需要調整：「不合格」標籤沒有完整顯示。這邊不用請 ChatGPT 全部重寫程式，而是詢問 ChatGPT 來找出決定標籤尺寸的程式行，再簡單修改數字即可。

AI 指令　P12-16（追問）

> 哪段程式會影響標籤大小 [1]

指令秘訣

[1] 如果不想手動調整程式，也可以直接請 ChatGPT 修改：因為程式已經很長，這個需求的改動幅度也比較小，重新生成會很花時間，結果也不一定會符合需求；另外我們知道如何修改的話，後續修改標籤大小會很方便，因此直接詢問如何修改。

Step1　根據 ChatGPT 的說明，「Set labelShape = ……」這一行程式的最後兩個數字 40,20 是用來調整標籤尺寸，40 代表標籤的寬度。

詳細說明：

1. `Set labelShape = ws.Shapes.AddTextbox(msoTextOrientationHorizontal, labelX - 20, labelY - 10, 40, 20)`

    - 這一行創建了一個文本框（即標籤），並且指定了它的位置和大小。
    - `40, 20`：這是標籤的寬度和高度。這裡的 `40` 代表標籤的寬度，`20` 代表標籤的高度。可以通過調整這兩個數字來改變標籤的大小。

2. `labelX - 20, labelY - 10`：這是標籤的定位參數，它基於箭頭的兩個形狀的中間位置（`labelX, labelY`），並將其微調來確保標籤正確顯示在箭頭的中間。

調整標籤大小：

↓

Step2 因此我們回到 VBA 編輯器，手動將寬度從 40 調為 50，再次執行程式，就能完整呈現「不合格」標籤囉！

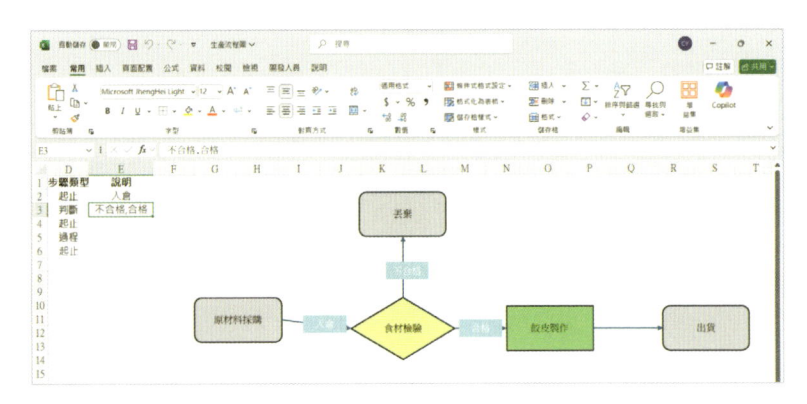

Step3 不過每個標籤在線條上都有點偏右。剛好在這個生成結果中，ChatGPT 也有說明如何調整位置。我們將同一行程式的「labelX-20」改為「labelX-25」，再次執行程式，就能成功讓標籤置中！

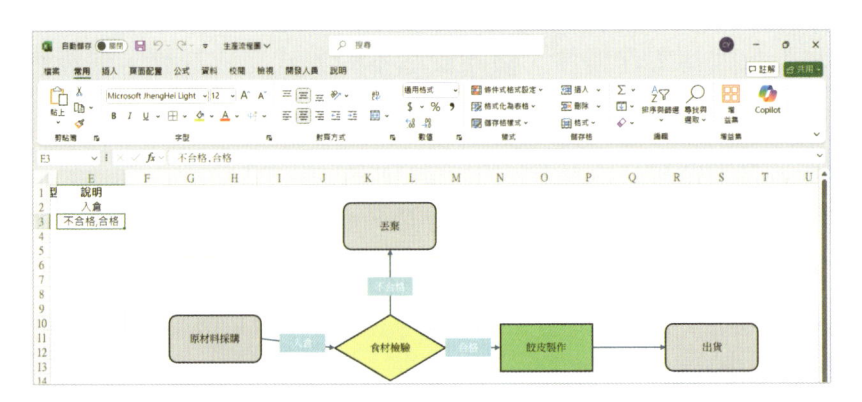

填入完整流程表、製作最終流程圖

情境說明

全部都測試完成後，我們複製章節開頭的完整流程表格貼到 Excel，並用 VBA 製作最終流程圖。

執行程式後，回到工作表，利用右下角的縮小視窗功能，就能看到完整的流程圖囉！

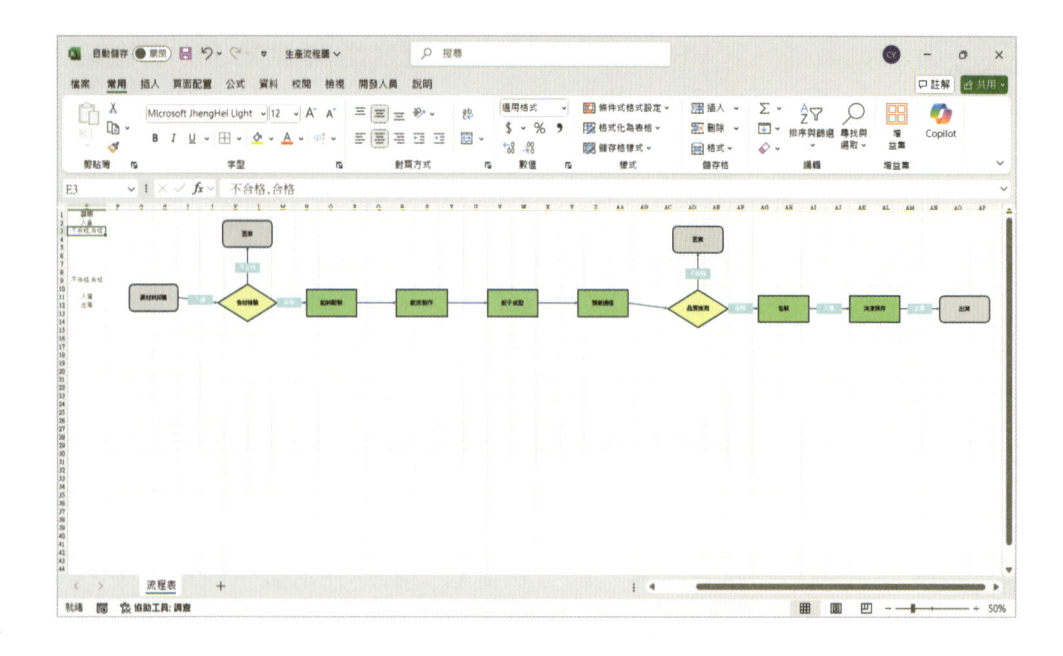

填入完整流程表、製作最終流程圖

多數人會因為工作慣性，傾向於原本的方式完成任務，就算有更快的方法也會因為時間成本和學習曲線，而不願意投入新方法。本章生成 VBA 製作流程圖的過程，其實是相當有代表性的案例。

雖然花了很多時間跟 ChatGPT 對話、測試程式，但以後只要填入流程表，執行程式後一秒就能得到完整流程圖。對於需要大量製作流程圖的人來說，省下的時間非常可觀─關鍵還是回到「FIRE 自動化決策架構」，決定你是否需要投入時間生成這個自動化程式。

這個案例是我在上課過程中，有學員特別詢問我能否做到，我自己其實也沒有做過；但在簡單測試後發現有機會做到，並在來回對話很久後，終於成功做出完整流程圖。因此也想鼓勵你，善用自己的想像力，結合 AI 和程式，去完成自己想要的魔法。

Chapter 13

VBA 查帳系統：
自動匯入匯率與跨行交易資料

實戰案例　製作財務報表時自動整理匯率與跨行交易

本章介紹如何利用 Power Query 從網站自動匯入完整的匯率資料表，再透過 VBA 清理資料、統一格式。除了歷史匯率，也會分享如何即時抓取最新匯率、統整多家銀行交易資料，最後進一步比對和標示資料。

本章重點

適用對象	財務報表製作人員常常需要面對整合多種不同格式資料、匯入大量數據難題。
實戰教學	**13-1** Power Query 匯入網站歷史匯率　　**13-2** AI 整理歷史匯率資料 **13-3** Power Query 匯入網站即時匯率　　**13-4** AI 整合跨銀行交易明細
效益	• 自動更新匯率：自動匯入完整年度匯率，避免逐日搜尋與複製。 • 提升資料品質：搭配 VBA 清理格式，確保匯率資料正確一致。 • 自動比對交易：核對匯款金額與帳號末碼，快速判斷交易狀態。 • 統一跨銀行明細：自動整合不同格式欄位，打造標準化交易資料表。

獲取本章案例模板

本章 AI 指令、程式 & Excel 練習檔
https://chatgptaiwan.pse.is/vba13

AI 指令表、Excel VBA 程式碼複製
https://chatgptaiwan.pse.is/vbabook

特別說明：本書內圖文教學針對如何對 ChatGPT 下指令，若想獲得完整正確的 VBA 程式碼可透過上方檔案。

13-1

Power Query 匯入網站歷史匯率
節省大量匯入外部資料的時間

小鹿公司正在製作年度財務報表，需要 2024 年全年日圓對台幣的匯率資料。但多數銀行網站只提供近六個月的匯率資訊，無法直接查詢完整年度資料。過去只能手動上網查詢、複製、整理，再貼到 Excel 中，既耗時又容易出錯，格式也常常不統一。公司希望能用更快速穩定的方式取得歷史匯率資料，並搭配 VBA 進行後續清理與格式化處理。

成果完成圖

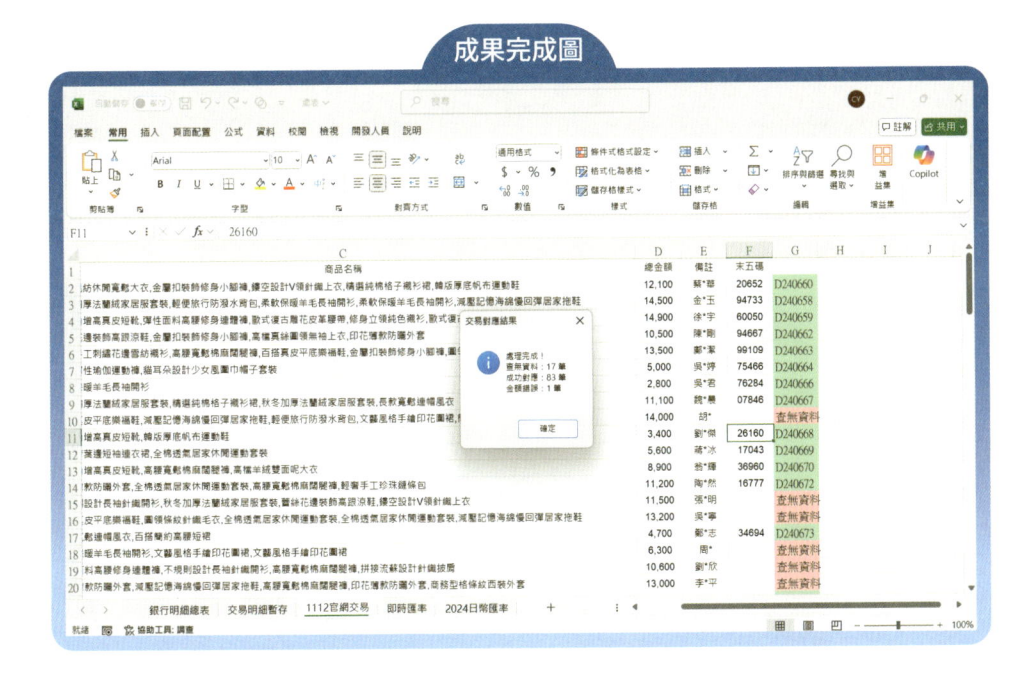

Power Query 匯入歷史匯率資料

情境說明

我們需要 2024 年日幣兌台幣全年匯率資料，並用 Power Query 匯入 Excel。一般銀行網站只保存過去 6 個月的匯率資料，若需要更長時間的歷史匯率需要到其他網站搜尋。

Step1 上網搜尋「2024 日幣全年匯率」。

Step2 找到包含全年匯率「表格資料」的網站。

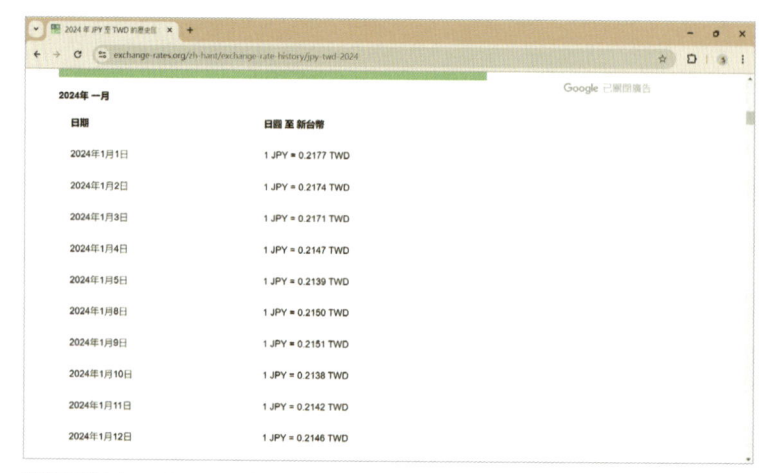

資料來源：https://www.exchange-rates.org/zh-hant/exchange-rate-history/jpy-twd-2024

Step3 打開本章範例中使用的「總表」Excel 檔，點擊功能區的「資料」。

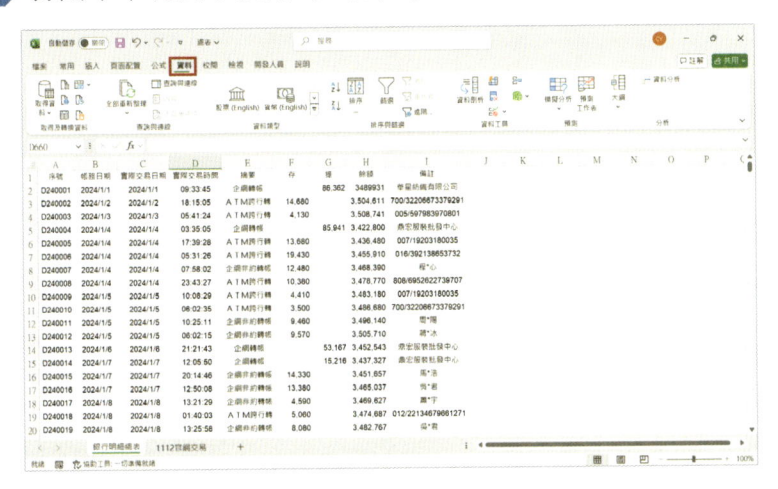

Step4 點擊「取得資料」→從其他來源→從 Web。

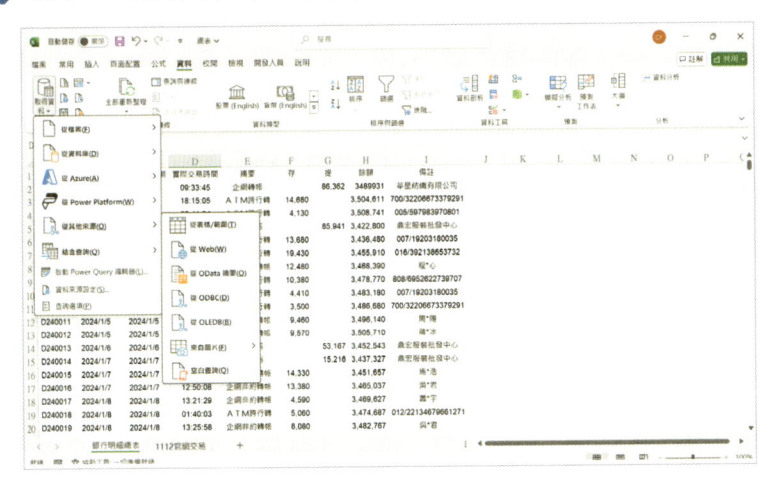

Step5 貼上網站連結→點擊「確定」。

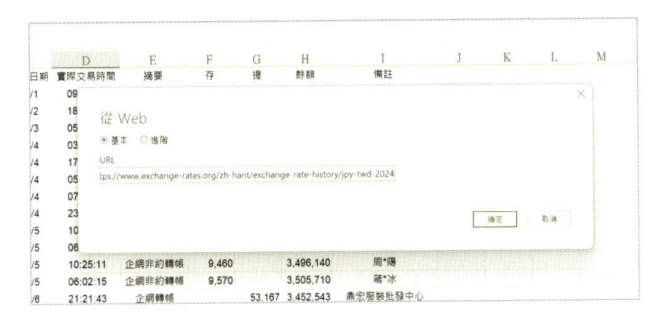

Step6 在導覽器左側，選擇有完整歷史匯率的資料表（資料表 2），點擊載入。

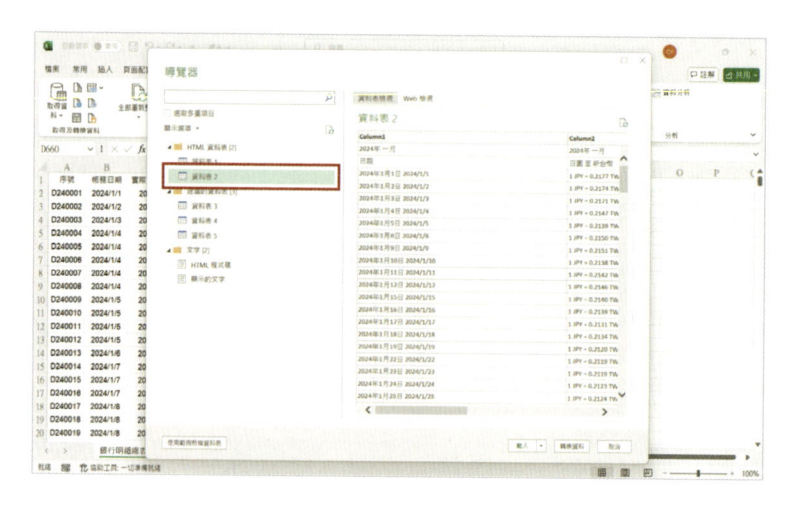

Step7 成功匯入網站中的匯率資料。

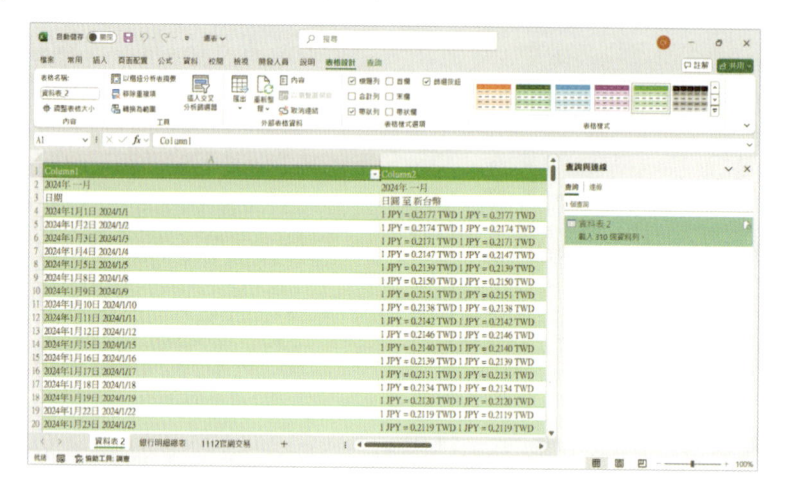

➡ 轉換表格為一般範圍

💡 情境說明

匯入資料後，資料會被儲存為「表格」。使用表格能有不少好處，不過在這邊我們不需要表格，轉換表格為一般的儲存格即可。

Step1 點擊「轉換為範圍」→確定。

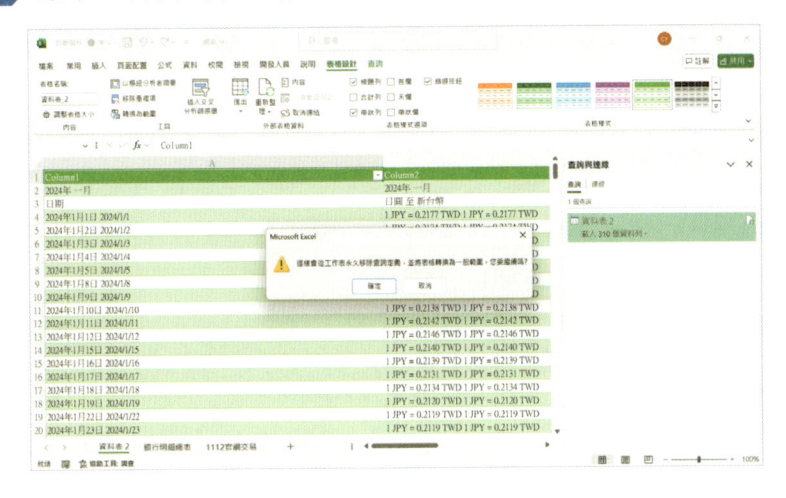

Step2 右側的資料表 2 從「載入 310 個資料列。」，改為「僅連接。」，代表成為轉換為一般的資料表，方便後續處理。

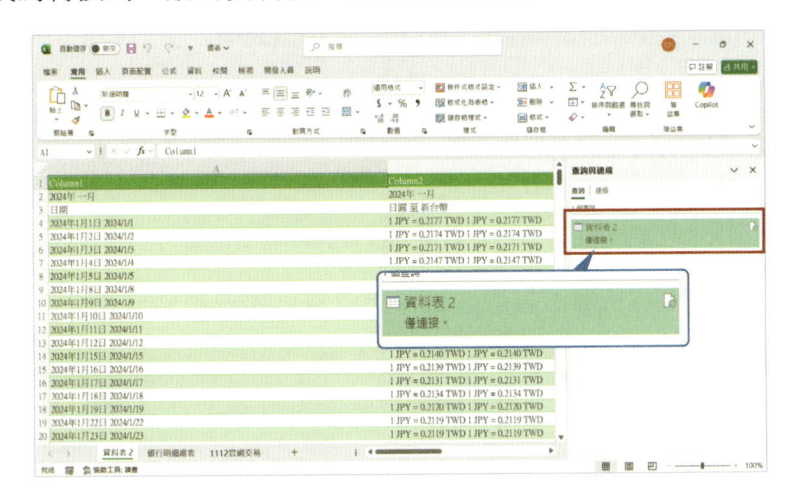

取消資料連接外部網站

❗ 情境說明

從 Web 匯入資料到 Excel，如果網站資料有更新，我們也可以更新 Excel 資料。不過，因為 2024 年匯率資料已經不會再變動，同時為了避

309

免網站資料消失，建議取消連接外部網站。

Step1 點擊右側「連線」，對資料表點擊右鍵，按下刪除。

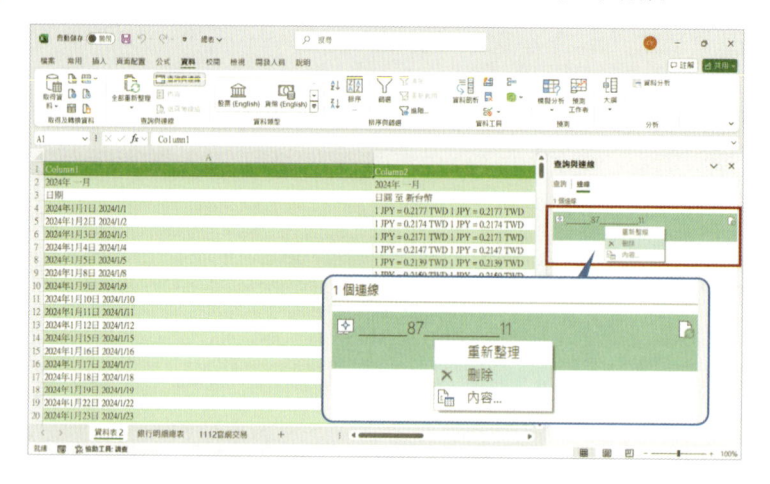

Step2 彈出視窗後，點擊確定。

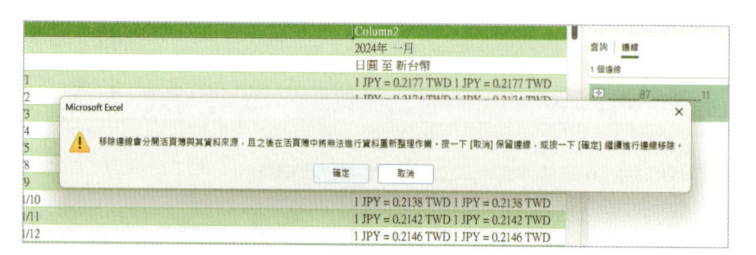

Step3 右側的檔案名稱消失後，就代表資料已經取消外部連接。

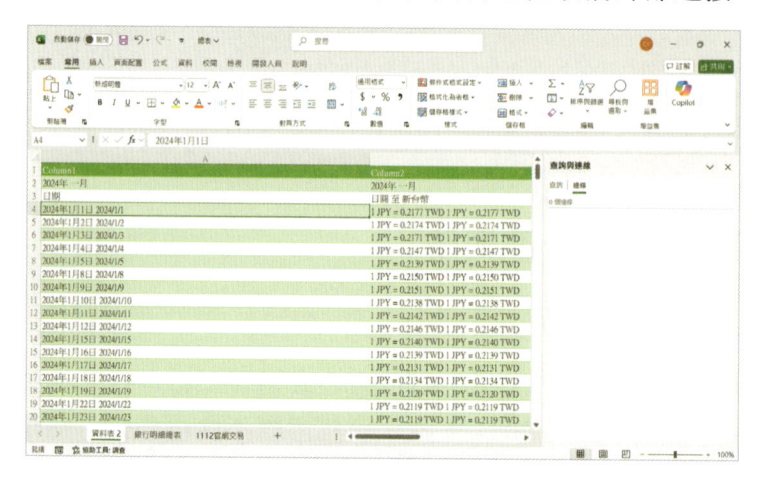

13-2

AI 整理歷史匯率資料｜
清理不方便閱讀的資料格式

● AI 新增判斷節點

🚩 情境說明

目前的匯率資料不方便閱讀和調用，我們用 VBA 來整理匯率資料。先將工作表名稱改為「2024 日幣匯率」，並移動工作表到最後。

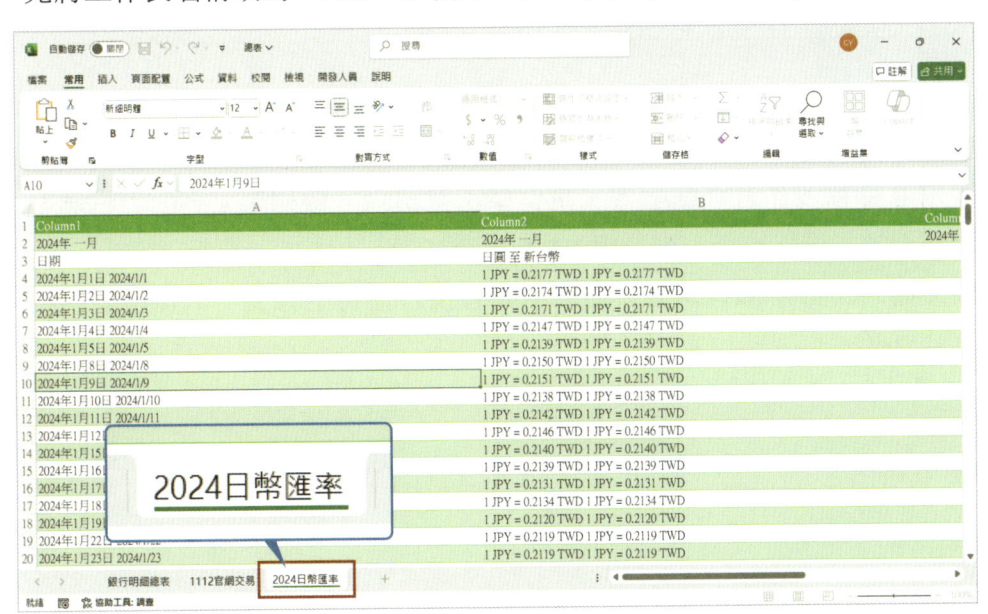

311

🤖 AI 指令 P13-1（新開聊天室）

扮演 VBA 大師

「2024 日幣匯率」工作表

B 欄資料格式如：「1 JPY = 0.2177 TWD 1 JPY = 0.2177 TWD」，小數點會不同

==若 B 欄的列格式不是長這樣，則刪除== [2]

刪除後 B 欄只要留下匯率即可，例如：0.2177

==A 欄日期格式："2024 年 1 月 1 日 (換行)2024/1/1"，只保留 2024/1/1 即可== [3]

刪除 C 欄

清空所有儲存格格式

💡 指令秘訣

[1] 執行程式後前，建議先為工作表建立複本，避免程式出錯、誤刪資料。

[2] 用 B 欄格式作為判斷依據，決定是否保留列，例如第三列的「日圓至新台幣」就不符合，則使用 VBA 刪除該列。

[3] A 欄的一格中都有兩個日期，中間有換行需特別強調，只保留斜線格式就好。

執行程式後，順利整理好資料，只保留日期和匯率數字！

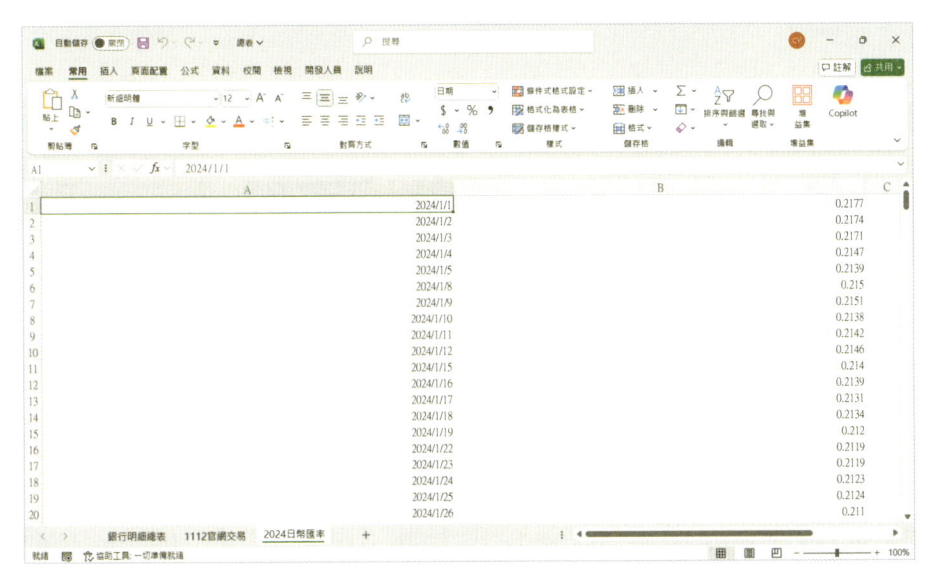

我們調整一下工作表：插入第 1 列，A 欄打上「日期」，B 欄打上「匯率」，調整欄寬、全部置中，並將字體改為 Arial。當然，這些動作要寫進前一個 AI 指令中也沒問題。

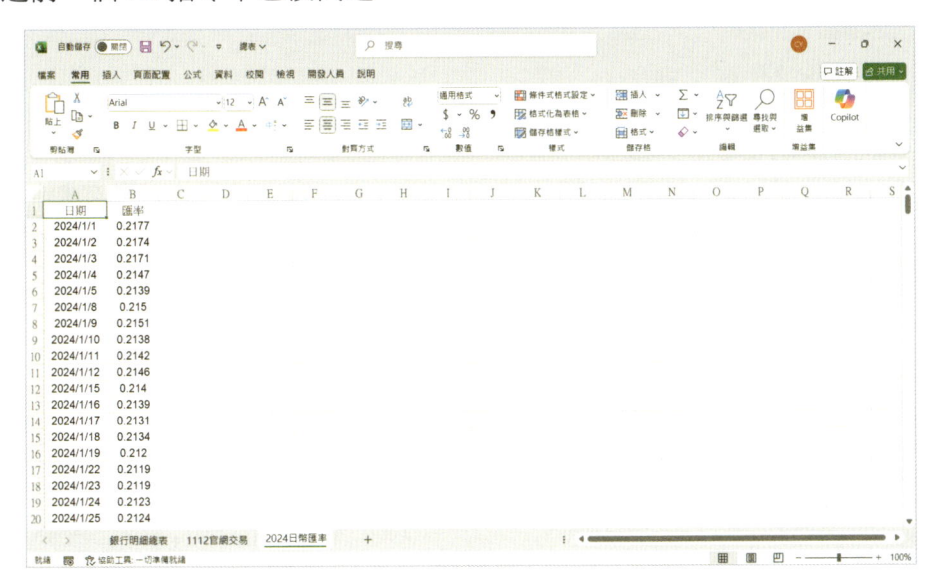

13-3

Power Query 匯入網站即時匯率｜自動帶入當日的即時數據資料

➡ Power Query 匯入即時匯率資料

💡 情境說明

除了歷史匯率外，我們也希望在 Excel 中顯示當日即時匯率，這同樣能用 Power Query 完成。

Step1 上網搜尋「即時匯率」。

Step2 複製網址連結。

Step3 點擊「取得資料」→從其他來源→從 Web →貼上連結→點擊確定。

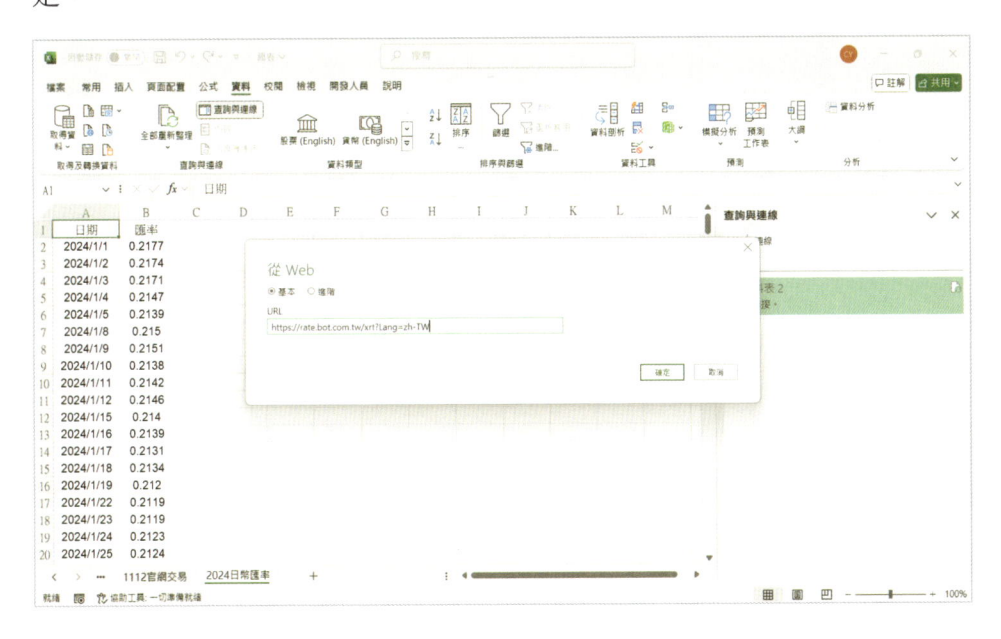

Step4 選取「資料表 1」→點擊「轉換資料」，因為載入資料前，我們要先整理資料。

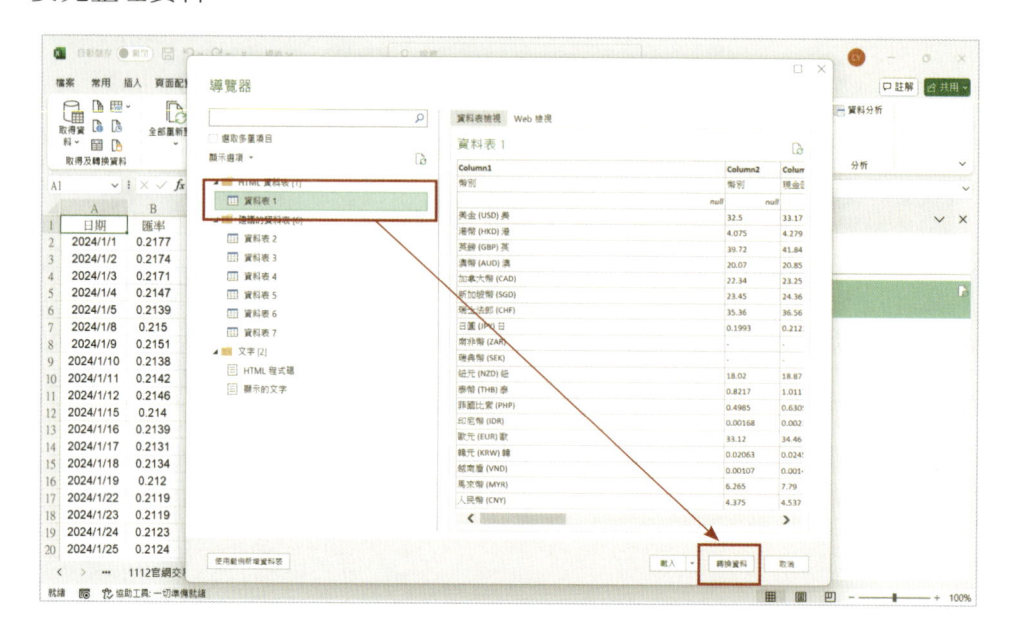

Step5 進入 Power Query 編輯器。

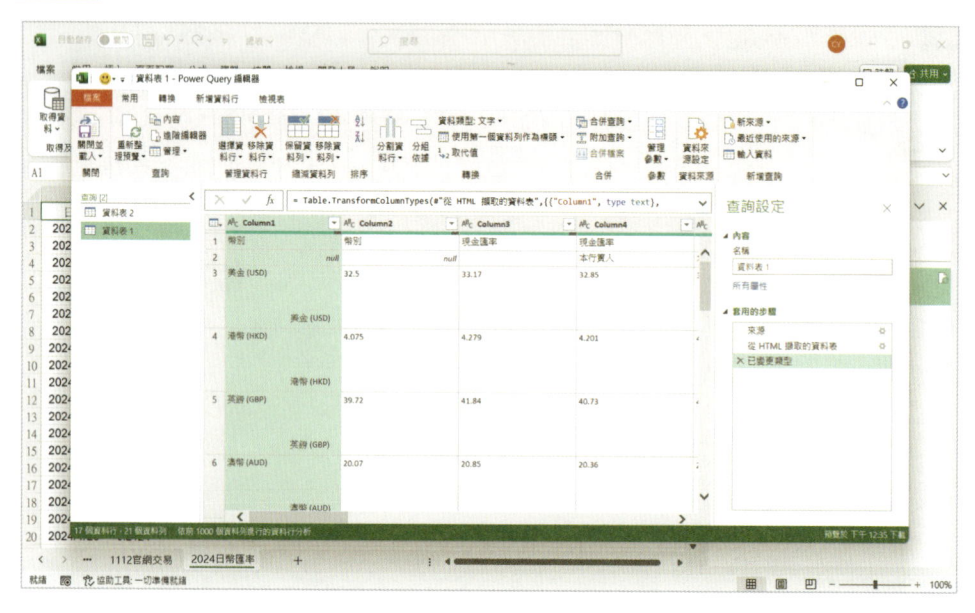

Power Query 設定標題列

情境說明

我們需要先將第 1 列設為標題列，不然第 1 列會多出一整列新標題。

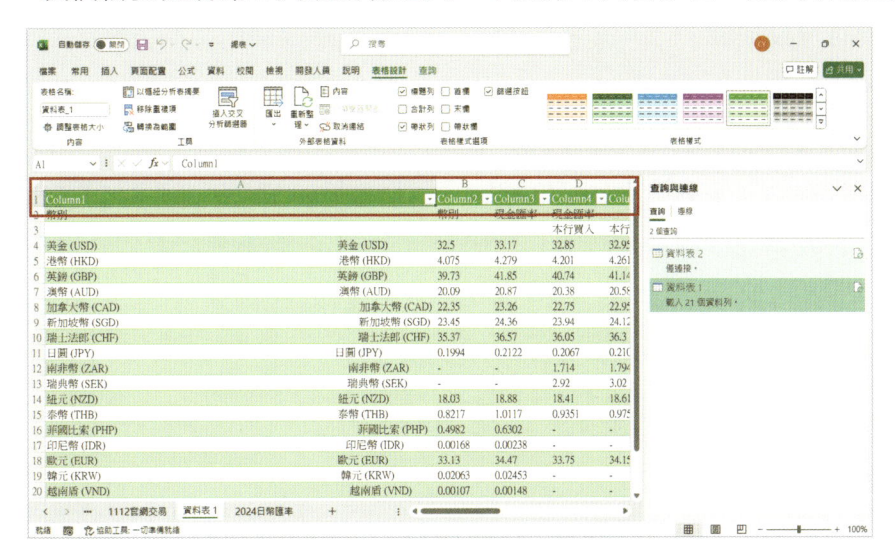

點擊 Power Query 編輯器上方功能區的「使用第一個資料列作為標頭」，看到 Column1、Column2 等標題被替換為網站表格的標題，例如：幣別、現金匯率等，就代表完成囉！

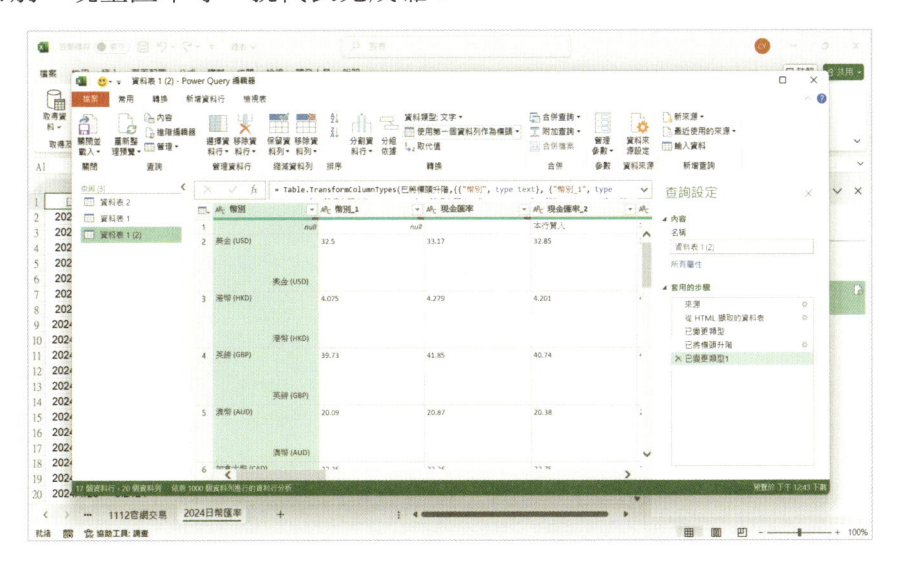

Power Query 刪除多餘行

情境說明

我們用不到所有資料行，只需要現金匯率的買入、賣出價格即可，其他資料行可以刪除。

Step1 點選第一行，按著 Ctrl 鍵不放，再選取第二、三行。

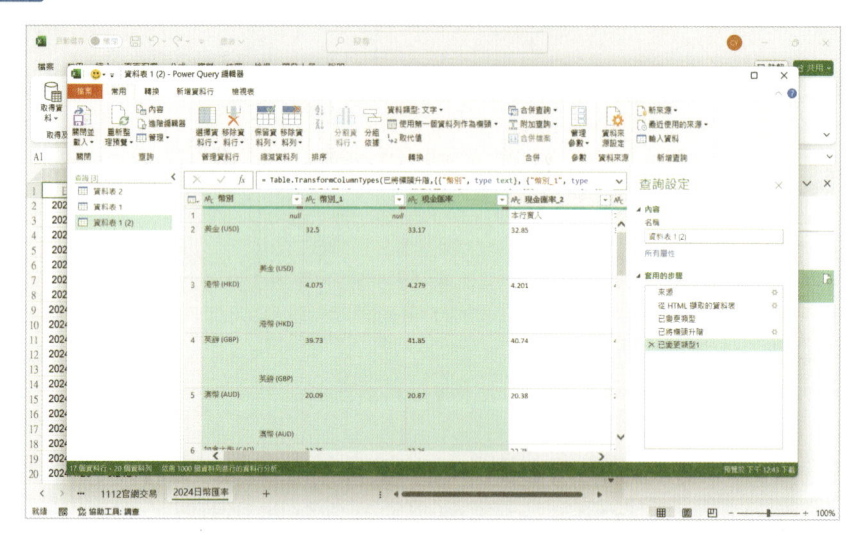

Step2 點擊右鍵→移除其他資料行。

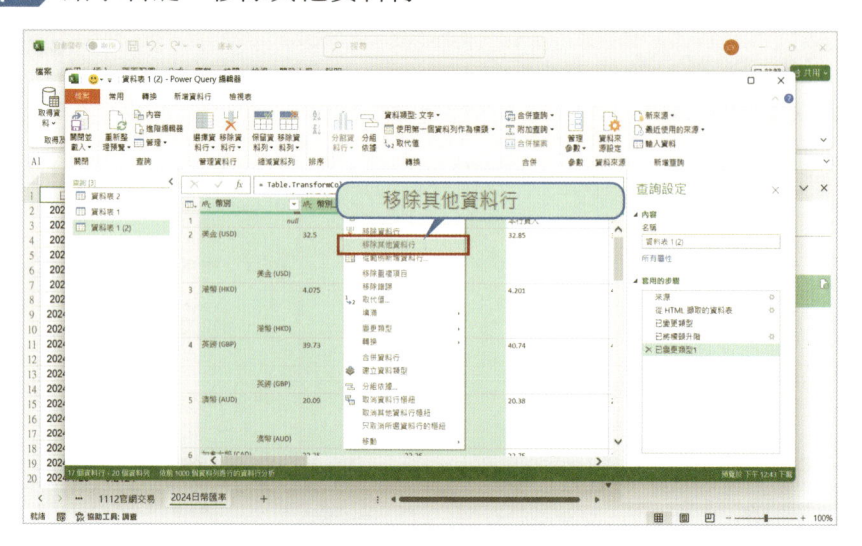

Step3 完成後就只會保留前三行囉！

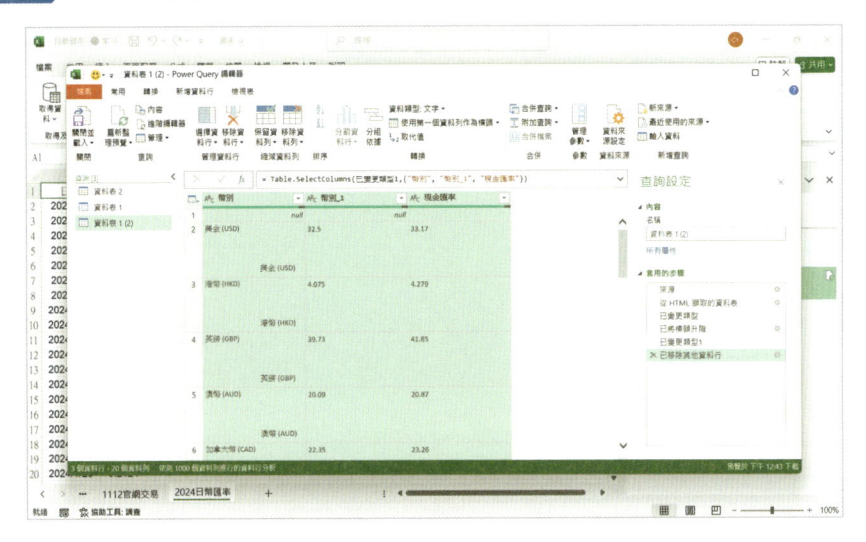

Power Query 篩選資料列

情境說明

我們只需要日圓和港幣匯率資料，可篩選並保留這兩列。

Step1 點擊「幣別」右側的篩選箭頭。

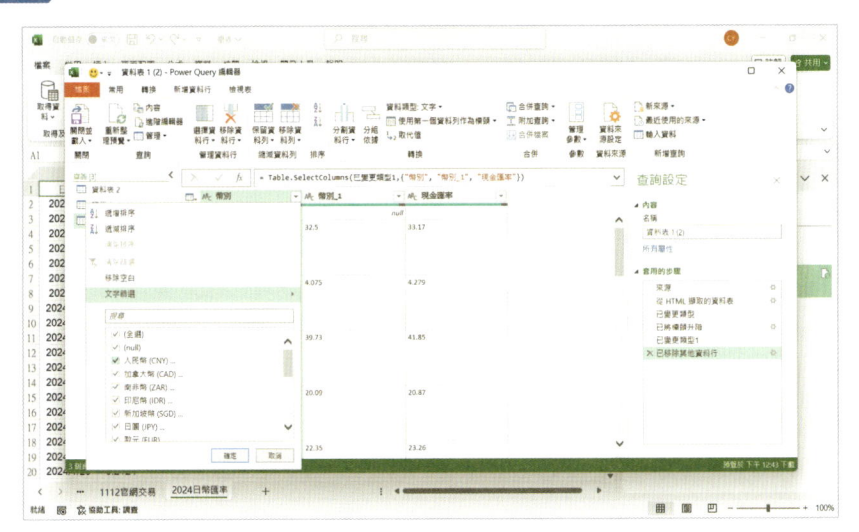

Step2 取消勾選「全選」→勾選日圓、港幣。

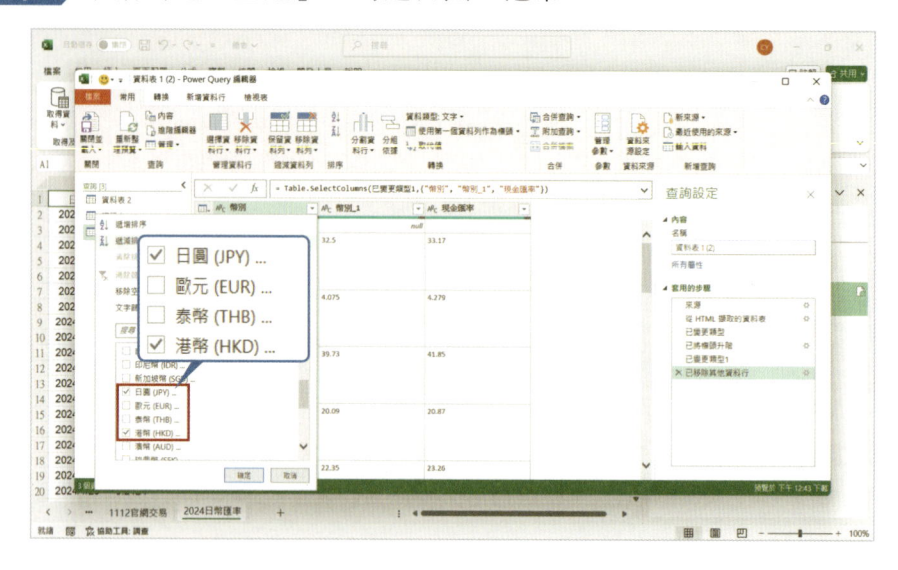

Step3 篩選掉其他列，只保留日圓和港幣資料列。

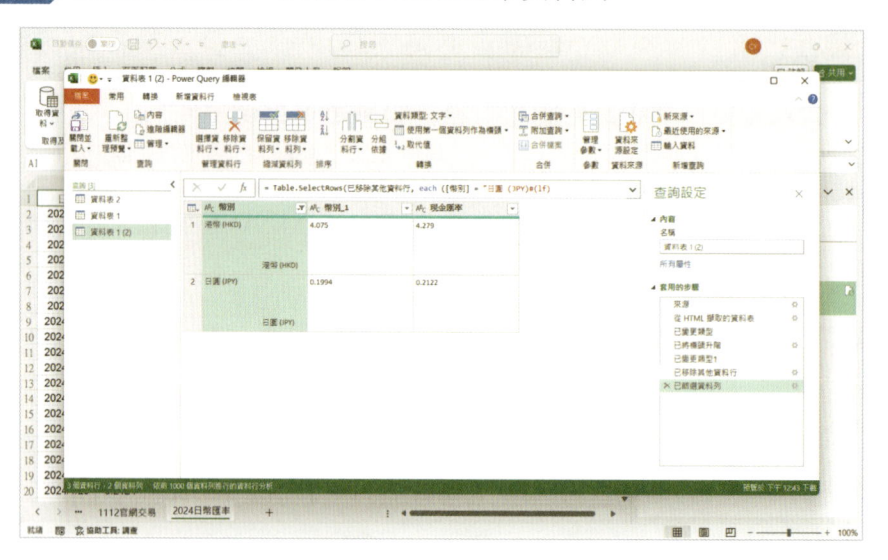

Power Query 修改標題名稱

情境說明

因為網站表格結構問題，資料欄位有點跑掉。例如第二行應該是網站上的「本行買入」，但在 Power Query 編輯器中被改為「幣別_1」。我們來手動修改標題名稱。

Step1 雙擊標題名稱後，輸入文字即可。

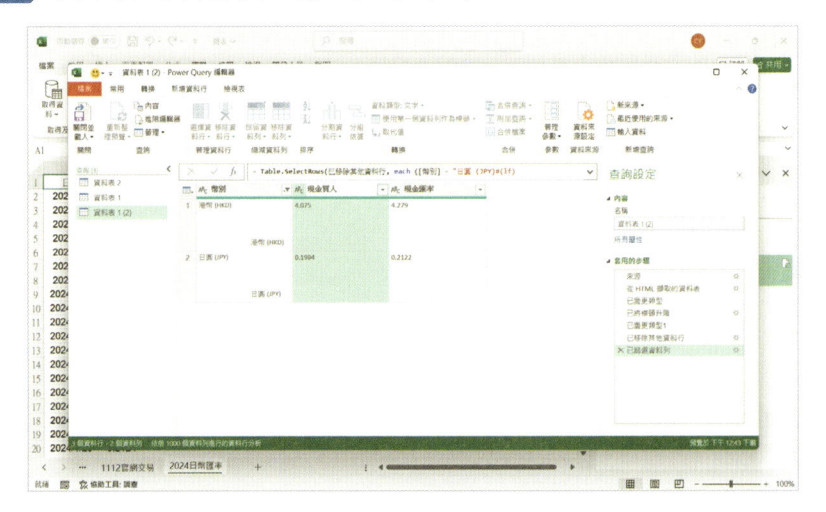

Step2 第二行改為「現金買入」，第三行改為「現金賣出」，就完成囉！

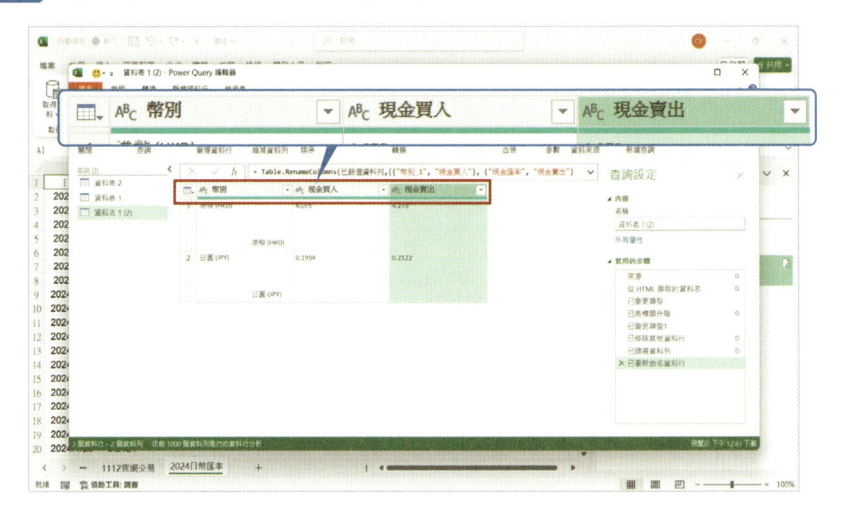

Power Query 取代儲存格文字

情境說明

同樣因為網站表格結構問題，第一行幣別會在同一格中出現兩次相同幣別，我們手動修改為出現一次。

Step1 選取其中一格，點擊右鍵→取代值。

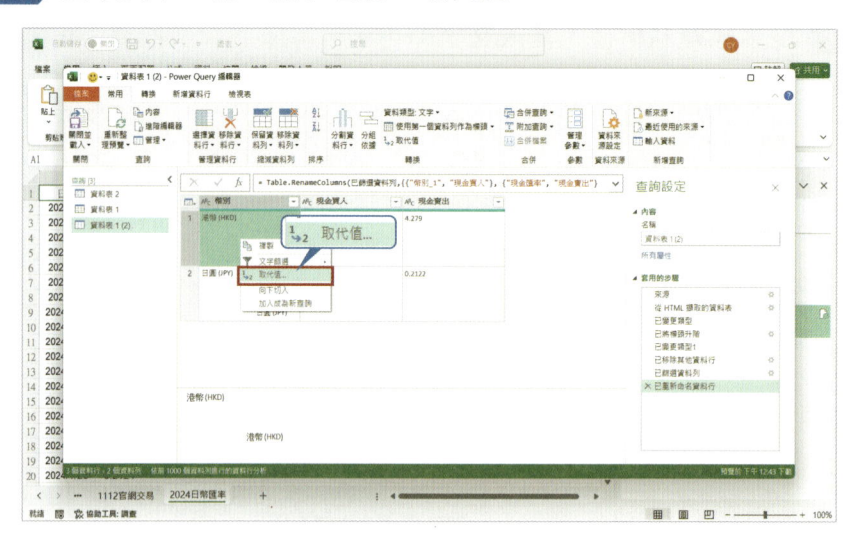

Step2 在「取代為」輸入「港幣 (HKD)」。

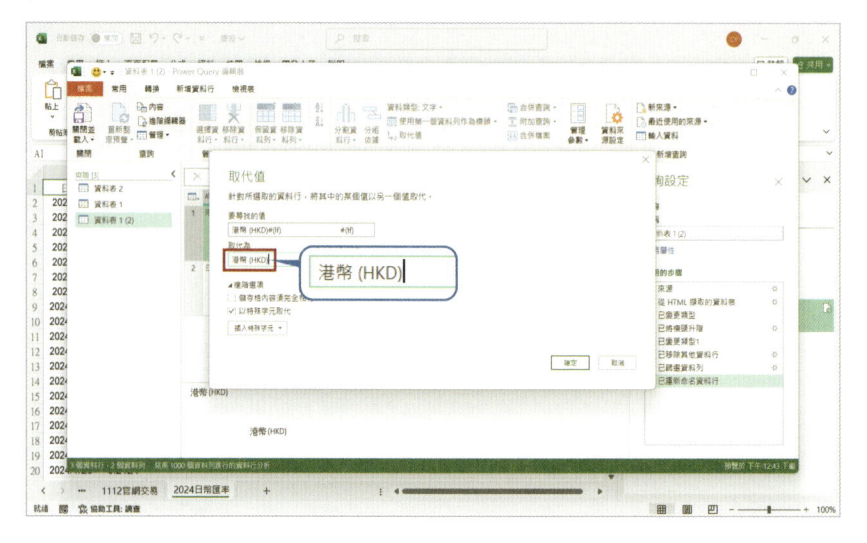

Step3 針對日圓儲存格重複以上兩步。

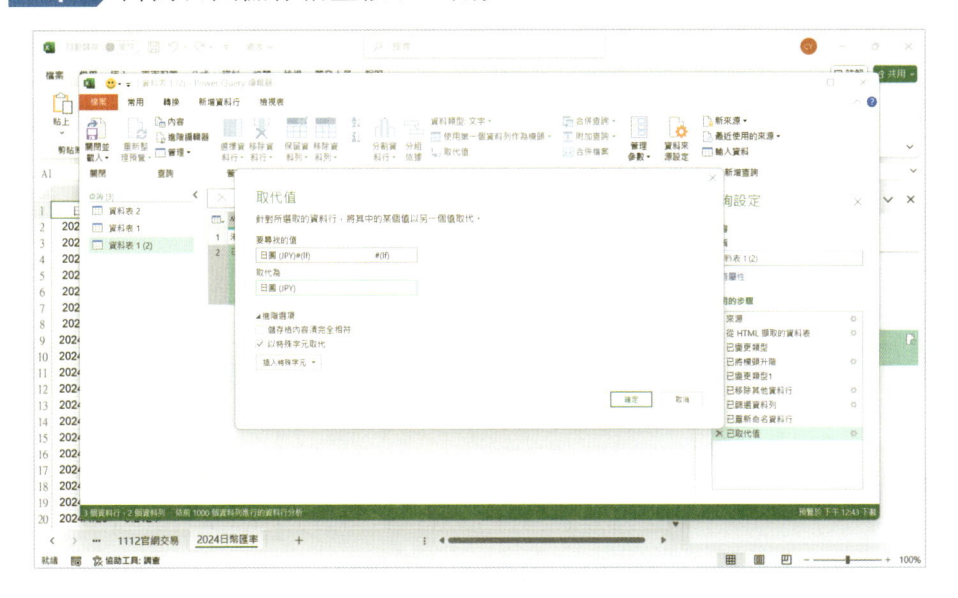

Step4 修改完成後，點擊確定→點擊左上角的「關閉並載入」。

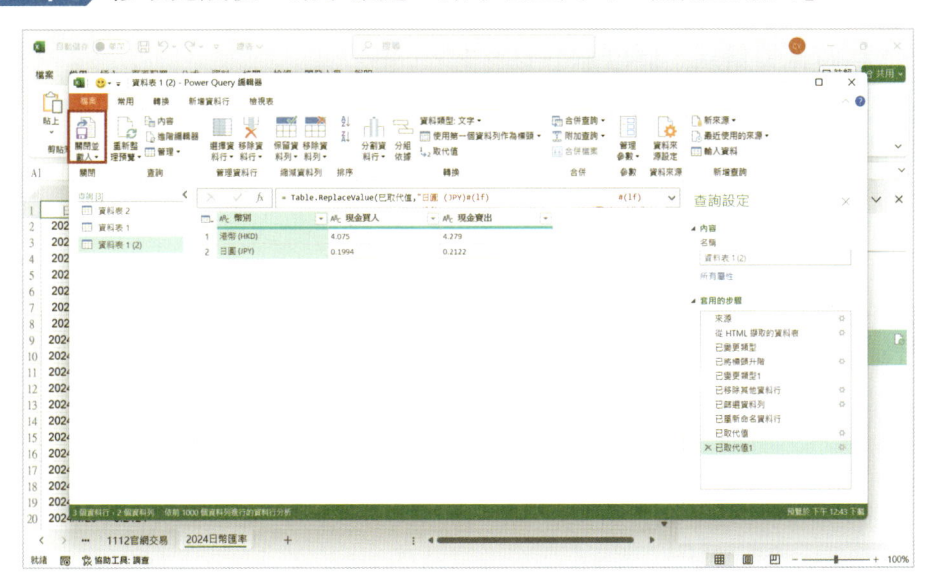

Step5 修改工作表名稱為「即時匯率」，大功告成！

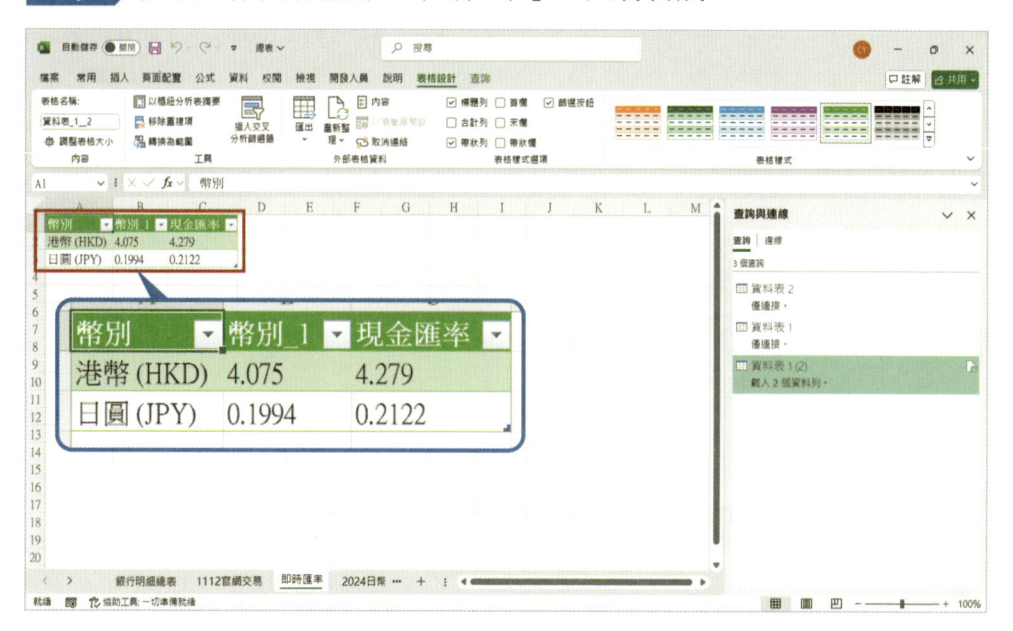

只要點擊上方的重新整理，Power Query 就會自動抓取網站上的最新資料，同時保持格式、欄位都不變唷！

13-4

AI 整合跨銀行交易明細

🔄 AI 匯入銀行明細

💡 情境說明

小鹿公司使用「玉山銀行」和「台新銀行」的帳戶進行商業交易，想要匯入兩家銀行的交易明細到「總表」Excel 檔。首先上網下載兩個銀行帳戶的交易明細，並儲存為 Excel 檔。打開後會發現，兩個帳戶明細的資料欄位和格式都不太一樣，需要經過整理才能放在一起。

▲ 玉山銀行帳戶明細檔案

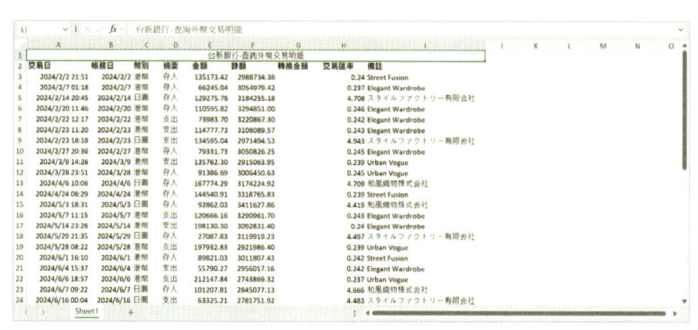

▲ 台新銀行帳戶明細檔案

整理資料時，希望以「玉山銀行」的欄位和格式為主。我們先在「總表」檔案中，先新增一個「交易明細暫存」工作表，接著用 ChatGPT 寫

325

VBA，從玉山和台新的 Excel 檔匯入並統整資料；這樣以後只要下載新檔案後，按個鍵就能自動匯入新的交易明細。

🤖 AI 指令　P13-2（追問）

1. 找到桌面上兩個檔案：==玉山銀行報表 .xls、台新銀行 - 查詢外幣交易明細 .xlsx== [1]
2. ==匯入兩個檔案中第一個工作表的資料== [2]，==放在「交易明細暫存」工作表== [3]，從 A2 開始，不要動到標題列，並做以下處理
3. 玉山銀行：刪除前七列資料
4. 台新銀行：刪除前兩列和最後一列資料，放在玉山銀行資料下方，資料放入在 B 欄以後

💡 指令秘訣

[1] 每次下載銀行交易明細的名稱都是固定的，直接告訴 ChatGPT 檔案名稱，下次下載新檔案時就能直接抓到檔案資料。

[2] 玉山和台新的 Excel 檔案中，都只有一個工作表，可不用特別指定工作表名稱。

[3] 為避免直接放入「銀行明細總表」時有錯誤無法回復，因此先新增一個工作表用來匯入資料。

執行程式後，成功匯入資料！

326

B 欄部分儲存格顯示為 #，這是因為儲存格無法完整顯示日期。只要雙擊 B 欄和 C 欄中間的線條，即可調整儲存格至適合寬度，完整顯示日期。

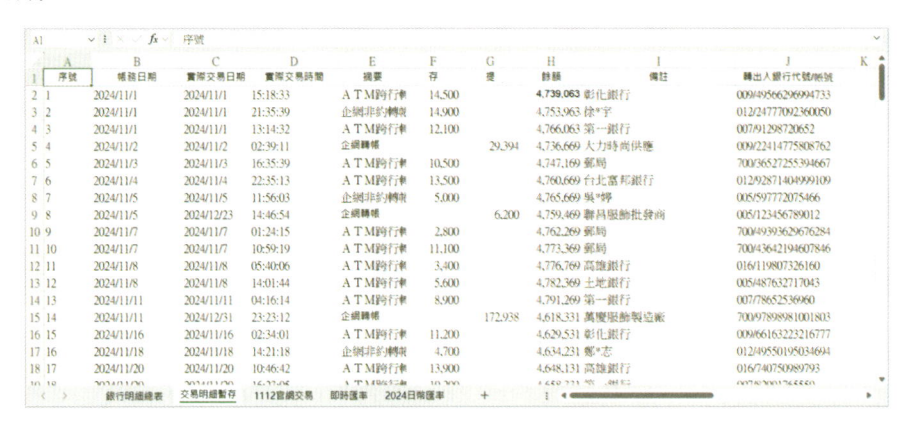

AI 合併跨銀行明細欄位

情境說明

雖然成功匯入資料，但往下滑到台新銀行的資料，就會發現兩個銀行明細欄位不同，不能直接複製貼上，我們可以追問 ChatGPT 來調整欄位。

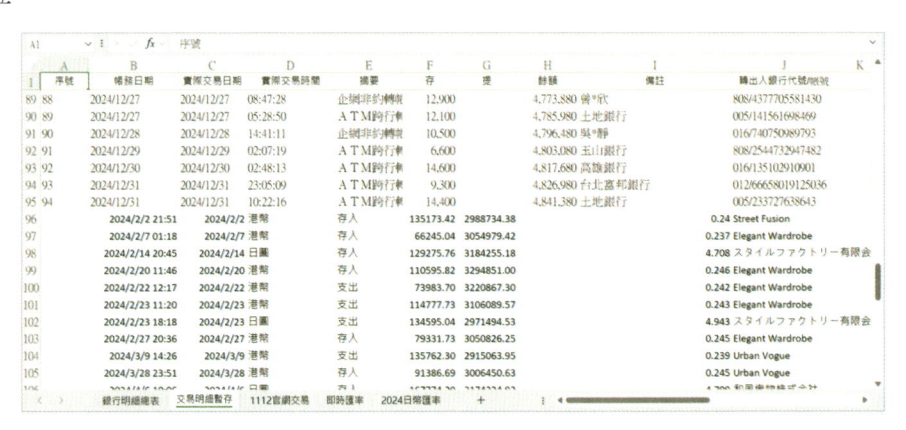

AI 指令 P13-3（追問）

很好！其他部分不變，但匯入台新銀行資料時，欄位做以下調整，左邊是「交易明細暫存」欄位，右邊是台新銀行原始資料欄位

B,C -> 都是輸入 B [1]，例如：2024/12/31

D -> A 時間部分，例如 2024/2/2 21:51，只要 21:51:00

E 空白

F,G -> 若 D 欄是「存入」，E 欄數字放在 F 欄，若 D 欄是「支出」[2]，放在「交易明細暫存」工作表 [3]，E 欄數字放在 G 欄

H -> F

I -> I

J 空白

K -> C

L -> H [4]

💡 指令秘訣

[1] 強調都是輸入 B 欄內容，否則 ChatGPT 可能誤會。

[2] 強調只要時間部分，不用日期。台新資料沒有秒數，為確保格式統一，我們加上秒數給 ChatGPT 看。

[3] 台新資料沒有將存入和支出分為兩欄，但玉山資料有做區分。

[4] 玉山資料中沒有幣別和匯率，因此將台新 Excel 檔原本在 C 欄（幣別）和 H 欄（匯率）資料，分別放到還沒放資料的 K 欄和 L 欄。

清除資料並再次執行程式後，順利調整匯入資料的欄位！

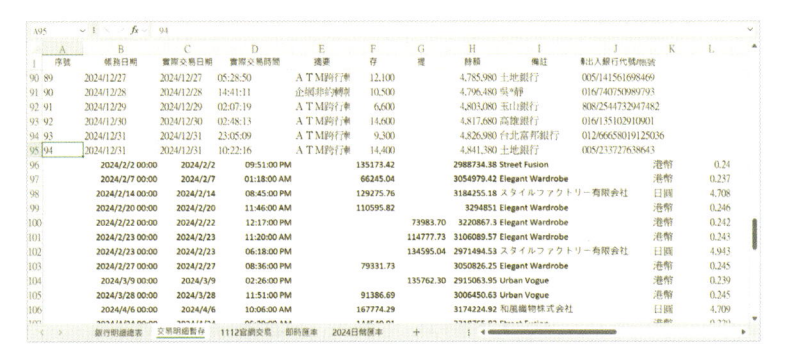

AI 優化匯入資料格式

情境說明

我們想統一兩個檔案的格式，例部置中、字體、文字大小等。

AI 指令　P13-4（追問）

> 很好！匯入所有資料後，調整以下格式
> 1. 上下左右置中
> 2. 字體改為 Arial，大小設為 10

清除資料並再次執行程式後，玉山交易明細的格式都有調整，但是台新的資料沒有。

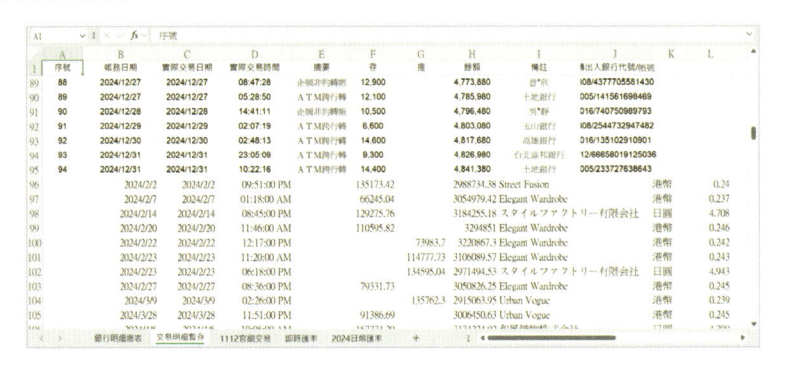

我們繼續追問來調整格式。

🤖 AI 指令　P13-5（新開聊天室）[1]

扮演 VBA 大師

調整以下程式：

匯入資料後，**將整個工作表改為以下格式**[2]

1. 上下左右置中
2. 字體改為 Arial，大小設為 10
3. D 欄時間都改為 02:48:13 格式，不要 02:48:13 PM
4. F:H 都加上千分位符號

（貼上原本的程式）

💡 指令祕訣

[1] 原本的聊天室已經追問多次，重開聊天室來讓 ChatGPT 重新思考。
[2] 強調整個工作表都要格式化。

清除資料並再次執行程式後，成功轉化所有儲存格格式！

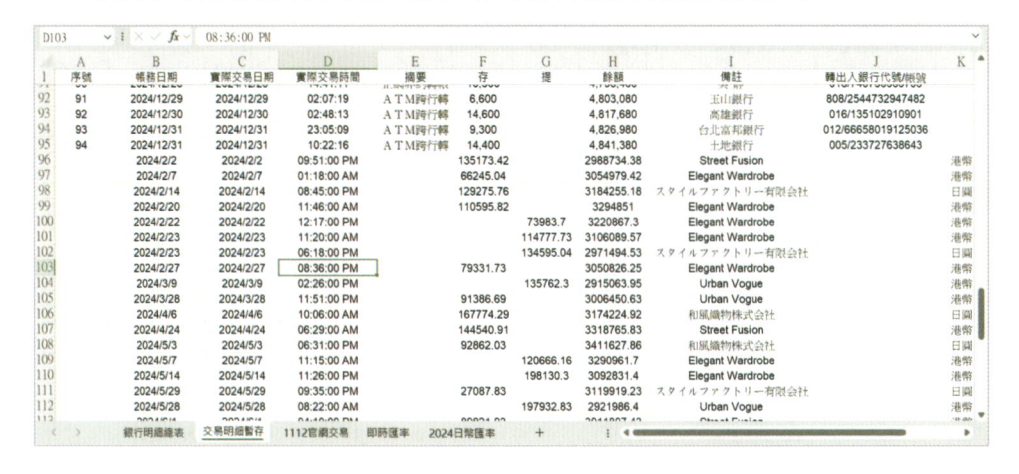

AI 自動填入編號

情境說明

匯入資料並整合格式後,我們希望能為每筆明細自動填入編號,並根據不同的銀行檔案來源分別設定個別的編號開頭。

AI 指令　P13-6(新開聊天室)

扮演 VBA 大師
依據以下規則,在「交易明細暫存」A 欄填入編號
1. 先找到 B 欄有內容的最後一列 [1]
2. 在 E 欄有文字的所有列,A 欄編號從「銀行明細總表」A 欄最後的編號 +1,例如 D240657,則在「交易明細暫存」A 欄填入 D240658,並依序 +1
3. 在 E 欄沒有文字的列,A 欄也填入編號,但是從 T240001 開始依序往下填 [2]

指令秘訣

[1] 不管是哪個銀行檔案來源,B 欄都會有日期。若沒有加上這句,很容易因為台新銀行明細 E 欄沒有文字,就不填入編號。

[2] 可以用多種方式判斷是玉山或台新的資料,E 欄是否有文字是其中一種。

執行程式後，順利在 A 欄分別填入不同銀行的編號！

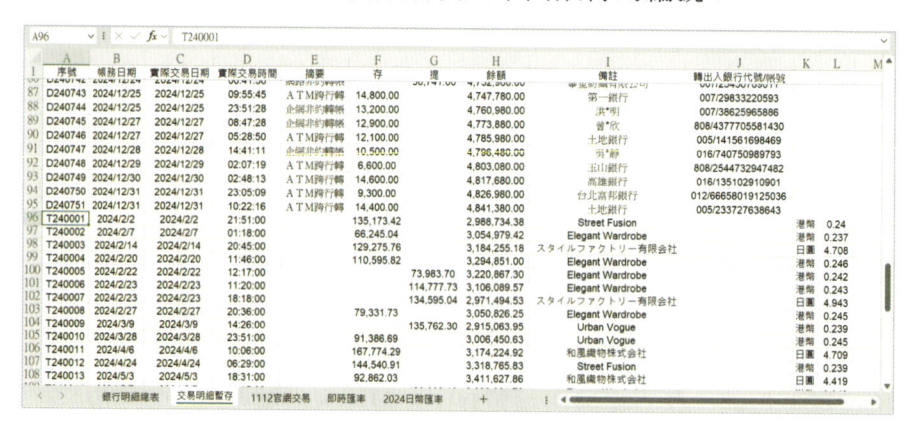

到這一步之後，可以把「交易明細暫存」的玉山銀行明細複製貼到「銀行明細總表」，就完成玉山銀行的明細囉！

AI 核對交易紀錄和銀行明細

情境說明

「1112 官網交易」工作表是 11、12 月的官網交易紀錄，F 欄是匯款帳號末五碼。我們需要核對每筆交易是否完成匯款，以及金額是否正確。

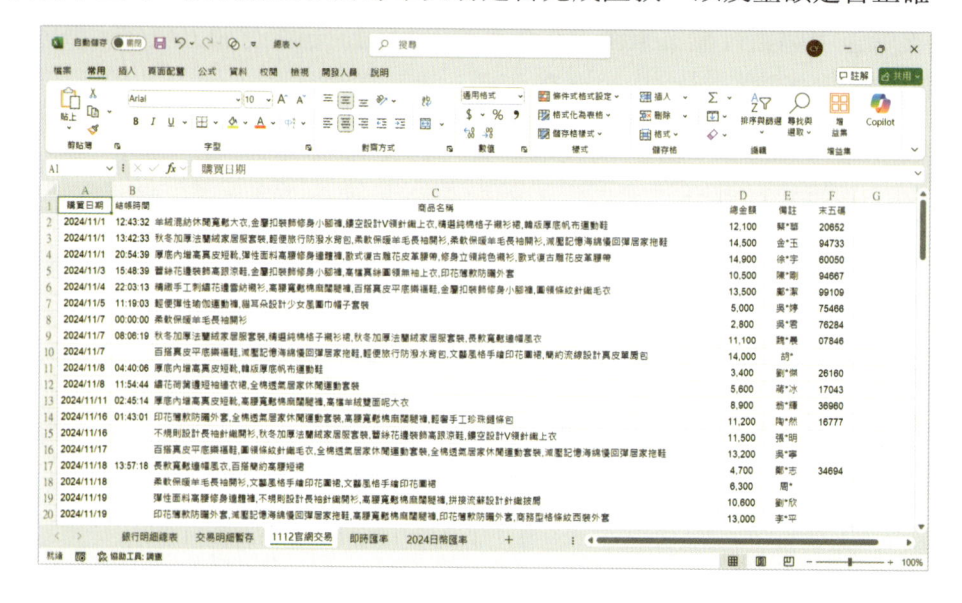

AI 指令　P13-6（新開聊天室）

扮演 VBA 大師
1. 若「1112官網交易」F欄是空白，則在G欄填入「查無資料」，顏色改為淡紅色
2. 若「1112官網交易」D欄金額和F欄末五碼的所有列，在「交易明細暫存」F欄金額和J欄帳號的後五碼有相對應的資料，則在「1112官網交易」G欄填入對應的「交易明細暫存」A欄，顏色改為淡綠色 [1]
3. 要注意，一個人可能有多筆交易，他的末五碼會重複，分別對應不同金額 [2]
4. 若一筆末五碼沒有對應的正確金額，則填入「金額錯誤」，顏色改為淡橘色
5. 完成後彈出視窗，告訴我這三種分別有多少筆資料

💡 指令秘訣

[1] 因為這個指令比較複雜，特別寫清楚每個欄位的資料類型，方便 ChatGPT 理解任務。

[2] 提醒 ChatGPT 一個人會有多筆交易，避免標示錯誤。

執行程式後，順利填入文字、標示顏色，並彈出視窗總結！

◉ 為每個任務，找到最適合的工具

本章示範了 Power Query 與 VBA 各自的最佳應用情境：用 Power Query 自動匯入與更新匯率資料，用 VBA 清理資料格式、整合多個來源並進行精確比對。

我們要根據任務特性選用工具，不只能事半功倍，更能建立穩定又高效的資料處理流程。不知道要用什麼工具怎麼辦？當然是問 ChatGPT 囉！

Chapter 14

VBA 排序演算法：
工廠生產計畫自動排程

實戰案例 自動計算排序生產時間，節省人工計算

本章將介紹如何利用 ChatGPT 生成不同的排程演算法，並透過 VBA 程式自動排序訂單，減少人工計算的負擔。我們會依序實作最短處理時間法（SPT）、關鍵比率法（CR）、詹森法（Johnson's Rule），並進一步設計按鈕以快速執行程式，最後製作甘特圖來直觀呈現排程結果。

常見排程演算法	適用場景
最短處理時間法（Shortest Processing Time, SPT）	最小化平均完工時間
最長處理時間法（Longest Processing Time, LPT）	平衡機器負載，提高吞吐量
最早交期法（Earliest Due Date, EDD）	避免交期延遲
過程 a 關鍵比率法（Critical Ratio, CR）	交期敏感的變動環境
詹森法（Johnson's Rule）	最小化總完工時間（適用於兩機台）

本章重點

適用對象	生產流程管理人員及主管，常需要計算各種生產流程並找出最佳加工順序。
實戰教學	**14-1** AI 多元排程演算法　　**14-2** AI 製作排程甘特圖
效益	• 快速比較不同演算法：透過 VBA 程式，自動生成不同排程方式的結果，節省分析時間。 • 提升生產效率：透過演算法找出最佳加工順序，降低機器閒置時間，確保準時交貨。 • 視覺化呈現排程：利用甘特圖清楚顯示每台機器的運行狀態，使生產計畫更直觀易懂。

獲取本章案例模板

本章 AI 指令、程式 & Excel 練習檔
https://chatgptaiwan.pse.is/vba14

AI 指令表、Excel VBA 程式碼複製
https://chatgptaiwan.pse.is/vbabook

特別說明：本書內圖文教學針對如何對 ChatGPT 下指令，若想獲得完整正確的 VBA 程式碼可透過上方檔案。

14-1

AI 多元排程演算法
用正確計算確保訂單流程正確

　　駿騰工業公司每日需處理大量訂單，這些訂單需經過「CNC 加工」與「熱處理」，且各訂單的加工時間與交貨期限不同。以往，排程人員只能依經驗手動排序，難以確保最佳生產順序，導致交貨延誤或機器閒置。公司希望利用自動化排程演算法來提升生產效率，並快速比較不同排程方式的優缺點，以找出最適合的方案。

成果完成圖

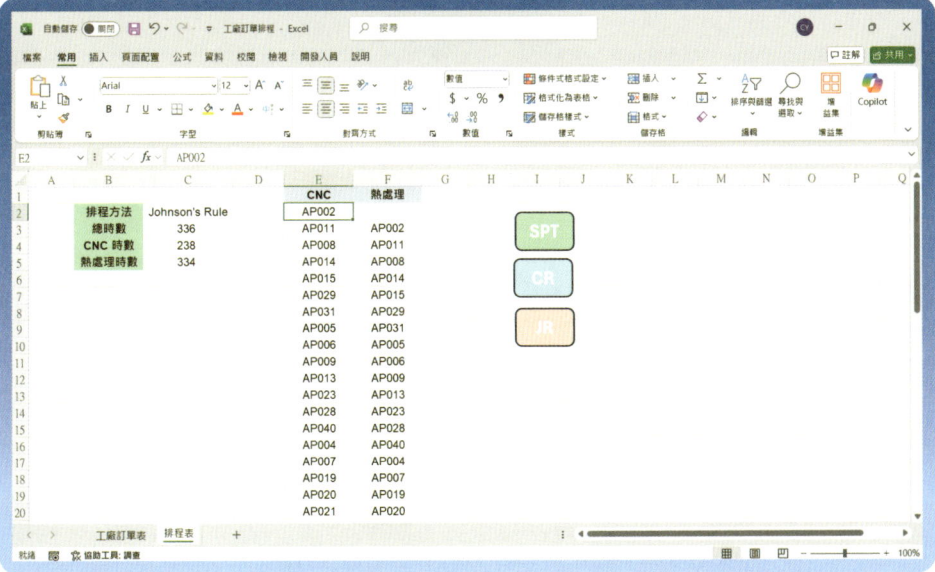

AI 解釋排程方法

情境說明

我們想了解不同排程演算法的差異，同時確保 ChatGPT 正確理解這些演算法，因此先不寫程式，而是請 ChatGPT 解釋。

AI 指令　P14-1（新開聊天室）

> 你知道 SPT、CR、Johnson's Rule 嗎

指令秘訣

1. 直接詢問確認 ChatGPT 是否正確理解演算法。
2. 若單一縮寫有其他意思，ChatGPT 會列出來，請我們選擇；不過因為我們提供它三種演算法，它能直接猜出來都是與製作排程有關。
3. 這也算是一種 #思考鏈：先請 ChatGPT 解釋不同演算法，再依序生成對應 VBA 程式。

ChatGPT 依序說明三種演算法，也都理解正確，接著就來依序生成程式吧！

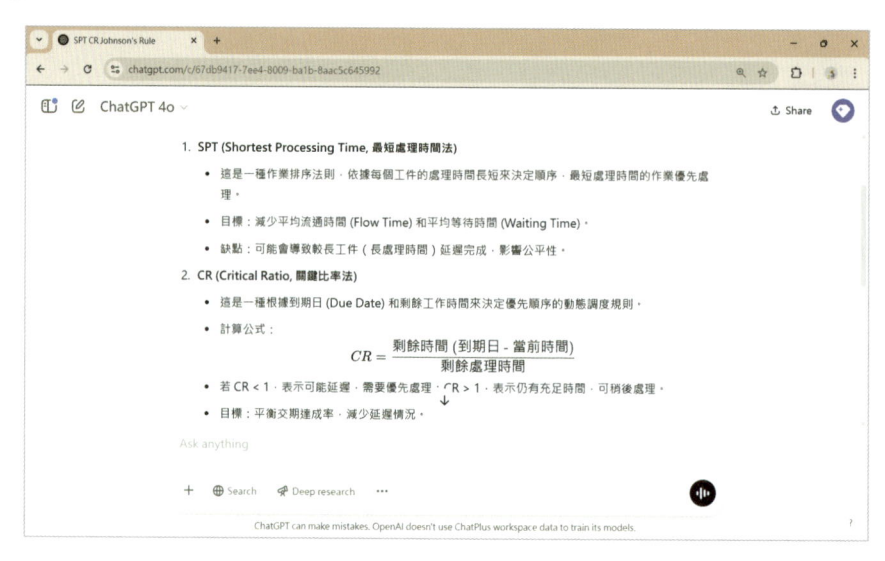

1. SPT (Shortest Processing Time, 最短處理時間法)
   - 這是一種作業排序法則，依據每個工件的處理時間長短來決定順序，最短處理時間的作業優先處理。
   - 目標：減少平均流通時間 (Flow Time) 和平均等待時間 (Waiting Time)。
   - 缺點：可能會導致較長工件（長處理時間）延遲完成，影響公平性。

2. CR (Critical Ratio, 關鍵比率法)
   - 這是一種根據到期日 (Due Date) 和剩餘工作時間來決定優先順序的動態調度規則。
   - 計算公式：
     $$CR = \frac{剩餘時間\ (到期日 - 當前時間)}{剩餘處理時間}$$
   - 若 CR < 1，表示可能延遲，需要優先處理；CR > 1，表示仍有充足時間，可稍後處理。
   - 目標：平衡交期達成率，減少延遲情況。

AI 最短處理時間排程法

情境說明

我們首先生成「最短處理時間」（SPT）的 VBA 程式，這種演算法會先處理加工時間最短的訂單。

AI 指令　P14-2（追問）

扮演 VBA 大師 [1]

1. 以下是「工廠訂單表」工作表的部分資料，所有項目都要經過 CNC 再熱處理

訂單編號	項目名稱	數量（件）	CNC 加工時間（小時）
熱處理時間（小時）	交貨期限（小時）		
AP001	活塞連桿組 P-300X	120	5　　8　　30
AP002	變速箱齒輪 T-450M	80	3　　6　　25 [2]

2. 用 SPT 排程 [3]，「排程表」工作表 E 欄是 CNC 要處理的訂單編號，F 欄則是熱處理，依順序從第二列開始往下填寫，例如 E2 是第一筆訂單，F2 應該先空著，E3 是第二筆訂單，F3 是第一筆訂單，接著依序往下排序 [4]

3. 「排程表」C2:C5 分別填入「SPT」、總時數、CNN 時數、熱處理時數

指令秘訣

[1] 前一個指令沒有提到 VBA，要寫程式前記得加上這句

[2] 複製貼上一部分表格 #具體舉例，提供 ChatGPT 參考，提高程式正確機率。

[3] 直接追問，確保 ChatGPT 正確理解 SPT。

[4] #具體舉例說明排序方式，確保與預期一致。

執行程式後,成功根據 SPT 排程訂單!

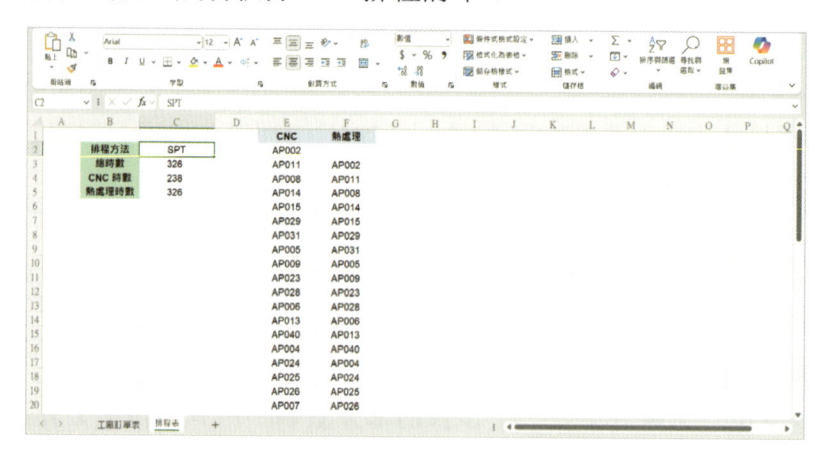

不過總時數的計算其實有誤,應該是「熱處理時數」加上第一個「CNC 時數」;此外,E1 和 F1 的標題文字會被程式清除,我們繼續追問 ChatGPT 來調整。

🤖 AI 指令 P14-3(追問)

> 很好,但是不要清除標題列文字
> 總時數錯誤,應該計算第一個 CNC 時數,然後加上熱處理所有時數

清除原本程式、執行新程式後,總時數變為 328,結果正確!

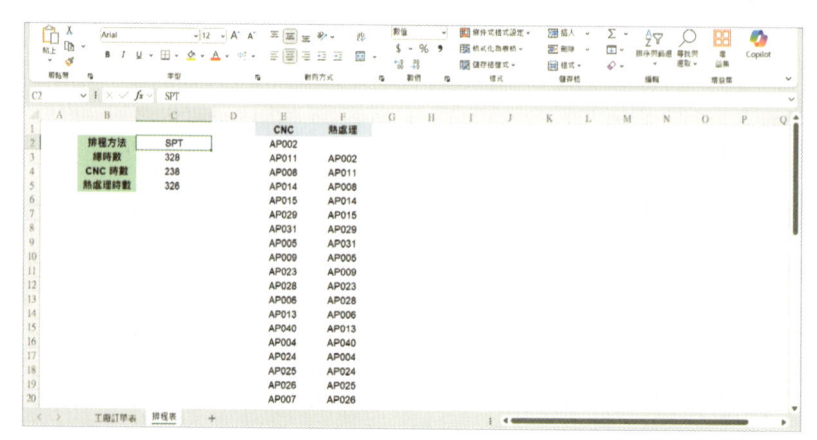

AI 關鍵比率排程法

情境說明

我們接著生成「關鍵比率法」（CR）的 VBA 程式。關鍵比率法是根據「交貨期限」與「剩餘加工時間」計算優先順序，比率越小者優先處理，避免訂單延誤。

AI 指令　P14-4（追問）

很好[1]，改用 CR，其他不變[2]

指令秘訣

[1] 上個程式的欄位、資料都正確，只要簡單追問即可改為不同排程法。
[2] 強調「其他不變」，維持上個程式的各項功能。

插入新模組、執行程式後，順利用關鍵比率法排程訂單！

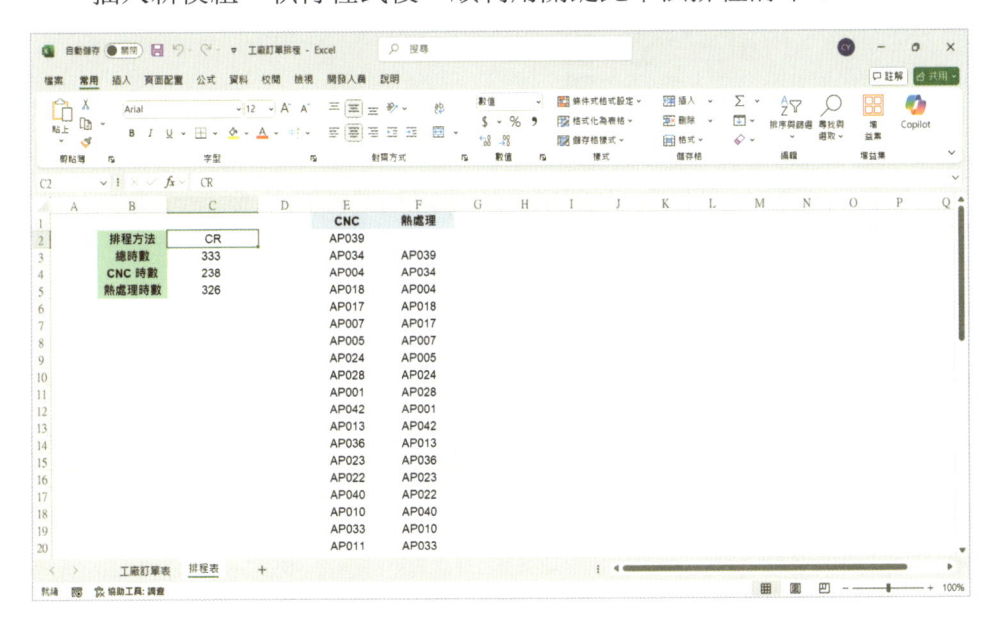

AI 詹森排程法

情境說明

最後我們也生成「詹森法」（Johnson's Rule）的 VBA 程式，詹森法適用於兩台機器上的排程問題，目標是最小化完工時間

AI 指令　P14-5（追問）

> 很好，改用 Johnson's Rul

插入新模組、執行程式後，成功用詹森法完成排程！

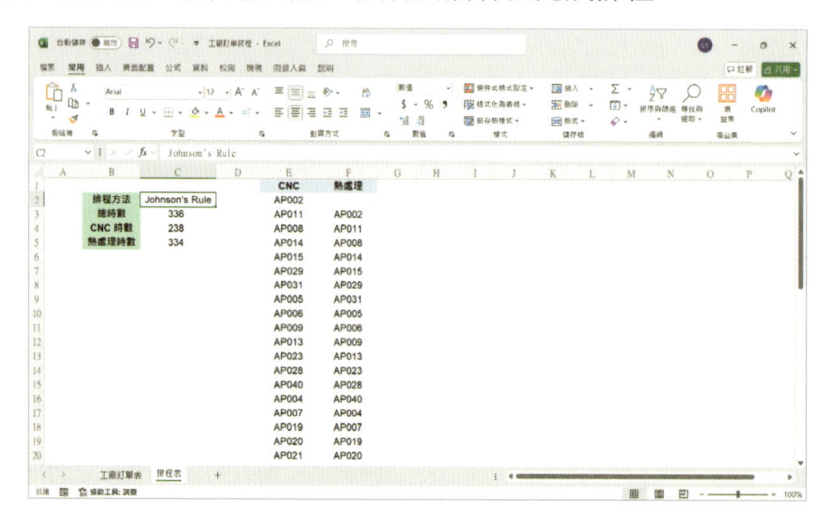

製作按鈕快速執行程式

情境說明

生成完三段程式後，每次排程都要到 VBA 編輯器點擊執行，這樣太麻煩了。我們來製作三個按鈕，就能在工作表上快速執行程式，方便比較三種排程法的差異

Step1 點擊「插入」→圖例→選擇圖案。

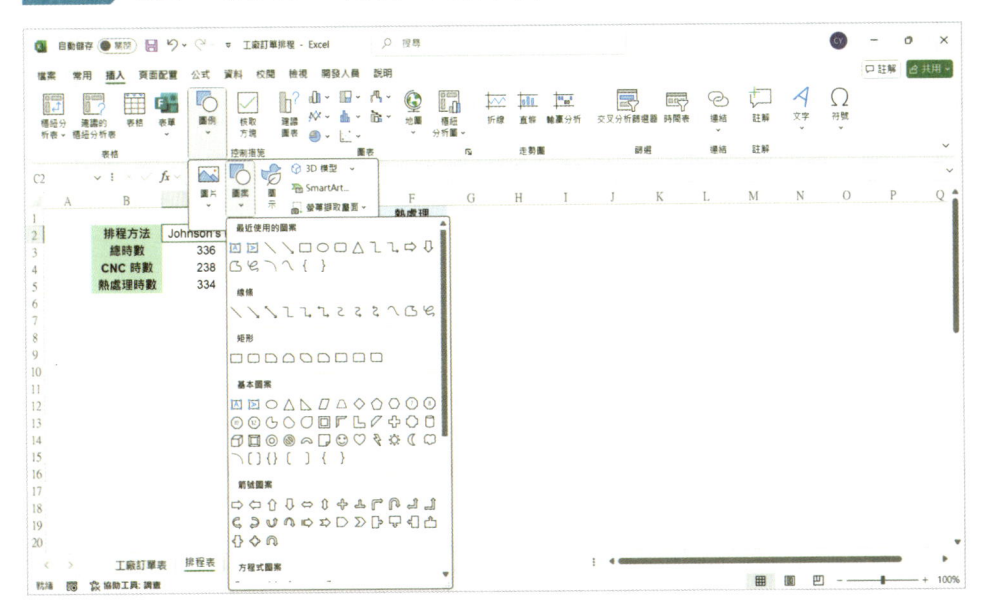

Step2 插入圖案→調整圖案格式、輸入文字。

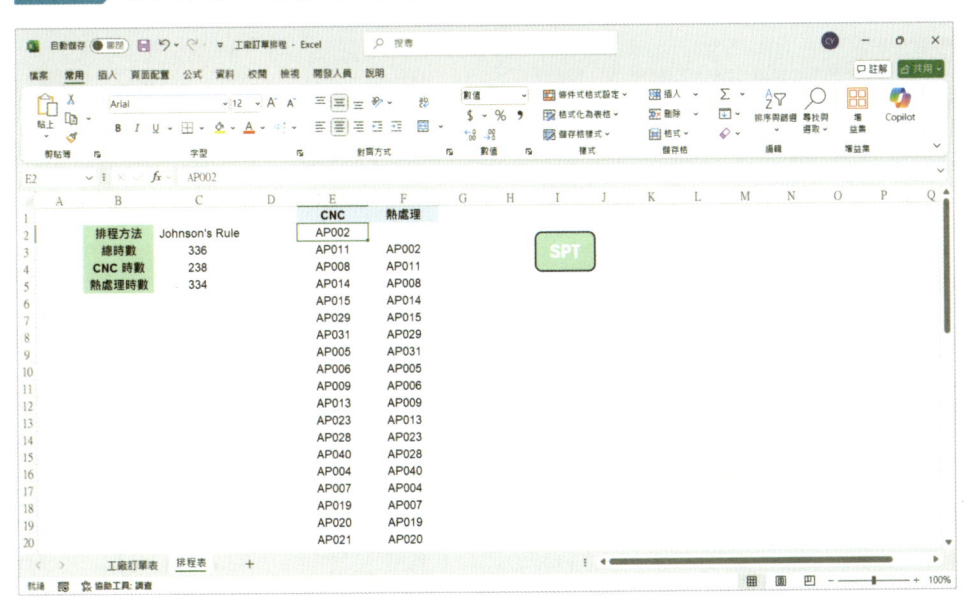

343

Step3 複製兩個圖案→調整圖案格式和文字。

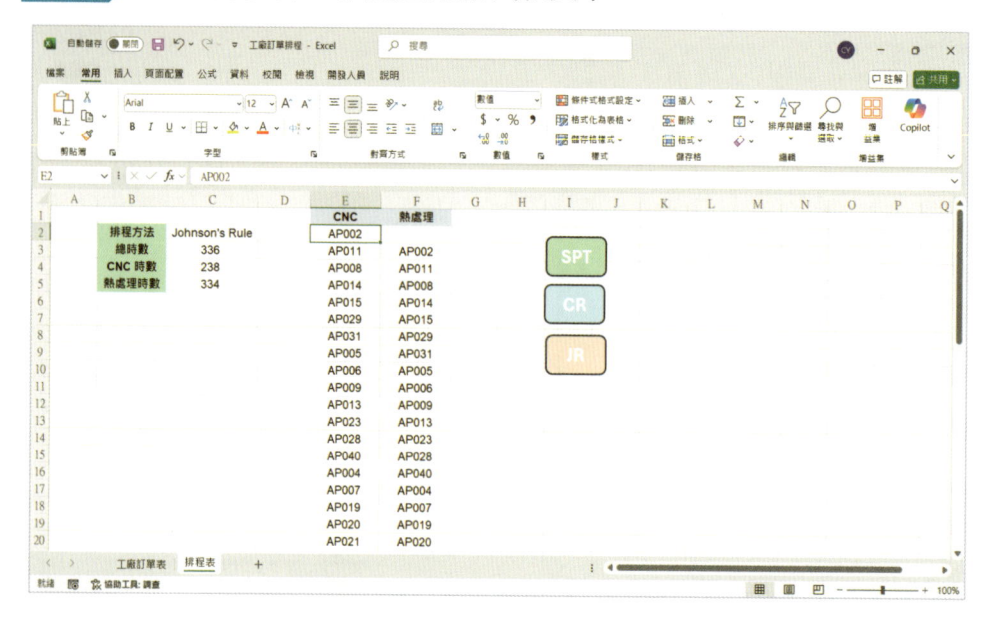

Step4 對 SPT 圖案點擊右鍵→指定巨集。

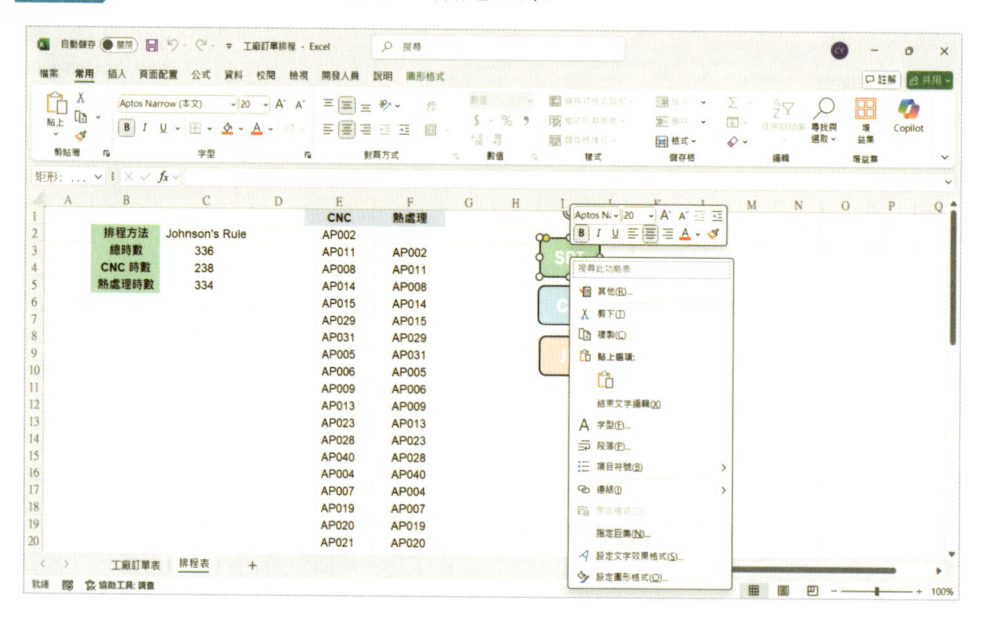

Step5 選擇對應的巨集名稱→點擊確定（其他兩個圖案重複 Step4 和 Step5 即可）。

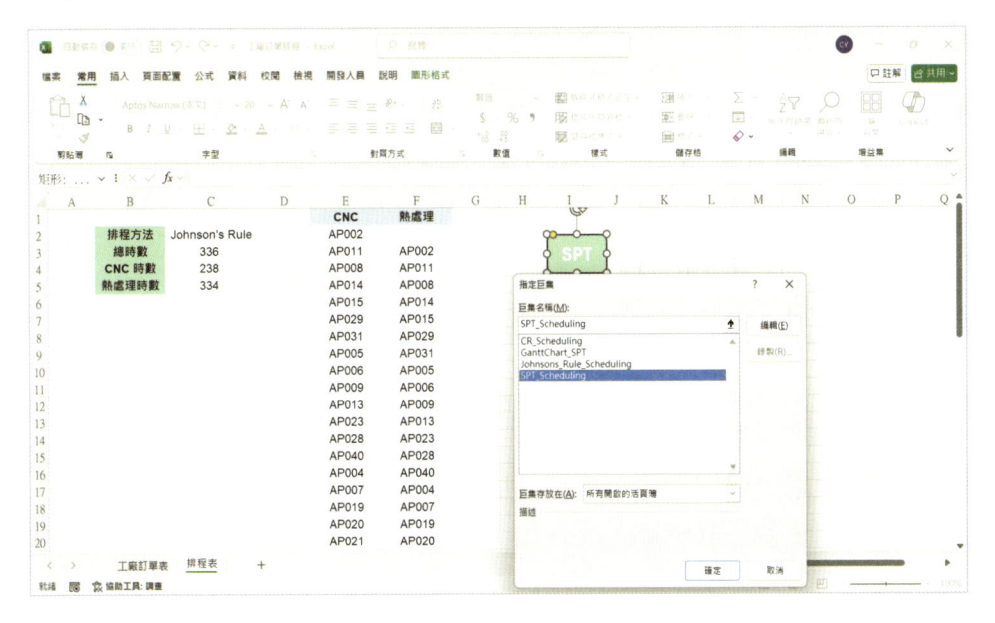

Step6 點擊圖案→順利執行程式！

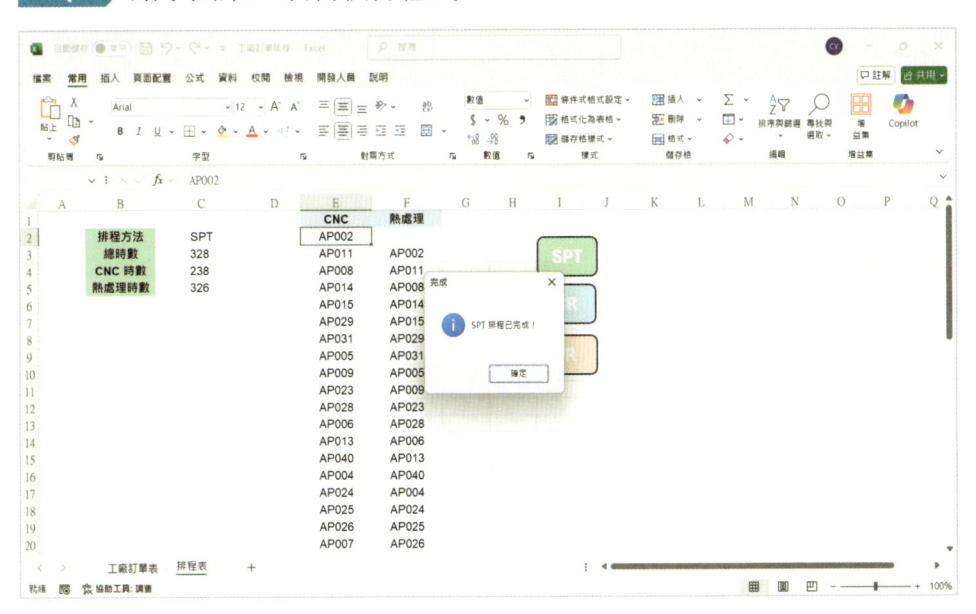

14-2

AI 製作排程甘特圖
視覺化繪製生產流程進度

▶ AI 製作基本甘特圖

🔹 情境說明

除了以上的排程呈現方式外，我們還希望能做出甘特圖，以每小時為單位，呈現出兩台機器的訂單處理進度。

我們新增一個「甘特圖」工作表、輸入基本文字後，開始用 ChatGPT 生成程式。

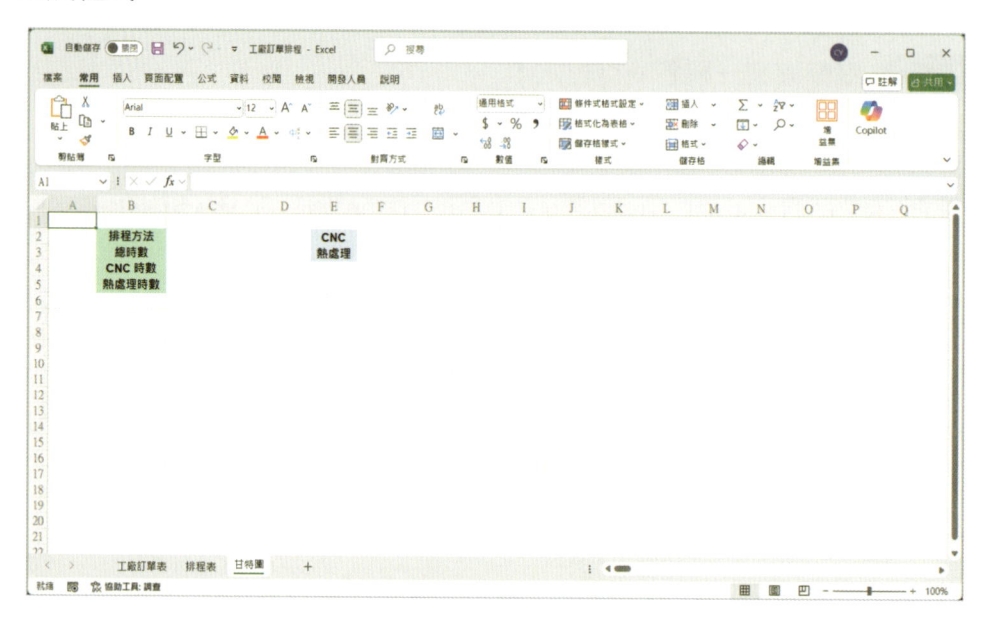

🤖 AI 指令　P14-6（追問）

==很好== [1]，現在改為用甘特圖呈現，==另外寫個新程式== [2]
在「甘特圖」工作表中，C2:C5 填入相同資料
F1 往右分別填入 1,2,3...，代表機器工作時數，依據總時數決定最後一個數字
F2 是 CNC 第一筆訂單編號，往右排列
F3 是熱處理第一筆訂單編號，同樣往右排列
==同一列相同的訂單編號不用重複寫== [3]，合併儲存格即可
先用 SPT

💡 指令秘訣

[1] 繼續在原本的聊天室中追問，ChatGPT 會更理解我們的表格內容和需求，減少打字的麻煩。

[2] 我們現在只要處理「甘特圖」工作表，因此特別強調要寫新程式，避免跟上個程式混淆。

[3] 相同訂單編號出現一次即可，甘特圖看起來會更美觀。

　　插入新模組、執行程式後，原本的文字都被清除，而且會一直彈出提醒視窗：「合併儲存格後，只會保留左上角的值，並捨棄其他值。」我們追問 ChatGPT 來調整。

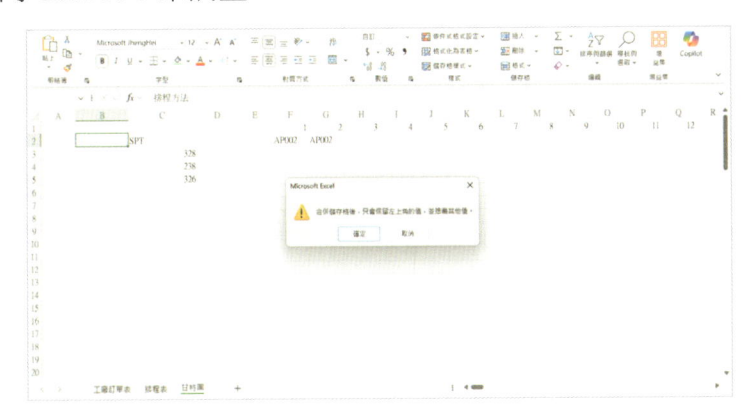

AI 取消提醒視窗

情境說明
這種提醒視窗,會在每次合併儲存格時都彈出;就算點擊確定,每合併一筆訂單都還是會彈出視窗,要一個個點擊非常耗時。好消息是,這種提醒視窗可以用程式自動取消,適合用在大量合併儲存格的情況。

AI 指令　P14-7(追問)

> 除了以上儲存格外,**其他儲存格不要清除**[1]
> 合併儲存格時不用彈出視窗,直接合併即可

指令秘訣
[1] 強調要保留原始文字,不要跟著清除。

清除原有程式、執行新程式後,順利製作清楚的排程甘特圖,而且不會再彈出任何提醒視窗!

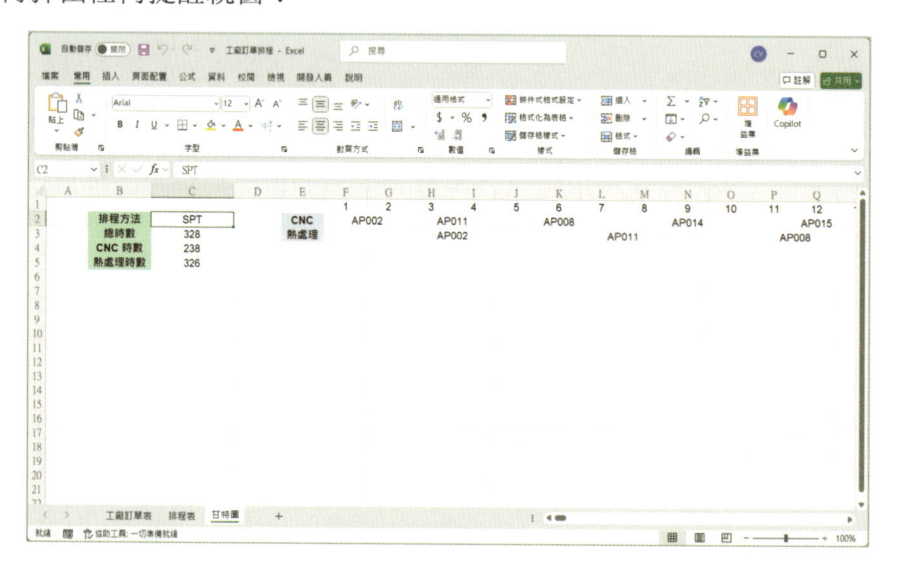

⏵ AI 優化甘特圖格式

💡 情境說明

目前的甘特圖已經很完整，但我們希望進一步優化格式，讓它更直覺、美觀！

🤖 AI 指令　P14-8（追問）

> 很好，機器工作時數的部分，都填滿淺紅色
> 左右相鄰合併儲存格之間的框線用虛線

清除原有程式、執行新程式後，成功製作完美甘特圖！

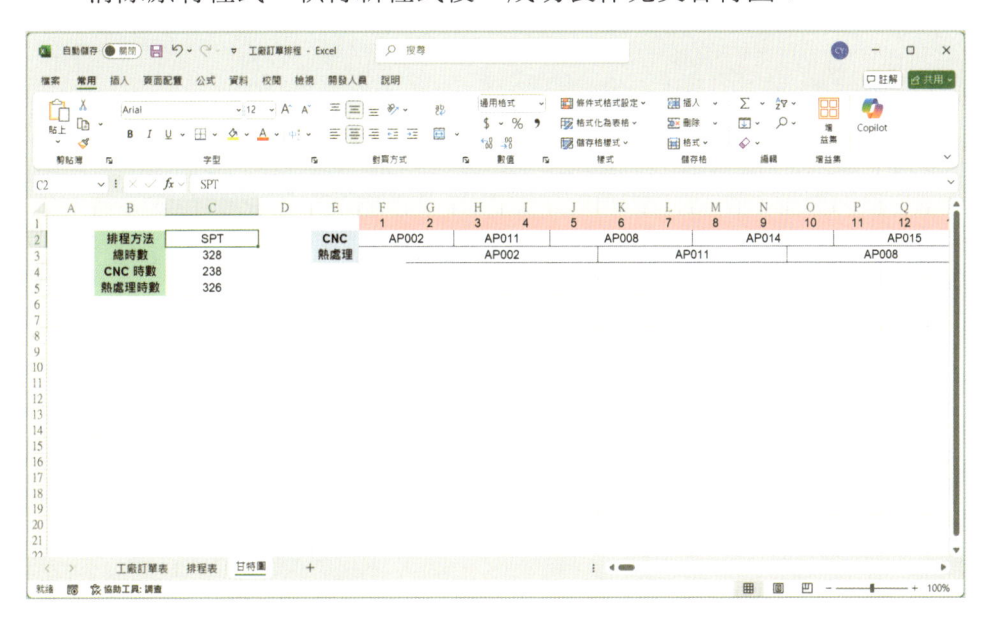

這邊以「最短處理時間」為例，其他排程法也可用相同方式製作甘特圖，就交給你嘗試囉！

⮕ 用 AI 寫出任何你想要的演算法！

本章示範了三種生產排程演算法，透過 VBA 自動化排序訂單，並以甘特圖視覺化結果。同樣的方式，你也能讓 AI 生成排班優化程式，例如輪班表最佳化（根據工時限制與員工需求安排班表），或物流配送優化（計算最短送貨路徑），幫助企業提升運營效率。

只要清楚描述需求，AI 就能為你生成任何演算法，讓決策與執行更高效！

ChatGPT × Excel VBA 資料整理自動化聖經：
AI 幫你寫程式，百倍速完成報表

作者	吳承穎（樂咖老師）	製版印刷	凱林彩印股份有限公司
責任編輯	黃鐘毅	初版1刷	2025年5月
版面編排	江麗姿		
封面設計	任宥騰	ISBN	978-957-2049-39-6／定價　新台幣620元
資深行銷	楊惠潔	EISBN	978-957-2049-38-9 (EPUB)／電子書定價 新台幣465元
行銷主任	辛政遠		
通路經理	吳文龍	Printed in Taiwan	
總編輯	姚蜀芸	版權所有，翻印必究	
副社長	黃錫鉉		
總經理	吳濱伶	※廠商合作、作者投稿、讀者意見回饋，請至：	
發行人	何飛鵬	創意市集粉專　https://www.facebook.com/innofair	
出版	電腦人文化	創意市集信箱　ifbook@hmg.com.tw	
	城邦文化事業股份有限公司		
發行	英屬蓋曼群島商家庭傳媒股份有限公司		
	城邦分公司		
	115台北市南港區昆陽街16號8樓		

城邦讀書花園　http://www.cite.com.tw
客戶服務信箱　service@readingclub.com.tw
客戶服務專線　02-25007718、02-25007719
24小時傳真　02-25001990、02-25001991
服務時間　週一至週五 9:30-12:00，13:30-17:00
　　　　　劃撥帳號　19863813　戶名：書虫股份有限公司
　　　　　實體展售書店　115台北市南港區昆陽街16號5樓
　　　　　※如有缺頁、破損，或需大量購書，都請與客服聯繫

香港發行所　城邦（香港）出版集團有限公司
　　　　　　香港九龍土瓜灣土瓜灣道86號
　　　　　　順聯工業大廈6樓A室
　　　　　　電話：(852) 25086231
　　　　　　傳真：(852) 25789337
　　　　　　E-mail：hkcite@biznetvigator.com

馬新發行所　城邦（馬新）出版集團Cite (M) Sdn Bhd
　　　　　　41, Jalan Radin Anum, Bandar Baru Sri Petaling,
　　　　　　57000 Kuala Lumpur, Malaysia.
　　　　　　電話：(603)90563833
　　　　　　傳真：(603)90576622
　　　　　　Email：services@cite.my

國家圖書館出版品預行編目資料

ChatGPT × Excel VBA 資料整理自動化聖經：AI 幫你寫程式，
百倍速完成報表/ 吳承穎（樂咖老師）著
-- 初版 -- 臺北市；
電腦人文化・城邦文化出版／英屬蓋曼群島商家庭傳媒股份有
限公司城邦分公司發行，2025.05
　面；公分 --
ISBN 978-957-2049-39-6（平裝）
1.CST: 辦公室自動化 2.CST: 資訊管理系統 3.CST: 人工智慧

494.8　　　　　　　　　　　　　　　　　　　114003599